ちくま学芸文庫

ワインバーグ量子力学講義 上

S・ワインバーグ

岡村 浩 訳

JN095637

筑摩書房

序　文

初版への序文

　1920年代の量子力学の発展はアイザック・ニュートンの業績以来の物理科学の最大の進歩である．量子力学は容易ではなかった．その考え方は人間の通常の直観とは遠くかけ離れている．量子力学はその成功によって受け入れられた．それは現代の原子，分子，原子核，素粒子の物理にとって，また化学と物性論の大部分にとって必須である．

　量子力学の名著は数多い．ディラック，シッフ，はるか昔に私が量子力学を学んだときにはこの2冊が代表的だった．しかし量子力学を大学院で1年間の課程として教えてみると，どの本も私が教えたいと思うのには適切でなかった．一つには，私は普通より対称性の原理を強調したいからである．対称性は交換関係を定める動機にもなっている．（この導き方だと正準形式はほとんどの場合必要ないので，この本では正準形式の定式化の系統的な説明は第9章まで行わなかった．）現代の話題にも触れたが，もちろん大昔の本では取り扱われなかったものである．その中には，素粒子物理学からのいくつかの話題，コペンハーゲン解釈に代わる解釈，エンタングルメントの実験的検証とその量子コンピューターへの応用についての短い（非

常に短い）紹介が含まれる．さらに，量子力学の本では省略されることの多い話題にも踏み込んだ．ブロッホ波，時間反転の不変性，ウィグナー－エッカルトの定理，魔法の数（マジック・ナンバー），始状態と終状態，「in-in」定式化，ベリー位相，ディラックの拘束された正準系の理論，レビンソンの定理，一般的光学定理，共鳴散乱の一般論，汎関数的な解析の応用，光によるイオン化の一般理論，ランダウ準位，多重極放射，などである．

　この本の章は節に分けられており，平均して 75 分の講義の 1 回分を表す．内容はだいたい 1 年分の課程に合わせたので，取り上げなかった話題も多い．量子力学の本にはどれも精選された演習問題が付いている．私の選択が他の著者の選択よりもよいとは言えないが，少なくとも私が課程を担当したときにはうまく行った．

　一つだけ，取り上げなかったことを後悔していない話題がある．それはディラックの波動方程式である．量子力学の本で一般的にこの話題が取り上げられる方法だと，深刻な誤解を招くと思われる．ディラックはこの方程式を，外部の電磁場の中の点粒子の確率振幅を求める，非相対論的で時間に依存するシュレーディンガー方程式を相対論的に一般化したものだと考えた．その後しばらくは，ディラックの方法はスピン 1/2 の粒子にだけ適用されると考えられていた．そのことは当時すでに知られていた電子のスピンと合っていた．負のエネルギー状態が出てきたが，それは穴の状態が陽電子のエネルギーとなると考えられた．現

代では $W^{\pm}$ のように，どう見ても電子と同じくらい基本
的な粒子が，区別される反粒子をもち，それにもかかわら
ずスピン 1 であってスピン 1/2 ではないことを知ってい
る．相対論と量子力学を結合する正しい方法は場の量子論
であって，場の量子論ではディラックの波動関数は 1 粒
子状態と真空状態の間の量子場の行列要素であり，確率振
幅としては現れない．

　この本では以前の本に書いた場の量子論の取り扱いと
の重複を避けようとした[1]．第 11 章での電磁場の量子化
を別とすれば，この本は相対論的量子力学には立ち入らな
い．しかし『場の量子論』で取り上げた話題もいくらかあ
る．なぜならそれらは一般的には量子力学の講義には含ま
れないが，私は含まれるべきだと思うからである．これら
の話題は本書の特に第 8 章の散乱の一般論で取り上げて
ある．これは私の以前の本と重複している．

　この本の見地では，物理的状態はヒルベルト空間のベク
トルで表され，シュレーディンガーの波動関数はこれら
の状態と，位置の決まった状態とのスカラー積にすぎな
い．これは基本的にディラックの「変換理論」のアプロー
チである．本書ではディラックのブラとケットの記法は使
わない．目的によっては不適切だからである．しかし 3.1

---

(1) S. Weinberg, *The Quantum Theory of Fields* (Cam-
    bridge University Press, 1995; 1996; 2000)〔ワインバーグ
    （青山秀明・杉山勝之・有末宏明訳）『ワインバーグ場の量子論
    （全 6 巻）』，吉岡書店，1997-2003〕

節ではディラックの記法とこの本の記法との関係を説明する．記法がどうあれ，ヒルベルト空間のアプローチは初心者にはいささか抽象的すぎるように見えるであろう．したがってこの定式化の物理的な意味のセンスを磨くために，量子力学の成立過程を示すことにした．第1章はプランクの黒体輻射の公式からハイゼンベルクとシュレーディンガーの行列力学と波動力学，およびボルンの確率解釈までのおさらいである．第2章ではシュレーディンガーの波動方程式を使って水素原子および調和振動子の古典的な束縛状態を解いた．ヒルベルト空間の定式化は第3章で導入され，それ以降で使われる．

第2版のための追加

初版刊行の後，いくつかの話題をこの本に追加したいと思うようになり，6つの新しい節を追加した．4.9節の剛体の回転子，5.9節のファン・デル・ワールス力，6.8節のラビ振動とラムゼー干渉計，6.9節の開かれた系とリンドブラード方程式の導出，8.9節の散乱過程の時間反転とフェルミ–ワトソンの定理の証明，および11.8節の量子鍵配送である．初版にあった節の中にも多くの追加がある．1.1節の黒体輻射の普遍性の議論，1.2節のレーザー，3.3節のエンタングルドでない系，4.1節の群 $O(3)$ と $SO(3)$，4.3節の $3j$ 記号と球面調和関数の加法定理，7.10節の長距離力による散乱へのアイコナール近似の応用，12.3節のエラー修正コードである．またこの機会に

多くの小さな誤りと，5.1節および5.4節の縮退のある場合の摂動論の定式化での大きな誤りを修正した.

　初版の3.7節では量子力学のさまざまな解釈を再検討し，そのどれもが私にとって完全に満足できるものでないことを説明した. その議論を整理し，拡張したが結論は変わらない.

＊　＊　＊　＊　＊

　ラファエル・フローージャーとジョエル・マイヤーズが大学院生としてテキサス大学での量子力学の課程を手伝ってくれ，この本の初版の基礎になった講義ノートへの数々の変更と修正を提案してくれた. ロバート・グリフィス，ジェームズ・ハートル，アラン・マクドナルドおよびジョン・プレスキルはさまざまな特別な話題について助言してくれて，初版の準備に役立った. またスコット・アーロンソン，ジェレミー・バーンスタイン，ジャック・ディストラー，エド・フライ，クリストファー・フックス，ジェームズ・ハートル，ジェイ・ローレンス，ダビッド・マーミン，ソニア・パバン，フィリップ・パールおよびマーク・ライツェンは第2版のさまざまな話題の言及に助けてくれた. 初版の誤りを指摘してくれた読者，特にアンドレア・バーナソニ，ルー・クァンホイ，マーク・ワイツマン，およびユ・シにも感謝する. ラン・ヴァハは初版の前半を彼のハーバードでの1学期間の量子力学の教科書として使って，この本に加えるべき多くの有益な提案やより

よい説明を教えてくれた．もちろんこの本に残りうる誤り
はすべて私の責任である．テリー・ライリー，アーベル・
エフライムおよびジョセフ・ペリマンは数えきれないほど
本や記事を見つけてくれた．ジャン・デュフィはいろいろ
助けてくれた．ケンブリッジ大学出版局のリンゼイ・バー
ンズとロイシン・マネリーは本の刊行の準備をしてくれ
た．スティーブン・ホルト博士は注意深くかつ繊細に編集
してくれた．また特に担当の編集者サイモン・カペリンは
激励と良い助言をくれた．以上に感謝する．

記号について

ラテン文字の添え字 i, j, k 等は一般に三つの空間座標を表し，通常 $1, 2, 3$ の値をとる．

総和の慣習[1]はとらない．添え字の繰り返しの総和がとられるのは，はっきり示された場合に限られる．

空間的な 3-ベクトルはボールド（太字）の記号で記述される．特に ∇ はグラディエントの演算子である．

∇^2 はラプラシアン $\sum_i \partial^2/\partial x^i \partial x^i$ である．

3 次元の「レヴィ＝チヴィタ・テンソル」ϵ_{ijk} は完全非対称な量で $\epsilon_{123} = +1$ である．すなわち

$$\epsilon_{ijk} = \begin{cases} +1, & ijk = 123, 231, 312 \text{ のとき,} \\ -1, & ijk = 132, 213, 321 \text{ のとき,} \\ 0, & \text{その他のとき.} \end{cases}$$

クロネッカーのデルタは

$$\delta_{mn} = \begin{cases} 1, & n = m \text{ のとき,} \\ 0, & n \neq m \text{ のとき.} \end{cases}$$

ベクトルの上の「＾」は対応する単位ベクトルを表す．

---

[1] 後述のラプラシアンの例で言えば，$\sum_i$ を省略して $\partial^2/\partial x^i \partial x^i$ と書くこと.

たとえば $\hat{\mathbf{v}} \equiv \mathbf{v}/|\mathbf{v}|$ である.

ベクトルの上の「˙」はその量の時間微分を表す.

階段関数 $\theta(s)$ は $s > 0$ のとき $+1$ であり,$s < 0$ のとき 0 である.

行列 A の複素共役,転置,およびエルミート共役は各々 A^*,A^{T},および $A^\dagger = A^{*\mathrm{T}}$ で表される.演算子 O のエルミート共役は $O^\dagger$ で表され,方程式のあとに $+\mathrm{H.\,c.}$ または $+\mathrm{c.\,c.}$ がある場合には,先行する項にエルミート共役または複素共役を加えることを意味する.

演算子とその固有値を区別する必要がある場合には大文字を演算子に,小文字を固有値とする.この慣習は演算子と固有値の区別が文脈から明らかな場合には使用しない.

光速 c,ボルツマン定数 k_{B},プランクの定数 h,$\hbar \equiv h/2\pi$ ははっきり記述する.

電磁場,電荷,電流については非有理化単位系を使用するので電荷 e_1 と e_2 の対が r だけ離れているときのクーロン・ポテンシャルは $e_1 e_2/r$ である.全体を通じて電子の電荷は $-e$ であり,したがって微細構造定数は $\alpha \equiv e^2/\hbar c \simeq 1/137$ である.

引用された数値データの末尾の括弧の中の数は引用された数字の最後の数字の不確かさを表す.他に示されてない限り,データは K. Nakamura et al.(Particle Data Group),"Review of Particle Properties," *J. Phys.* G **37**,075021(2010)から採られている.

目　　次

下巻目次

ルイーズ，エリザベス，
ガブリエルのために

ワインバーグ量子力学講義　上

凡 例

- 本書は Steven Weinberg, *Lectures on Quantum Mechanics* の邦訳である. 初版は 2013 年に Cambridge University Press より刊行され, 2015 年に同出版社から第 2 版が刊行された. 初版と第 2 版の違いはワインバーグみずからが「序文」で述べているとおりである. この邦訳は第 2 版を底本とした.

- 原書に散見された数式の誤植等は, 邦訳の際に可能な限り修正した. とりわけ単位ベクトルを表すハット付き記号は, 原書では細字イタリック体 ($\hat{a}, \hat{b}$ など) と太字ローマン体 ($\hat{\mathbf{a}}, \hat{\mathbf{b}}$ など) とが混在しているが, 巻頭に付された「記号について」の表記に従い, 後者で統一した.

- 本文中の (1), (2), (3)... は原注,〔1〕,〔2〕,〔3〕... は訳注である. 原注は各節の末尾にまとめ, 訳注は該当ページに脚注として掲載した.

第1章　量子力学ができるまで

　量子力学の原理は常識とはかけ離れている．そこでまず
量子力学ができるまでの経過をたどってみよう．この章で
は 20 世紀初頭の物理学者たちが取り組まねばならなかっ
た問題について考える．その問題を解いていくうちに現代
の量子力学が生まれたのである．

1.1　話の始まり：光子

　量子力学の始まりは黒体輻射の研究である．輻射の
振動数分布が普遍的であることは熱力学を根拠として
1859-62 年にグスタフ・ロベルト・キルヒホッフ（1824-
87）によって確立された．黒体輻射と名付けたのもキル
ヒホッフである．温度 T に保たれている壁に囲われた領
域（空洞）を考える．空洞の中の，振動数が ν と $\nu + d\nu$
の間にある輻射の単位体積あたりのエネルギーはある
関数 $\rho(\nu, T)$ と $d\nu$ の積だと考えよう．キルヒホッフは任
意の振動数間隔について，空洞の壁面上の面積 A の小
平面に当たる単位時間あたりの輻射のエネルギーを計
算した．彼は次のように考えた．空洞の中の点を極座標
(r, θ, ϕ) で表す．r は小平面までの距離，θ は小平面の法

線から測った角度である．その点から見ると小平面は
立体角 $A\cos\theta/r^2$ の部分を張る．振動数が ν から $\nu+d\nu$
の間の，時間 t の間に小平面に当たる全エネルギーは
$A\cos\theta/4\pi r^2 \times \rho(\nu,T)d\nu$ の半径 ct の半球上での積分で
あり，

$$2\pi \int_0^{ct} dr \int_0^{\pi/2} d\theta\, r^2 \sin\theta \frac{A\cos\theta\,\rho(\nu,T)d\nu}{4\pi r^2}$$
$$= \frac{ctA\rho(\nu,T)d\nu}{4}$$

となる．c は光の速さである．このエネルギーのうち空洞
の壁で吸収される割合が $f(\nu,T)$ だとすると，単位面積単
位時間あたり，振動数が ν から $\nu+d\nu$ の間で壁に吸収さ
れるエネルギーは

$$E(\nu,T)d\nu = \frac{c}{4} f(\nu,T)\rho(\nu,T)d\nu$$

である．平衡であるためには，これはまた同じ振動数の単
位面積単位時間あたりに壁によって放出されるエネルギー
と等しくなければならない．壁は自分が受け取った以上の
輻射を放出することができないので，吸収の割合 $f(\nu,T)$
は1以下である．$f(\nu,T)=1$ である任意の材料を**黒体**と
いう．関数 $\rho(\nu,T)$ は普遍的でなければならない．なぜな
ら，すべてを温度 T に保ちながら空洞に何か変化が生じ
たときに，$\rho(\nu,T)$ が影響を受けたとすると，ある振動数
でエネルギーが輻射から壁に流れるか，壁から輻射に流れ
るかするはずだが，輻射と壁の温度が等しい限りそんなこ

とはあり得ないからである.

　19世紀末の十年間，物理学者は分布関数 $\rho(\nu, T)$ に大いに関心をもった．その測定は主にベルリンの**帝立物理工学研究所**で行われた．どうしたら測定された値を理解できるかが問題だった．

　19世紀後半に提唱された統計力学を用いて一つの解答が試みられた．ジョン・ウィリアム・ストラット（レイリー卿）（1842-1919）とジェームズ・ジーンズ（1877-1946）による 1900 年と 1905 年の一連の論文である[1]．量子の考え方はまだない．箱の中の輻射場（すなわち電磁場）を基準振動のフーリエ和と考えることができることはよく知られていた．例えば幅 L の立方体の箱の場合，一方の壁で満足されるどんな境界条件も反対側の壁の境界条件と一致しなければならないとする．したがって電磁場の位相は距離 L で 2π だけ変わらなければならない．すなわち輻射場は，ベクトル $\mathbf{n}$ の成分をすべて整数とし，$\mathbf{q}$ が

$$\mathbf{q} = 2\pi\mathbf{n}/L \qquad (1.1.1)$$

を満足するような $\exp(i\mathbf{q}\cdot\mathbf{x})$ に比例する項の和である．（例えば，平行移動についての不変性を保つためには周期的境界条件[1]が便利である．電磁場の各々の成分が箱の反対側の壁で同じだとする．）したがって各々の基準振動は n_1, n_2, n_3 の三つ組の整数および偏極で指定される．偏極は右回りまたは左回りの円偏光ととればよい．基準振動

---

〔1〕 $f(x+L) = f(x)$ のような条件.

の波長は $\lambda = 2\pi/|\mathbf{q}|$ であり，その振動数は

$$\nu = \frac{c}{\lambda} = \frac{|\mathbf{q}|c}{2\pi} = \frac{|\mathbf{n}|c}{L} \tag{1.1.2}$$

となる．各々の基準振動はベクトル $\mathbf{n}$ の空間で単位体積を占めるので，振動数 ν と $\nu + d\nu$ の範囲にある基準振動の数 $N(\nu)d\nu$ はこの空間の中の対応する球殻の体積の2倍である．すなわち

$$N(\nu)d\nu = 2 \times 4\pi|\mathbf{n}|^2 d|\mathbf{n}| = 8\pi(L/c)^3\nu^2 d\nu. \tag{1.1.3}$$

2倍するのは各々の波数について二つの偏極の可能性があることを考慮したからである．古典的な統計力学では，調和振動数の集合とみなされる任意の系の平均エネルギー $\overline{E}$ は温度に比例し，$\overline{E}(T) = k_{\mathrm{B}}T$ と書ける．ここで k_{B} は基本的な物理定数でボルツマン定数という（この証明は後に述べる〔p. 27 参照〕）．これを輻射に適用すると，振動数 ν と $\nu + d\nu$ の間の輻射の平均エネルギー密度は

$$\rho(\nu, T)d\nu = \frac{\overline{E}(T)N(\nu)d\nu}{L^3} = \frac{8\pi k_{\mathrm{B}}T\nu^2 d\nu}{c^3} \tag{1.1.4}$$

となるであろう．これは後にレイリー – ジーンズの公式と呼ばれることになった．$\rho(\nu, T)$ が $T\nu^2$ に比例するという予言は ν/T が小さい値のときには実測と一致したが，大きい値のときには全然合わなかった．実際，もしこれが与えられた T のすべての ν の値について成り立つとすると，全エネルギー密度 $\int \rho(\nu, T)d\nu$ は無限大となってしまう．このことを**紫外破綻**と言う．

　レイリー – ジーンズの公式と呼ばれるようになった経過
をもう少し詳しく説明しよう．レイリーが実質的に 1900
年に示したのは $\rho(\nu, T)$ が低エネルギーで $T\nu^2$ に比例す
ることだったが，彼は式（1.1.3）や $\overline{E}(T)$ の比例定数を
計算しようとはしなかったので，式（1.1.4）の定数因子
を与えることができなかった．紫外破綻を避けるために，
彼はまた ν/T が大きな値のときに指数関数的に減衰する
因子を便宜的に含ませたが，ν/T による減衰の様子を計
算しようとは試みなかった．さらに 1905 年に式（1.1.3）
の定数因子を計算し，8 倍大きい結果を得た．正しい結果
は少し後にジーンズが（1905 年に自分の論文の追記とし
て）与えた．彼はまた $\overline{E}(T) = k_B T$ を正しく求め，それ
によって式（1.1.4）を低エネルギーの極限として得た．

　正しい完全な結果はすでに 1900 年にマックス・プラン
ク（1858-1947）によって発表されていた[2]．プランクが
気づいたのは，黒体輻射のデータが次の公式に合うことだ
った．

$$\rho(\nu, T)d\nu = \frac{8\pi h}{c^3} \frac{\nu^3 d\nu}{\exp(h\nu/k_B T) - 1}. \qquad (1.1.5)$$

ここで h は新しい定数で，後に**プランク定数**と名付け
られた．実験との比較によると $k_B \approx 1.4 \times 10^{-16}$erg/K，
$h \approx 6.6 \times 10^{-27}$erg sec である[3]．この公式は最初は推測
によるものだったが，少し後にプランクはこの公式の導き
方を与えた[4]．彼の仮定したのは，輻射はさまざまな振
動数の多数の荷電振動子と平衡にあり，振動数 ν のそれ

らの振動子のエネルギーは $h\nu$ の整数倍であるということ
だった．プランクの導出は冗長であり，ここで繰り返すに
値しない．証明の根拠も，じきに与えられた正しい根拠と
は非常に異なる．

　プランクの公式はレイリー – ジーンズの公式（1.1.4）
と $\nu/T \ll k_B/h$ で一致するが，$\nu/T \gg k_B/h$ では指数関
数的に減少して，全エネルギー密度は有限になる．すなわ
ち

$$\int_0^\infty \rho(\nu, T)d\nu = a_B T^4, \quad a_B \equiv \frac{8\pi^5 k_B^4}{15h^3 c^3}. \quad [2] \quad (1.1.6)$$

$\rho(\nu, T)$ と黒体からの単位面積あたりの放射率の間のキル
ヒホッフの関係によると，黒体からの全エネルギー放射の
割合は σT^4 である．ここで σ はシュテファン – ボルツマ
ン定数

$$\sigma = \frac{ca_B}{4} = \frac{2\pi^5 k_B^4}{15h^3 c^2}$$
$$= 5.670373(21) \times 10^{-5} \mathrm{erg\,cm^{-2}\,sec^{-1}\,K^{-4}}$$

---

〔2〕公式 $\sum\limits_{n=1}^{\infty} \dfrac{1}{n^2} = \dfrac{\pi^2}{6}$ の証明は有名だが，（1.1.6）の計算には
$\sum\limits_{n=1}^{\infty} \dfrac{1}{n^4} = \dfrac{\pi^4}{90}$ が必要である．都築卓司『なっとくする統計力学』
（講談社，1993）pp.194-195 の証明が面白い．一松信『函数
論入門』（培風館，1957）や寺澤寛一『自然科学者のための
数学概論』（岩波書店，1961）も参考になる．面倒なら数値で
$\dfrac{\pi^4}{90} \approx 1.0823$，$1 + \dfrac{1}{2^4} = 1.0625$，…この調子で等号の成り立
つことが確かめられよう．

である.

　プランクの仕事の最も重要で直接的な成果は，長年の課題であった原子論的な定数の値を決めたことであろう. 理想気体の理論には $pV = nRT$ という有名な法則がある. 温度 T で n モルの気体が体積 V を占めるときの圧力が p である. $R = k_B N_A$ は定数である. N_A はアボガドロ数で, 1モルの気体の中にある分子の数である. 長年の気体の性質の測定によって R の値はわかっていたから, k_B がわかればプランクは N_A の値を導きだすことができた. すなわち N_A は原子量を1と仮定した原子（ほぼ水素原子の質量に等しい）の質量と $1g$ の比の逆数である. これは粘性のような単に質量の密度だけではなく, 数の密度にも関係する, 非理想気体の性質からの N_A の評価とよく合っていた. 各々の原子の質量を知り, 固体の中では原子がぎっしり詰まっていて原子の質量と体積の比がその元素の固体の巨視的な試料の密度と近いと仮定すると, 原子の大きさを推定できた. 同様に, 電気分解によってできたさまざまな元素の量を測ることによって1ファラデーすなわち $F = eN_A$ の値はすでにわかっていた. e は電子価1単位の原子を生むときに移される電荷である. したがって N_A がわかれば e が計算できる. e は電子の電荷と考えてよいであろう. 電子は1897年にジョゼフ・ジョン・トムソン（1856-1940）によって発見されていた. そう考えるとこれで電子の電荷が測定されたことになるが, これは当時実行されたどのような直接的な測定よりも正確だっ

た．トムソンはまた e と電子の質量 m の比を測定してい
た．電場や磁場のあるときの陰極線（電子）の曲がり方を
観測したのである．したがって電子の質量もわかることに
なる．

　皮肉なことだが，もしレイリーが正確なレイリー‐ジー
ンズの公式（1.1.4）の形を得ていたら，以上のことのす
べてを，彼は 1900 年に量子の考えなしに行うことができ
たはずである．彼は単にこの式を ν/T の小さいときの実
験データと比較するだけで k_B を求められる．このために
は h は不要である．

　プランクの量子仮説は輻射を放出・吸収する物質に対
して適用され，輻射自身には適用されなかった．後にジョ
ージ・ガモフが述べているように，プランクは輻射を
バターのようなものだと考えていた．バター自身の量は
どんな値でもとり得るが，バターは 4 分の 1 ポンドずつ
でしか売っていないのである．1905 年に振動数 ν の輻射
のエネルギーそれ自身が $h\nu$ の整数倍であると提唱した
のはアルバート・アインシュタイン（1879-1955）であ
った[5]．彼はこの仮説を使って，光電効果において金属
の表面に光を照射したとき，光の振動数がある最小の値
ν_{min} を超えなければ，電子が出てこないと予言した．こ
こで $h\nu_{min}$ は金属から電子を取り除くのに必要なエネル
ギー（「仕事関数」）である．そうすると電子のもつエネル
ギーは $h(\nu-\nu_{min})$ である．1914-16 年のロバート・ミリ
カン（1865-1953）による実験はこの公式を実証し，得ら

れた h の値は黒体輻射で導かれた値と合っていた[6].

アインシュタインの仮説とプランクの黒体輻射の公式の
関係は 1910 年のヘンドリク・ローレンツ (1853-1928)
による黒体輻射の公式の導出で最もよく説明される[7].
ローレンツは J.ウィラード・ギブス (1839-1903) によ
る統計力学の基本的な結果を使った[8]. それによると多
数の同等な系を含み, 与えられた温度 T で熱平衡にある
系 (例えば黒体の空洞の中の光量子) の中で, これらの系
の一つがエネルギー E をもつ確率は $\exp(-E/k_BT)$ に比
例する. 比例定数はエネルギーによらない. 光量子のエネ
ルギーが連続的に分布するなら, 次のような平均エネルギ
ーが得られるであろう.

$$\overline{E} = \frac{\int_0^\infty \exp(-E/k_BT)E\,dE}{\int_0^\infty \exp(-E/k_BT)dE} = k_BT.$$

これはレイリー–ジーンズの公式 (1.1.4) を導くときに
使った仮定である. しかしそうではなくて, エネルギーが
$h\nu$ の整数倍なら平均エネルギーは

$$\overline{E} = \frac{\sum_{n=0}^\infty \exp(-nh\nu/k_BT)nh\nu}{\sum_{n=0}^\infty \exp(-nh\nu/k_BT)} = \frac{h\nu}{\exp(h\nu/k_BT)-1}$$

$$(1.1.7)$$

となる. ν と $\nu+d\nu$ の間の輻射のエネルギー密度はこ

こでも $\rho d\nu = \overline{E}N d\nu/L^3$ で与えられる. そうすると式
(1. 1. 3) および (1. 1. 7) からプランクの公式 (1. 1. 5)
が出てくる.

　ミリカンの実験が光電子のエネルギーのアインシュタ
インの予言を実証した後でさえも, 光量子の実在性につ
いてはかなりの疑念が残っていた. これを大きく解消し
たのは 1922-23 年のアーサー・コンプトン (1892-1962)
による X 線散乱の実験であった[9]. X 線のエネルギー
は十分高いので, 軽い原子の中の電子のずっと小さな
束縛エネルギーは無視してかまわない. 電子を自由な
粒子と見なせる. 光量子のエネルギーが $E = h\nu$ だとす
ると, 特殊相対論によればその運動量は $p = h\nu/c$ であ
る. $m_\gamma^2 c^4 = E^2 - p^2 c^2 = 0$ が成り立つようにするためで
ある. 例えば静止している電子に光量子が当たって逆方
向に散乱されたとすると, 散乱された量子は振動数 ν'
をもち, 電子は前進するであろう. 電子の得る運動量は
$h\nu/c + h\nu'/c$ となる. ν' はエネルギー保存の条件
$$h\nu + m_e c^2 = h\nu' + \sqrt{m_e^2 c^4 + (h\nu/c + h\nu'/c)^2 c^2}$$
で決められる (但し, m_e は電子の質量である).
$$\nu' = \frac{\nu m_e c^2}{2h\nu + m_e c^2}.$$
この公式は一般に波長 $\lambda = c/\nu$ および $\lambda' = c/\nu'$ の関係
$$\lambda' = \lambda + 2h/m_e c \qquad (1. 1. 8)$$
と書かれる. $h/m_e c = 2.425 \times 10^{-10}$ cm という長さは電
子のコンプトン波長と呼ばれる. (前方への角度 θ の散乱

の場合には，式（1.1.8）の中の2を1−cos θ と置き換えればよい．）こうした関係が実証されたことにより，物理学者はこの量子の存在を確信するようになった．少し後に化学者 G. N. ルイス[10]は光量子に名前をつけた．それ以来，**光子（フォトン）**となったのである．

原　注

(1) Lord Rayleigh, *Phil. Mag.* **49**, 539 (1900); *Nature* **72**, 54 (1905); J. Jeans, *Phil. Mag.* **10**, 91 (1905).

(2) M. Planck, *Verh. deutsch. phys. Ges.* **2**, 202 (1900).

(3) 現在わかっている値は $6.62606891(9) \times 10^{-27}$ erg sec である．E. R. Williams, R. L. Steiner, D. B. Newell, and P. T. Olson, *Phys. Rev. Lett.* **81**, 2404 (1998).

(4) M. Planck, *Verh. deutsch. phys. Ges.* **2**, 237 (1900).

(5) A. Einstein, *Ann. Physik* **17**, 132 (1905).

(6) R. A. Millikan, *Phys. Rev.* **7**, 355 (1916).

(7) H. A. Lorentz, *Phys. Z.* **11**, 1234 (1910).

(8) J. W. Gibbs, *Elementary Principles in Statistical Mechanics* (Charles Scribner's Sons, New York, 1902).

(9) A. H. Compton, *Phys. Rev.* **21**, 207 (1923).

(10) G. N. Lewis, *Nature* **118**, 874 (1926).

1.2　原子のスペクトル

19世紀と20世紀初めを通じて物理学者が直面した，もう一つの問題があった．1802年，ウィリアム・ハイド・ウォラストン（1766-1828）は太陽のスペクトルの中に暗線を発見したが，これらの線は1814年にヨセフ・フォン・フラウンホーファー（1787-1826）が再発見するまで

あまり詳しく研究されなかった．後に，熱い原子の気体は
ある決まった振動数の光を放出および吸収することが判明
した．振動数分布の形，すなわちスペクトルは問題となる
元素によって決まる．ウォラストンとフラウンホーファー
の見つけた暗線は，光が太陽の光球のより温度の低い層を
通過するときに受ける吸収が原因だった．スペクトル中の
輝線と暗線の研究は化学分析，天文学，さらには太陽のス
ペクトルの中で見つかったヘリウムのような，新元素の発
見の便利な道具となった．しかしながら，失われた言語で
書かれた文章のように，これらの原子のスペクトルが何を
意味しているのかわからなかった．

　原子のスペクトルを理解するためには原子の構造の知識
が不可欠だった．1897 年のトムソンによる電子の発見の
後，原子はプディングのようになっていて，全体に正の電
荷が一様に広がっており，その中に負の電荷をもった電子
が干しブドウのようにつまっていると広く信じられてい
た．この描像がすっかりひっくり返されたのは 1909-11
年，アーネスト・ラザフォード（1871-1937）がマンチェ
スター大学で行った実験による．この実験で実験家のハン
ス・ガイガー（1882-1945）と学部学生のアーネスト・マ
ースデンは，ラジウムの線源からのアルファ粒子（^{4}He）
のビームを細いビームにして薄い金箔に衝突させた．膜を
通過するアルファ粒子は硫化鉛の層に衝突するときの閃光
によって検出された．予測通り，ビームは金の原子による
アルファ粒子の散乱のために少しだけ広がった．次にラザ

フォードはふと思いついて，ガイガーとマースデンにアルファ粒子が大角度で散乱されてないか確かめるように指示した．アルファ粒子が電子のような自分より軽い粒子にぶつかるときには期待できないことである．質量 M，速度 v の粒子が，静止している質量 m の粒子と衝突し，同じ線上を速度 v' で動き続け，標的には速度 u を与えるとしよう．運動量と運動エネルギーの保存則は次のようになる．

$$Mv = mu + Mv', \quad \frac{1}{2}Mv^2 = \frac{1}{2}Mv'^2 + \frac{1}{2}mu^2.$$

$$(1.2.1)$$

（ここでは速度が正の場合はすべて衝突前のアルファ粒子の方向に進んでおり，速度が負の場合はその逆方向である．）u を消去すると，v'/v についての式が得られる．

$$0 = \left(1 + \frac{M}{m}\right)\left(\frac{v'}{v}\right)^2 - 2\left(\frac{M}{m}\right)\left(\frac{v'}{v}\right) - 1 + \frac{M}{m}.$$

これには二つの解がある．一つは $v' = v$ である．この解は何事も起こらない，すなわち入射した粒子が初めにもっていた速度のまま跳び続ける，という解である．面白いのはもう一つの解

$$v' = -v\left(\frac{m - M}{m + M}\right) \qquad (1.2.2)$$

である．しかしこれが負の値をもつのは $m > M$ の場合に限られる．（散乱の角度が大きいときに導かれる m についての条件はいくぶん弱くなる．）

　このような事情にもかかわらず，大角度で散乱されるア
ルファ粒子が見つかった．ラザフォードは後に次のように
述べている．「これは私の人生で起こった最も信じられな
いことだったと言えよう．15 インチの砲弾をティッシュ
ペーパーに打ち込んだら，それが戻ってきて自分に当たっ
たというような，まるで信じられないことだった」[1].

　したがってアルファ粒子は金の原子の中の何か電子よ
りも重いものに衝突したに違いなかった．電子の質量はア
ルファ粒子の 1/7300 しかない．そのうえ，標的の粒子が
正の電荷であり，クーロン斥力でアルファ粒子を止める
には極めて小さくなければならない．標的の粒子の電荷
を $+Ze$ とし，電荷 $+2e$ をもつアルファ粒子が標的の粒
子から r の距離のところで止まったとすると，運動エネ
ルギー $Mv^2/2$ はポテンシャル・エネルギー $(2e)(Ze)/r$
にならなければならない．したがって $r = 4Ze^2/Mv^2$ と
なる．ラジウムから放出されるアルファ粒子の速度は
2.09×10^9 cm/sec なので，アルファ粒子が重い標的の粒
子で止められる距離は $3Z \times 10^{-14}$ cm であり，どのよう
なもっともらしい Z（$Z \approx 100$）の場合でさえも金の原子
の大きさ（10^{-8} cm の 2〜3 倍）よりはるかに小さい．

　ラザフォードの結論は，原子の正の電荷は小さくて重い
原子核に集中しており，そのまわりにずっと軽い負の電荷
をもった電子が，太陽系の惑星のように軌道運動している
ということであった[2]．しかしこれは原子のスペクトル
を取り巻く謎を深めたにすぎなかった．電子のような電荷

をもった粒子が円運動をすると軌道運動と同じ振動数の光を出すはずである．しかしこれらの軌道運動の振動数はどのような値もとり得る．さらに悪いことには，電子が輻射にエネルギーをとられると，らせん状に原子核に落ち込むはずである．それでは原子が安定であるはずはない．

　1913 年に一つの解答がラザフォードのマンチェスターの研究所に来ていた若い研究員のニールス・ボーアから提案された．ボーアの提案は，まず原子のエネルギーは量子化されている，すなわち原子のエネルギーはとびとびの値をもっているということであった．その値を小さい方から順に $E_1, E_2, \cdots$ とすると，$m \to n$ の遷移で放出される，あるいは $n \to m$ の遷移で吸収される光子の振動数は，アインシュタインの公式 $E = h\nu$ とエネルギーの保存則から

$$\nu = (E_m - E_n)/h \qquad (1.2.3)$$

となる．高いエネルギーの状態から低いエネルギーの状態への遷移で原子から放出する光子によって輝線ができ，逆の過程で光子が吸収されてできるのが暗線になる．これはリッツの結合原理と呼ばれる規則の説明になる．この規則は 1908 年にワルター・リッツ[3] によって実験的に見つけられていたが，その理由は説明されていなかった．この規則によると，任意の原子のスペクトルはいわゆる一連の「項」で記述できる．スペクトルの振動数はみな「項」の差として表されるのである．この「項」は，ボーアによれば，エネルギー E_n を h で割ったものに他ならない．

　ボーアはまたエネルギー E_n の計算法を提案した．それ

は少なくとも，水素原子や，イオン化して 1 価となった
ヘリウム原子のようなクーロン場の中の電子について適
用できる．ボーアは，プランク定数 h が角運動量と同じ
次元をもつことに注目した．そこでボーアは，電子の速
度が v で原子の円運動の半径が r であるときの角運動量
$m_e vr$ がある値 $\hbar$ の整数倍だと仮定した[4]．おそらく $\hbar$
は h と同じくらいの大きさであろう．すなわち

$$m_e vr = n\hbar, \quad n = 1, 2, \cdots \qquad (1.2.4)$$

である．（ボーアは $\hbar$ という記号を使っていない．$\hbar$ と h
の関係を知っている読者はしばらくそのことを忘れてい
てほしい．当面，$\hbar$ は単に新しい定数である．）ボーアはこ
の関係を円軌道のつりあいの式

$$\frac{m_e v^2}{r} = \frac{Ze^2}{r^2} \qquad (1.2.5)$$

および電子のエネルギーの公式

$$E = \frac{m_e v^2}{2} - \frac{Ze^2}{r} \qquad (1.2.6)$$

と結び付けた．そうすると

$$v = \frac{Ze^2}{n\hbar}, \quad r = \frac{n^2\hbar^2}{Zm_e e^2}, \quad E = -\frac{Z^2 e^4 m_e}{2n^2\hbar^2} \qquad (1.2.7)$$

が得られる．エネルギーと振動数の間のアインシュタイン
の関係を使うと，量子数 n の軌道から量子数 n' の軌道へ
の遷移の中で放出される光子の振動数は

$$\nu = \frac{\Delta E}{h} = \frac{Z^2 e^4 m_e}{2h\hbar^2}\left(\frac{1}{n'^2} - \frac{1}{n^2}\right) \qquad (1.2.8)$$

である．但し，$n' < n$ とする．

定数 $\hbar$ を求めるために，ボーアは**対応原理**に頼った．古典物理の結果が大きな軌道，すなわち n の大きな軌道での結果と一致すべきだというのである．$n \gg 1$ かつ $n' = n - 1$ とすると式（1.2.8）は $\nu = Z^2 e^4 m_e / h \hbar^2 n^3$ となる．これを軌道上の電子の振動数 $v/2\pi r = Z^2 e^4 m_e / 2\pi n^3 \hbar^3$ と比較してみよう．古典電磁力学ではこの二つの振動数は等しいはずである．そこでボーアは $\hbar = h/2\pi$ と結論することができた．こうしてボーアは電子の速度，軌道半径，エネルギーの数値を求めることができた．

$$v = \frac{Ze^2}{n\hbar} \simeq \frac{Zc}{137n}, \qquad (1.2.9)$$

$$r = \frac{n^2 \hbar^2}{Z m_e e^2} \simeq n^2 \times 0.529 Z^{-1} \times 10^{-8} \ \mathrm{cm}, \qquad (1.2.10)$$

$$E = -\frac{Z^2 e^4 m_e}{2n^2 \hbar^2} \simeq -\frac{13.6 Z^2}{n^2} \mathrm{eV}. \qquad (1.2.11)$$

式（1.2.11）がスペクトル線の振動数から求めた水素原子のエネルギー準位数と驚くほど一致していたことは，ボーアが正しい道にいることを力強く示していた．ボーアの評価がさらに高まったのは，イオン化して1価になったヘリウムのスペクトル（天文学的にも，実験室でも観察された）も説明できたことだった．彼はこのことを本節の注4に引用された『ネイチャー』の記事で指摘した．しかも，小さいが観測できる補正が説明できた．ボーアは，この場合の公式に出てくる質量は電子の質量に正確に

等しいのではなくて，換算質量 $\mu \equiv m_e/(1+m_e/m_N)$ であることに気づいた．m_N は原子核の質量である．（このことは第2.4節で議論する．）したがって E と $1/n^2$ の比例係数は水素とヘリウムで単純に $Z_{He}^2 = 4$ 倍ではなくて $4(1+m_e/m_H)/(1+m_e/m_{He}) = 4.00163$ である．これは実験と一致した．

　ボーアの公式は水素やイオン化した1価のヘリウムのような1電子の原子だけでなく，より重い原子の最も内側の軌道についてもほぼ合っていた．そこでは原子核の電荷が電子に遮蔽されないので，Ze を原子核の実際の電荷と見なすことができる．$Z \geqq 10$ については，$n=2$ の軌道から $n=1$ の軌道への遷移で放出される光子のエネルギーは1keV を超えて，X線のスペクトルの中にある．X線のエネルギーを測ることによって，H. G. J. モーズリーはカルシウムから亜鉛までの広い範囲の原子について Z を求めることができた．彼は，実験的な不確実性の範囲内で Z は整数であることを発見した．これは正の電荷をもつ原子核が，電荷 $+e$ で電子よりずっと重い粒子からできていることを示唆していた．ラザフォードはこの粒子に**陽子（プロトン）**という名前をつけた．また，ほんの2，3の例外を除いて，任意の元素から次に大きい原子量 A の元素に行くたびに Z は1単位増えた．原子量 A は水素原子の質量で測った原子の質量と言ってよい．しかし Z は A と同じではなかった．例えば亜鉛は $A=65.38$ だが $Z=30.00$ であった．何年かの間，原子量 A は近似的に

陽子の数であり，余計な電荷は $A-Z$ 個の電子で打ち消されていると考えられていた．1935 年にジェームズ・チャドウィック（1891-1974）が中性子（ニュートロン）を発見した[5]．中性子の質量はほぼ陽子と同じだった．したがって，話が変わって，原子量 Z は原子核の中の陽子の数であり，原子量 A は原子核の中の陽子と中性子の数の和でほぼ決まることがわかった．すなわち，原子核は Z 個の陽子とほぼ $A-Z$ 個の中性子を含むことになった．（原子量は厳密に陽子の数と中性子の数の和に等しいわけではない．理由の一つは中性子の質量と陽子の質量が少し違うことであるが，もう一つの理由はアインシュタインの公式 $E=mc^2$ によって，粒子間の相互作用が原子核の質量に寄与することである．）

ところで，式（1.2.9）〜（1.2.11）は重い原子核の最も外側の電子についても成り立つと言ってよい．そこでは原子核の電荷の大部分が内側の電子で遮蔽されるからである．したがって Z はだいたい 1 の程度だとみなすことができる．このことは重い原子と軽い原子の寸法にさほどの違いがなくて，重い原子の外側の軌道の電子の遷移によって放出される光が同様に可視光であることの理由である．4.5 節で概説する理由により，重い原子の外側にある電子は軽い原子の場合よりも大きい n をもっている．

ボーアの理論は円軌道にだけ適用されるが，太陽系のように，クーロン場の中の粒子の軌道は円ではなくて一般に楕円である．ボーアの量子条件（1.2.4）の一般化は

1916 年にアーノルト・ゾンマーフェルト（1868-1951）によって提案され[6][3]，彼によって楕円軌道の中の電子のエネルギーの計算に使われた．ゾンマーフェルトの条件は，ハミルトニアン $H(q, p)$ で記述される系に関する条件である．q, p はいくつかの座標 q_a と，それに正準共役 p_a を表し，式 $\dot{q}_a = \dfrac{\partial H}{\partial p_a}$ および $\dot{p}_a = -\dfrac{\partial H}{\partial q_a}$ が成り立っている．軌道が閉じていて，すべての q, p の時間変化が周期的だとするとき，すべての a について

$$\oint p_a \, dq_a = n_a h \tag{1.2.12}$$

がゾンマーフェルトの量子条件である．但し n_a は整数である．積分は運動の 1 周期について行う．

　例えば円軌道内の電子の場合は，電子と原子核を結ぶ線を示す角度を q とし，p を角運動量 $m_e v r$ とすると，その場合 $\oint p \, dq = 2\pi m_e v r$ となり，ボーアの条件（1.2.4）と同じになる．この方法にはこれ以上立ち入らない．波動力学の到来によって，この方法はすぐに時代おくれになったからである．

　1916 年（一般相対論の発見の余暇の中で）アインシュタインは黒体輻射の問題に戻った[7]．今度はそれを，エネルギーの量子化された状態というボーアの着想と結び

---

[3] 石原純も独立にこの式を導いた（Ishiwara J.: Die universelle Bedeutung des Wirkungsquantums, *Proc. Tokyo Math-Phys. Soc.* **8**, 106（1915）．

付けた. アインシュタインは原子が自発的に状態 m から
状態 n に遷移し, エネルギー $E_m - E_n$ の光子を放出す
る率を A_m^n と定義した. 彼はまた, 振動数 ν と $\nu + d\nu$ の
エネルギー密度が $\rho(\nu)d\nu$ で与えられる輻射からの光子
の吸収を考えた. 但し必ずしも黒体輻射とは限らない.
そのような場の中の個々の原子が状態 n から高いエネ
ルギーの状態 m に遷移する率は $B_n^m \rho(\nu_{nm})$ と書かれる.
$\nu_{nm} \equiv (E_m - E_n)/h$ は吸収される光子の振動数である.
アインシュタインはさらに, 輻射が光子の放出を誘導する
可能性を考慮した. 原子は状態 m からエネルギーの低い
状態 n に遷移し, その率は $B_m^n \rho(\nu_{nm})$ である. 係数 B_n^m
と B_m^n は A_m^n と同様に各々の原子の性質だけに依存し,
温度にも輻射にも依存しないと仮定する[4].

　さて輻射が温度 T の黒体輻射であって, 原子と熱平衡
にあるとしよう. 輻射のエネルギー密度は式 (1.1.5) の
関数 $\rho(\nu, T)$ となるであろう. 平衡であれば, 高いエネル
ギーから低いエネルギーへの遷移 $m \to n$ の起こる率は,
逆の遷移 $n \to m$ の起こる率と等しいはずである. したがっ
て

---

[4] ここで A_m^n, B_n^m, B_m^n の定義を整理した方がよい. まだ三者の
　　間に特別な関係はない.
　　　$E_m > E_n$ である. 自発的に遷移する率が A_m^n, 励起してエネ
　　ルギーの高い状態にもどる率が ρB_n^m, そのとき高い状態から低
　　い状態に行くことも起こってその率が ρB_m^n である.

$$N_m[A_m^n + B_m^n \rho(\nu_{nm}, T)] = N_n B_n^m \rho(\nu_{nm}, T).$$

$$(1.2.13)$$

ここで N_n と N_m は状態 n と m にある原子の数である. 古典統計力学のボルツマンの規則によれば, エネルギー E の状態にいる原子の数は $\exp(-E/k_B T)$ に比例するから

$$N_m/N_n = \exp(-(E_m - E_n)/k_B T) = \exp(-h\nu_{nm}/k_B T)$$

$$(1.2.14)$$

が成り立つ. (一つ注意してほしいことがある. N_n は各々の状態 n にある原子の数である. エネルギー E_n をもつ原子の数ではない. 状態のうちには, エネルギーのまったく等しいいくつかの状態がある場合もあるであろう.) 以上を全部合わせると

$$A_m^n = \frac{8\pi h}{c^3} \frac{\nu_{nm}^3}{\exp(h\nu_{nm}/k_B T) - 1}$$
$$\times (\exp(h\nu_{nm}/k_B T)B_n^m - B_m^n). \quad (1.2.15)$$

係数 A や B は温度によらない係数であるから, 以上があらゆる温度について成り立つためには, これらの間には次の関係が成り立っていなければならない.

$$B_m^n = B_n^m, \quad A_m^n = \left(\frac{8\pi h\nu_{nm}^3}{c^3}\right)B_m^n. \quad (1.2.16)$$

したがって, 与えられたエネルギー密度をもつ古典的な光の波が原子によって吸収されるか誘導放出をする率を知れば, 原子が自発的に光子を放出する率が計算できる[8].

この計算は第6.5節に示す.

　誘導放出の現象によって光のビームの増幅ができるようになる. それがレーザーである. レーザー (laser) とは「輻射の誘導放出による光の増幅 (light amplification by stimulated emission of radiation)」の頭文字による略語である. エネルギー密度分布 $\rho(\nu)$ の光のビームがエネルギー準位 E_n の N_n 個の原子からなる媒質を通過するとしよう. 最初の励起状態 $n=2$ から基底状態 $n=1$ の誘導放出は $\nu_{12} \equiv (E_2 - E_1)/h$ の光子をビームに加える. その率は $N_2 \rho(\nu_{12}) B_2^1$ である. しかし基底状態からの吸収によって光子が取り除かれる. その率は $N_1 \rho(\nu_{12}) B_1^2$ である. $B_2^1 = B_1^2$ であるから, 光子が増えるのは $N_2 > N_1$ の場合に限られる. 残念ながら, そのような原子の総数の逆転はこの振動数の光に基底状態の原子をさらしても起こらない. ところがである. 第一励起状態 $n=2$ の原子の数の**正味の変化**は, 励起状態からの自発放出と誘導放出, 基底状態からの吸収のために

$$\dot{N}_2 = -N_2 \rho(\nu_{12}) B_2^1 - N_2 A_2^1 + N_1 \rho(\nu_{12}) B_1^2$$

となり, アインシュタインの関係 (1.2.16) を代入すると

$$\dot{N}_2 = B_2^1 [-N_2 [\rho(\nu_{12}) + 8\pi\nu_{12}^3 h/c^3] + N_1 \rho(\nu_{12})]$$

$$(1.2.17)$$

となる. $N_2 = 0$ から出発すると, N_2 は増加して値 $N_1/(1+\xi)$ に近づき, 最終的には一定になる. $\xi \equiv 8\pi\nu_{12}^3 h/\rho(\nu_{12})c^3$ である. この過程は原子の総数の逆転を引き起

こさないだけでなく，自発放出のために，得られた N_2 の
値は N_1 の大きさと同じ程度にすることもできない．原子
の数の逆転は他の方法で起こせる．例えば原子は振動数
$\nu_{31} = (E_3 - E_1)/h$ の光を吸収して $n = 3$ に励起する．こ
れを光学的ポンピングという．それから自発放出で $n = 2$
に落ちる．

原　注

(1) 下記からの引用：E. N. da Costa Andrade, *Rutherford and
the Nature of the Atom* (Doubleday, Garden City, New
York, 1964).

(2) E. Rutherford. *Phil. Mag.* **21**, 669 (1911).

(3) W. Ritz, *Phys. Z.* **9**, 521 (1908).

(4) N. Bohr, *Phil. Mag.* **26**, 1, 476, 857 (1913); *Nature*
92, 231 (1913).

(5) J. Chadwick, *Nature* **129**, 312 (1932).

(6) A. Sommerfeld, *Ann. Physik* **51**, 1 (1916).

(7) A. Einstein, *Phys. Z.* **18**, 121(1917).

(8) 実際には，アインシュタインは本節注7の論文でこの議論
を使って，関係 (1.2.16) に加えて，$\rho(\nu, T)$ を与えるプラン
クの公式の新しい導き方を示した．彼はまず温度が非常に高
い場合を考えた．そのときは $\rho(\nu, T)$ は非常に大きいと考え
られ，式 (1.2.14) より N_n は N_m に非常に近い．この極限で
式 (1.2.13) より $B_n^m = B_m^n$ でなければならないが，そのこ
とは，B_n^m, B_m^n は温度に無関係だから一般に正しいはずであ
る．一般の温度の場合に式 (1.2.13) の中で $B_n^m = B_m^n$ を使う
と $\rho(\nu_{nm}, T) = (A_n^m/B_m^n)/[\exp(h\nu_{nm}/k_{\mathrm{B}}T) - 1]$ となる．ア
インシュタインは次にウィーン (1864-1928) による熱力学的
な関係，**ウィーンの変位則**を用いる．すなわち，$\rho(\nu, T)$ は ν^3
と，ある ν/T の関数の積でなければならない．このことから

A_m^n/B_m^n が ν_{nm}^3 に比例することになるので，アインシュタインは次にその比例係数をレイリー – ジーンズの公式（1.1.4）が $h\nu \ll k_{\mathrm{B}}T$ で満足されることから求める．しかしながらアインシュタインがウィーンの変位則を使ったのは実は不必要である．なぜなら公式 $\rho(\nu_{nm}, T) = (A_m^n/B_m^n)/[\exp(h\nu_{nm}/k_{\mathrm{B}}T) - 1]$ が $h\nu \ll k_{\mathrm{B}}T$ でレイリー – ジーンズの公式に一致するためには，比 A_m^n/B_m^n が式（1.2.16）で与えられることが必要だからである．プランクの公式はすぐに出てくる．

1.3 波動力学

マックスウェル以来，光は電磁場の波だということが理解された．しかしアインシュタインとコンプトンの後は光は光子として粒子の性質も示すことが明らかになった．したがって，それまでいつも粒子と見なされてきた電子も何らかの波であり得るかも知れない．これは 1923 年にルイ・ド・ブロイ（1892-1987）によって提案された[1]．そのとき彼はパリで博士課程在学中だった．振動数 ν と波数 $\mathbf{k}$ をもつ任意の波は $\exp(i\mathbf{k}\cdot\mathbf{x} - i\omega t)$ という時空依存性をもつ．ここで $\omega = 2\pi\nu$ である．ローレンツ不変性の要求によって $(\mathbf{k}, \omega)$ は $(\mathbf{p}, E)$ のような 4 元ベクトルとして変換される．光については，アインシュタインの特殊相対論によれば光子のエネルギーは $E = h\nu = \hbar\omega$ であり，運動量の大きさは $|\mathbf{p}| = E/c = h\nu/c = h/\lambda = \hbar|\mathbf{k}|$ である．そこでド・ブロイは，一般に任意の質量の粒子に 4 元ベクトル $(\mathbf{k}, \omega)$ をもつ波が対応し，それらは粒子の運動量とエネルギーを表す 4 元ベクトル $(\mathbf{p}, E)$ の $1/\hbar$ 倍で

あって

$$\mathbf{k} = \mathbf{p}/\hbar, \quad \omega = E/\hbar \qquad (1.3.1)$$

が成り立つと考えた.

この着想は,式(1.3.1)を満足する波の群速度が運動量 $\mathbf{p}$ とエネルギー E をもつ粒子の普通の速度 $c^2\mathbf{p}/E$ に等しくなることによって支持された.群速度の復習のために,1 次元の波束

$$\phi(x, t) = \int dk \, g(k) \exp(ikx - i\omega(k)t) \qquad (1.3.2)$$

を考えよう.但し $g(k)$ は何らかの滑らかな関数で $k = k_0$ にピークをもち,また $t = 0$ での波 $\int dk \, g(k) \exp(ikx)$ は $x = 0$ にピークがあるとする.$\omega(k)$ を k_0 の近くで展開すると,

$$\phi(x, t) \simeq \exp(-it[\omega(k_0) - k_0\omega'(k_0)])$$
$$\times \int dk \, g(k) \exp(ik[x - \omega'(k_0)t])$$

となるので

$$|\phi(x, t)| \simeq |\phi([x - \omega'(k_0)t], 0)|. \qquad (1.3.3)$$

$t = 0$ で $x = 0$ に集中していた波束が時刻 t に $x = \omega'(k_0)t$ に集中していることは明らかである.したがって波束の動きの速さは

$$v = \frac{d\omega}{dk} = \frac{dE}{dp} = \frac{c^2 p}{E} \qquad (1.3.4)$$

である.これは特殊相対論の速度の普通の公式と合ってい

る.

　ちょうどバイオリンの弦の振動の波が，弦は両端で固定
されているために，半波長の波を整数個含むように量子化
されるのと同様，ド・ブロイによれば，円軌道の中の電子
に対応する波の波長の整数倍が軌道にはまって $2\pi r = n\lambda$
となるので，

$$p = \hbar k = \hbar \times 2\pi/\lambda = n\hbar/r \qquad (1.3.5)$$

となると考えられる. 非相対論的な公式 $p = mv$ を使う
と，これはボーアの量子条件（1.2.4）と同じである. も
っと一般的には，ゾンマーフェルトの条件（1.2.12）は，
粒子が一つの軌道を一周するときに波の位相が 2π の整数
倍変化すべきだという条件と理解できる. こうしてボーア
とゾンマーフェルトの当て推量は波動論で説明できた. 波
動論自体も当て推量ではあるが.

　ド・ブロイは学位審査の口頭試問の際，電子の波動論の
他の証拠が見つかるかと質問されたとき，結晶による電子
の散乱で回折現象が観測されるかも知れないと提案したと
いう話がある. この話の真偽はともかく，（エルザッサー
（1904-91）の示唆により）この実験はベル電話研究所に
おいてクリントン・ダビソン（1881-1958）とレスター・
ガーマー（1896-1971）によって実行され，1927 年にニ
ッケルの単結晶から散乱される電子が，結晶による X 線
散乱と似た回折ピークの形（パターン）を示すと報告され
た[2].

　もちろん，原子の中の軌道はバイオリンの弦とは違う.

必要なのは，式（1.3.2）のように記述される自由粒子
の場合から，原子の中のクーロン・ポテンシャルのよう
なポテンシャルの中で動く粒子に拡張することであっ
た．これは1926年にエルヴィン・シュレーディンガー
（1887-1961）が達成した[3]．シュレーディンガーは自分
の着想を古典力学のハミルトン‐ヤコビの定式化の応用と
して提示したが，これは量子力学とかなり離れた議論にな
るので，ここでは立ち入らない．シュレーディンガーの波
動力学を理解するには，すでにド・ブロイのやったことの
自然な一般化とするのが簡単である．

　関係 $\mathbf{p} = \hbar\mathbf{k}$ および $E = \hbar\omega$ によると，運動量 $\mathbf{p}$ および
エネルギー E の自由粒子の波動関数 $\psi \propto \exp(i\mathbf{k}\cdot\mathbf{x} - i\omega t)$
は次の微分方程式を満足する．

$$-i\hbar\boldsymbol{\nabla}\psi(\mathbf{x}, t) = \mathbf{p}\psi(\mathbf{x}, t), \quad i\hbar\frac{\partial}{\partial t}\psi(\mathbf{x}, t) = E\psi(\mathbf{x}, t).$$

すると，任意のエネルギー E の状態は次のように書ける．

$$\psi(\mathbf{x}, t) = \exp(-iEt/\hbar)\psi(\mathbf{x}). \qquad (1.3.6)$$

ところが自由粒子の場合だと，非相対論的近似では $E = \mathbf{p}^2/2m$ だから，ここで $\psi(\mathbf{x})$ は次の方程式の何らかの解
である．

$$E\psi(\mathbf{x}) = \frac{-\hbar^2}{2m}\nabla^2\psi(\mathbf{x}).$$

より一般的には，ポテンシャル $V(\mathbf{x})$ の中の粒子のエネル
ギーは $E = \mathbf{p}^2/2m + V(\mathbf{x})$ である．そのような粒子でも
式（1.3.6）がまだ成り立ち，しかし，上式の代わりに

$$E\psi(\mathbf{x}) = \left[\frac{-\hbar^2}{2m}\nabla^2 + V(\mathbf{x})\right]\psi(\mathbf{x}) \tag{1.3.7}$$

となることが示唆される．これがエネルギー E の1個の
電子に対するシュレーディンガー方程式である．

　バイオリンの弦の横方向の振動の振動数と同じように，
この方程式はある一定の E の値についてだけ解をもつ．
バイオリンの弦が両端で固定されていて両端では振動し
ないという境界条件に対応するのは，ここでは $\psi(\mathbf{x})$ が
1価であり（閉曲線上を一周すると元の値に一致する），
$|\mathbf{x}|$ が無限大になると0となることである．シュレーディ
ンガーは例えばクーロン・ポテンシャル $V(\mathbf{x}) = -Ze^2/r$
の場合，各々の $n = 1, 2, \cdots$, について方程式 (1.3.7) は
$r \to \infty$ で0となる n^2 個の異なった1価の解をもち，エ
ネルギーはボーアの公式 $E_n = -Z^2 e^4 m_e/2n^2\hbar^2$ で与えら
れ，E がそれと異なる場合は解がないことを示すことが
できた（この計算は次章で実行する）．シュレーディンガ
ーは波動力学についての第一論文で次のように述べた．
「私にとって基本的に見えることは，「整数」という仮説は
もはや量子則の中に現れる神秘ではないことである．1段
階基本に返って「整数性」の起源はある種の空間の関数の
有限性と1価性に起源があることを理解しなければなら
ない．」

　それだけではない．シュレーディンガーの方程式は
すぐに一般化することができた．系がハミルトニアン
$H(\mathbf{x}_1, \cdots; \mathbf{p}_1, \cdots)$ で記述されるとする（「$\cdots$」は追加的な

粒子の座標と運動量である）．するとシュレーディンガー
方程式は次の形になる．

$$H(\mathbf{x}_1, \cdots; -i\hbar\boldsymbol{\nabla}_1, \cdots)\psi_n(\mathbf{x}_1, \cdots) = E_n\psi_n(\mathbf{x}_1, \cdots).$$

$$(1.3.8)$$

例として，N 個の粒子があり，その質量は m_r であると
する．$r = 1, 2, \cdots$ である．さらにその間の一般的なポテ
ンシャルが $V(\mathbf{x}_1, \cdots, \mathbf{x}_N)$ であるとすると，ハミルトニア
ンは

$$H = \sum_r \frac{\mathbf{p}_r^2}{2m_r} + V(\mathbf{x}_1, \cdots, \mathbf{x}_N) \qquad (1.3.9)$$

であり，許されるエネルギー E に対して，シュレーディ
ンガー方程式

$$E\psi(\mathbf{x}_1, \cdots, \mathbf{x}_N)$$
$$= \left[\sum_{r=1}^{N} \frac{-\hbar^2}{2m_r} \nabla_r^2 + V(\mathbf{x}_1, \cdots, \mathbf{x}_N) \right] \psi(\mathbf{x}_1, \cdots, \mathbf{x}_N)$$

$$(1.3.10)$$

には任意の $|\mathbf{x}_r|$ が無限大のときに 0 となるような 1 価の
解 $\psi(\mathbf{x}_1, \cdots, \mathbf{x}_N)$ が存在する．こうして少なくとも原理的
には，水素だけでなく他の任意の原子，およびポテンシャ
ルの知られている任意の非相対論的な系のスペクトルが計
算可能となった．

原　注

(1) L. de Broglie, *Comptes Rendus Acad. Sci.* **177**, 507,

548, 630 (1923).

(2) C. Davisson and L. Germer, *Phys. Rev.* **30**, 707 (1927).

(3) E. Schrödinger, *Ann. Physik* **79**, 361, 409 (1926).

1.4　行列力学

ド・ブロイが波動力学の着想を導入してから2年後,そしてシュレーディンガーが彼独自の理論の展望を展開する少し前,量子力学へのまったく異なった接近法_{アプローチ}がウェルナー・ハイゼンベルク (1901-76) によって展開された.ハイゼンベルクは枯草病 (花粉症) にかかったため,1925年に花粉の多いゲッティンゲンの空気を避けて休暇をとり,草の少ない北海のヘルゴラント島に行った.休暇の間,彼はボーアとド・ブロイの量子条件を取り巻く謎に取り組んだ.ゲッティンゲン大学に戻ったときには,彼は量子条件への新しい考え方を抱いていた.それは行列力学と呼ばれるようになった[1].

ハイゼンベルクの出発点は,物理学の理論は原子の中の電子の軌道のように決して観測されない事柄に関わるべきでないという哲学的な見解だった.これは危うい仮定だったが,このハイゼンベルクの場合は成功だった.彼は原子の状態のエネルギー E_n と,原子が状態 m から他の状態 n へ自発的に放射遷移する率 A_m^n を,観測可能量 (オブザーバブル) として着目し,その上に物理的理論を基礎づけようとした.古典電磁気学では,電荷 $\pm e$ をもち位置ベクトルが $\mathbf{x}$ である粒子が一様でない運動をすると,放

出される放射の仕事率は次式で与えられる[2].

$$P = \frac{2e^2}{3c^3}\ddot{\mathbf{x}}^2. \qquad (1.4.1)$$

ハイゼンベルクは

$$\mathbf{x} \mapsto [\mathbf{x}]_{nm} + [\mathbf{x}]_{nm}^* \qquad (1.4.2)$$

という置き換えさえすれば，この公式がエネルギー E_m
をもつ状態から，より低いエネルギー E_n をもつ状態への
放射遷移で放出される仕事率を与えると推測した．ここ
で $[\mathbf{x}]_{nm}$ はこの遷移を特徴づける複素ベクトル振幅で，
$\exp(-i\omega_{nm}t)$ に比例し，

$$\omega_{nm} = (E_m - E_n)/\hbar \qquad (1.4.3)$$

は遷移の中で放出される輻射の角振動数（振動数の 2π
倍）である．（ハイゼンベルクは実は古典的な公式
(1.4.1) を書いていないが，加速された粒子から非常
に離れた場所の電場と磁場を与えており，それから式
(1.4.1) が推論される．彼はまた式 (1.4.2) の置き換え
をしたとはっきり書いてはいないが，彼のその後の結果
を見ると，こう考えたことはかなり明らかである．）式
(1.4.2) の置き換えをすると式 (1.4.1) は遷移 $m \to n$
の中で放出される輻射の仕事率の公式となる．すなわち

$$P(m \to n)$$
$$= \frac{2e^2\omega_{nm}^4}{3c^3}([\mathbf{x}]_{nm}^2 + 2[\mathbf{x}]_{nm}[\mathbf{x}]_{nm}^* + [\mathbf{x}]_{nm}^*[\mathbf{x}]_{nm}^*).$$

第1項は $\exp(-2i\omega_{nm}t)$ に，第3項は $\exp(2i\omega_{nm}t)$ に比
例するので，$1/\omega_{nm}t$ に比べて十分長い時間を平均すれば

まったく効かない.

時間平均（P の上の横棒で表す）は，したがって第2項

$$\overline{P}(m \to n) = \frac{4e^2\omega_{nm}^4}{3c^3}|[\mathbf{x}]_{nm}|^2 \qquad (1.4.4)$$

で与えられ，時間に依存しない．つまり，遷移 $m \to n$ の中でエネルギー $\hbar\omega_{nm}$ をもつ光子が放出される率は，アインシュタインの記法によると

$$A_m^n = \frac{\overline{P}(m \to n)}{\hbar\omega_{nm}} = \frac{4e^2\omega_{nm}^3}{3c^3\hbar}|[\mathbf{x}]_{nm}|^2 \qquad (1.4.5)$$

となる．またアインシュタインの関係 (1.2.16) によれば，これは誘導放出および誘導吸収の率の $\rho(\nu_{nm})$ の係数を与える．

$$B_n^m = B_m^n = \frac{2\pi e^2}{3\hbar^2}|[\mathbf{x}]_{nm}|^2. \qquad (1.4.6)$$

式 (1.4.5) と (1.4.6) には，$[\mathbf{x}]_{nm}$ は $E_m > E_n$ の場合だけ現れるが，ハイゼンベルクはこの $[\mathbf{x}]_{nm}$ の定義を $E_n > E_m$ の場合に拡張した．条件

$$[\mathbf{x}]_{nm} = [\mathbf{x}]_{mn}^* \propto \exp(-i\omega_{nm}t) \qquad (1.4.7)$$

により，式 (1.4.6) は $E_m > E_n$ でも $E_n > E_m$ でも成り立つ．

ハイゼンベルクは計算を1次元の非調和振動子の例に限った．この場合，エネルギーは古典的に位置とその変化率によって

$$E = \frac{m_{\mathrm{e}}}{2}\dot{x}^2 + \frac{m_{\mathrm{e}}\omega_0^2}{2}x^2 + \frac{m_{\mathrm{e}}\lambda}{3}x^3 \qquad (1.4.8)$$

と与えられる. ω_0 と λ は自由な実数のパラメーターである. E_n と $[x]_{nm}$ を計算するために, ハイゼンベルクは二つの関係を使った. 第一の関係は式 (1.4.8) の量子力学的な解釈である.

$$\frac{m_{\mathrm{e}}}{2}[\dot{x}^2]_{nm} + \frac{m_{\mathrm{e}}\omega_0^2}{2}[x^2]_{nm} + \frac{m_{\mathrm{e}}\lambda}{3}[x^3]_{nm}$$
$$= \begin{cases} E_n, & n = m \text{ のとき} \\ 0, & n \neq m \text{ のとき} \end{cases} \qquad (1.4.9)$$

E_n は n で指定される量子状態のエネルギーである. だが $[\dot{x}^2]_{nm}, [x^2]_{nm}, [x^3]_{nm}$ にはどのような意味がつけられるだろうか? ハイゼンベルクは「最も単純で自然な仮定」は

$$[x^2]_{nm} = \sum_l [x]_{nl}[x]_{lm}, \quad [x^3]_{nm} = \sum_{l,k} [x]_{nl}[x]_{lk}[x]_{km}$$
$$(1.4.10)$$

および

$$[\dot{x}^2]_{nm} = \sum_k [\dot{x}]_{nk}[\dot{x}]_{km} = \sum_k \omega_{nk}\omega_{mk}[x]_{nk}[x]_{km}$$
$$(1.4.11)$$

ととることだと気づいた. ここで次のことに注意しよう. $[x]_{nm}$ はあらゆる n と m について $\exp(-i(E_m - E_n)t/\hbar)$ に比例するので, $n = m$ なら式 (1.4.9) のすべての項は時間によらず一定である. また, 式 (1.4.7) の条件

により，最初の二つの項は $n = m$ なら正だが，最後の項
は正とは限らない．

　第二の関係は量子条件である．ここでハイゼンベルクは
それ以前に W. クーン[3]と W. トーマス[4]の発表した公
式を採用した．クーンがその関係を導く際に使った模型
は，束縛状態の電子を，振動数 ν_{nm} で 3 次元空間で振動
する振動子の集まりと考えるというものである．振動数が
非常に高いとき，そのような電子からの光の散乱は電子が
自由な粒子である場合と同じであるべきだと考え，クーン
は任意の所与の状態 n について

$$\sum_m B_n^m (E_m - E_n) = \frac{\pi e^2}{m_e} \qquad (1.4.12)$$

という純粋に古典的な命題を導いた[5][5]．これを式
(1.4.6) と結合すると[6]

$$\hbar = \frac{2m_e}{3} \sum_m |[\mathbf{x}]_{nm}|^2 \omega_{nm} \qquad (1.4.13)$$

となる．3 次元では $|[\mathbf{x}]_{nm}|^2$ が 3 項あるから，1/3 は 3
項の平均をとっていることを意味する．したがって 1 次
元では

$$\hbar = 2m_e \sum_m |[x]_{nm}|^2 \omega_{nm} \qquad (1.4.14)$$

---

[5] クーンの文献の英訳が本章末の文献集の 3 にある．そこの
　　$\sum_i p_i = 1$ がこの式である．

[6] 式 (1.4.3) も使う．

となるであろう．これがハイゼンベルクの用いた量子条件である．

ハイゼンベルクは方程式（1.4.9）と（1.4.14）の厳密解を調和振動子 $\lambda = 0$ の場合に求めることができた[6]．任意の整数 $n \geqq 0$ について

$$
\begin{cases}
E_n = \left(n + \dfrac{1}{2}\right)\hbar\omega_0, \\[2mm]
[x]^*_{n+1,\,n} = [x]_{n,\,n+1} = e^{-i\omega_0 t}\sqrt{\dfrac{(n+1)\hbar}{2m_e\omega_0}}.
\end{cases}
$$

$$(1.4.15)$$

$[x]_{nm}$ は $n - m = \pm 1$ でなければ 0 である．2.5 節では $\lambda = 0$ の場合についてこの結果の導き方を見よう．ハイゼンベルクはまた対応する結果を小さな，0 でない λ の値について，λ の 1 次まで計算することができた．

ここまできたが，まだ釈然としていなかった．ヘルゴラントから帰ったハイゼンベルクは自分の仕事をマックス・ボルン（1882-1970）に見せた．ボルンは式（1.4.10）は**行列のかけ算**というよく知られた数学の手続きであることに気づいた．行列は $[A]_{nm}$ または単に A と表されるが，数（実数または複素数）を四角に並べて書いたもので，n 番目の行と m 番目の列の交点に置かれた数である．一般に任意の二つの行列 $[A]_{nm}$ および $[B]_{nm}$ について行列 AB は四角い配列

$$[AB]_{nm} \equiv \sum_l [A]_{nl}[B]_{lm} \qquad (1.4.16)$$

である. 行列をさらに使うために二つの行列の和が定義されて

$$[A+B]_{nm} \equiv [A]_{nm} + [B]_{nm} \qquad (1.4.17)$$

となること, および行列と定数 α の積が定義されて

$$[\alpha A]_{nm} \equiv \alpha[A]_{nm} \qquad (1.4.18)$$

となることに注意しておこう. そうすると行列のかけ算は結合則 $A(BC) = (AB)C$ が成り立つ. また分配則 $A(\alpha_1 B_1 + \alpha_2 B_2) = \alpha_1 AB_1 + \alpha_2 AB_2$ および $(\alpha_1 B_1 + \alpha_2 B_2)A = \alpha_1 B_1 A + \alpha_2 B_2 A$ も成り立つ. しかし一般には可換ではない (AB と BA は必ずしも等しいとは限らない). 式 (1.4.10) で定義されているように, $[x^2]$ は行列 $[x]$ の2乗であり, $[x^3]$ は行列 $[x]$ の3乗である. それ以降も同様である.

　量子条件 (1.4.14) は行列の式としてさらに美しい定式化ができる. 式 (1.4.7) によると運動量の行列は

$$[p]_{nm} \equiv m_e[\dot{x}]_{nm} = -im_e\omega_{nm}[x]_{nm}$$

であるから, 行列の積 $[px]$ および $[xp]$ は対角成分をもっている.

$$[px]_{nn} = \sum_m [p]_{nm}[x]_{mn} = -im_e \sum_m \omega_{nm}|[x]_{mn}|^2,$$

$$[xp]_{nn} = \sum_m [x]_{nm}[p]_{mn} = -im_e \sum_m \omega_{mn}|[x]_{mn}|^2.$$

(この二つの公式では, 関係 (1.4.7) を使った. 関係 (1.4.7) は $[x]_{mn}$ がいわゆる**エルミート行列**だということである.) $\omega_{nm} = -\omega_{mn}$ であるから量子条件 (1.4.14) は2通りの方法で書かれる.

$$i\hbar = -2[px]_{nn} = +2[xp]_{nn} \qquad (1.4.19)$$

この関係は当然次のようにも書かれる.

$$i\hbar = [xp]_{nn} - [px]_{nn} = [xp - px]_{nn}. \qquad (1.4.20)$$

ここで定義（1.4.17）と（1.4.18）を使った.

ハイゼンベルクの論文の少し後に二編の論文が現れ, 式（1.4.20）を拡張して $xp - px$ のすべての行列要素についての一般的な公式を与えた. すなわち

$$xp - px = i\hbar \times 1, \qquad (1.4.21)$$

ここで1は単位行列

$$[1]_{nm} \equiv \delta_{nm} \equiv \begin{cases} 1, & n = m \text{ のとき} \\ 0, & n \neq m \text{ のとき} \end{cases} \qquad (1.4.22)$$

である. 式（1.4.20）に加えて, $[xp - px]_{nm} = 0$ が $n \neq m$ のときに成り立つとしたのである. ボルンと彼の助手のパスクァル・ヨルダン（1902-84）[7]はこのことをハミルトンの運動方程式に基づいて証明したが, 数学的に怪しかった. ポール・ディラック[8]は古典力学のポアソン括弧のアナロジーとして, 単に式（1.4.21）を仮定した. これについては9.4節で記述する.

こうして行列力学は, 何個かの座標 q_r と対応する「運動量」p_r の関数である古典的なハミルトニアン $H(q, p)$ で記述される任意の系のスペクトルを計算する一般的なしくみとなった. 行列の方程式

$$q_r p_s - p_s q_r = i\hbar \delta_{rs} \times 1 \qquad (1.4.23)$$

を満足し, 行列 $H(q, p)$ が対角的である, すなわち

$$[H(q, p)]_{nm} = E_n \delta_{nm} \qquad (1.4.24)$$

であるような行列の組 p と q を見つければよい．対角
成分 E_n は系のエネルギーであり，行列要素 $[x]_{nm}$ を式
（1.4.5）と（1.4.6）と共に使えば，輻射の自発および誘
導放出の率と，吸収の率を計算できた．

残念ながら，このような計算が実行できる物理系はき
わめて少なかった．一つは調和振動子であって，既にハイ
ゼンベルクによって解かれていた．もう一つは水素原子
であって，そのスペクトルは行列力学で得られたが，こ
れはゾンマーフェルトの学生のウォルフガング・パウリ
（1900-58）の素晴らしい数学の才能を示すものだった[9]
（パウリの計算は 4.8 節で示す）．この二つの問題が解け
るのはハミルトニアンの特徴によるものである．すなわ
ち，この二つは粒子の古典的な軌道が閉曲線になるという
同じ特徴をもっている．水素分子のようなもっと複雑な問
題を解くのに行列力学を使うことは絶望的だった．そこで
理論物理学の手段としては，波動力学が行列力学に対して
圧倒的に優勢になった．

しかし波動力学と行列力学が異なる理論だと考えてはな
らない．1926 年にシュレーディンガーは行列力学の原理
が波動力学の原理から導かれることを示した[10]．どうし
てそんなことができるか説明しよう．まず第一に，ハミル
トニアンはエルミート演算子の性質をもつことに注意しよ
う．その意味は，任意の関数 f と g がともに 1 価でさら
に無限大で 0 となるという波動関数に課される条件を満
足するとき，

$$\int f^*(Hg) = \int (Hf)^* g \qquad (1.4.25)$$

ということである. 積分は全空間で行う. これは式
(1.3.9) の中の項 V については明らかであるが, ラプ
ラシアンについても成り立つ. これを理解するためには恒
等式

$$(\nabla^2 f)^* g - f^* (\nabla^2 g) = \nabla \cdot [(\nabla f)^* g - f^* \nabla g]$$

の両辺を積分すればよい. さらにシュレーディンガー方程
式のエネルギー E_n の解 ψ_n について

$$E_n \int \psi_m^* \psi_n = \int \psi_m^* (H\psi_n)$$
$$= \int (H\psi_m)^* \psi_n = E_m^* \int \psi_m^* \psi_n \qquad (1.4.26)$$

が成り立つ. $m=n$ とすると, E_n が実数であることがわ
かる. また $m \neq n$ とすると, $E_n \neq E_m$ であれば $\int \psi_m^* \psi_n$
$=0$ であることがわかる. 同じエネルギーをもつ複数のシ
ュレーディンガー方程式の解があるときには, $n \neq m$ で
あれば $\int \psi_m^* \psi_n = 0$ であるように解を適当に選ぶことが
できる (これは 3.1 節の注 3 で示される. それは所与の
エネルギーに対してシュレーディンガー方程式の有限個の
解がある場合である). また ψ_n に適当な数をかけること
によって, $\int \psi_n^* \psi_n = 1$ とできる. このとき ψ_n は**直交規
格化**されていると言う. それを

$$\int \psi_m^* \psi_n = \delta_{nm} \qquad (1.4.27)$$

と表す.

さて波動関数への作用で定義される任意の演算子（オペレーター）A, B 等を考える. 例えば, 単一の粒子について, 運動量演算子 $\mathbf{P}$ と位置演算子 $\mathbf{X}$ は

$$[\mathbf{P}\psi](\mathbf{x}) \equiv -i\hbar\boldsymbol{\nabla}\psi(\mathbf{x}), \quad [\mathbf{X}\psi](\mathbf{x}) \equiv \mathbf{x}\psi(\mathbf{x}) \quad (1.4.28)$$

で定義される. そのような任意の演算子について, 行列

$$[A]_{nm} \equiv \int \psi_n^* [A\psi_m] \qquad (1.4.29)$$

を定義する. これは式（1.3.6）の結果として, ハイゼンベルクによって仮定された通り, 式（1.4.7）のように時間変化する.

$$[A]_{nm} \propto \exp(-i(E_m - E_n)t/\hbar).$$

式（1.4.29）の定義の結果として, 演算子の積の行列は行列の積であることを示すことができる.

$$\int \psi_n^* [A[B\psi_m]] = \sum_l [A]_{nl}[B]_{lm}. \qquad (1.4.30)$$

これを証明するためには, 関数 $B\psi_m$ が波動関数の展開

$$B\psi_m = \sum_r b_r(m)\psi_r$$

として書けると仮定する. $b_r(m)$ は何らかの係数である. （これを文字通り正しくするには, 系を, 1.1 節で使ったような箱に入れてシュレーディンガー方程式の解の集まりが離散的な集合となるようにすればよい. 但し束縛状態

でない解も含む.）これらの解を求めるには上式の展開の
両辺に ψ^* をかけて全空間で積分する. 直交規格化の条件
（1.4.27）を使えば

$$[B]_{lm} = \int \psi_l^* [B\psi_m] = \sum_r b_r(m)\delta_{rl} = b_l(m).$$

それから

$$B\psi_m = \sum_l [B]_{lm}\psi_l \qquad (1.4.31)$$

となる. この推論を繰り返すと

$$A[B\psi_m] = \sum_{l,s} [B]_{lm}[A]_{sl}\psi_s \qquad (1.4.32)$$

となる. ψ_n^* をかけて全空間で積分すると，再び直交規格
化の性質（1.4.27）を使って式（1.4.30）が得られる.

　これでやっとハイゼンベルクの量子条件が導ける. 第一
に，行列 $[H]_{nm}$ は単純に

$$[H]_{nm} \equiv \int \psi_n^* [H\psi_m] = E_m \int \psi_n^* \psi_m = E_m\delta_{nm}$$
$$(1.4.33)$$

となる. これは式（1.4.24）と同じである. 次に，条件
（1.4.14）を一般化された形（1.4.21）として確かめるこ
とができる.

$$\frac{\partial}{\partial x}(x\psi) = \psi + x\frac{\partial}{\partial x}\psi.$$

に注意しよう. すると（1.4.28）で定義される演算子 $\mathbf{P}$
と $\mathbf{X}$ は

$$[\mathbf{P}[\mathbf{X}\psi]] = -i\hbar\psi + [\mathbf{X}[\mathbf{P}\psi]]$$

を満足する．一般的な公式（1.4.30）を適用すると，

$$[xp - px]_{nm} = i\hbar\delta_{nm} \qquad (1.4.34)$$

となる．これは式（1.4.21）と同じである．同じ議論が適用されてもっと一般的な公式が得られることは明らかである．

第3章で量子力学の一般原理を取り扱うときに採用するやり方は，行列力学でも波動力学でもなくてもっと抽象的な定式化である．ディラックはそれを**変換理論**と呼んだ[11]．変換理論からは行列力学も波動力学も共に導ける．

第11章までは量子電磁気学には触れないが，ここで記しておきたいのは，1926年にボルン‐ハイゼンベルク‐ヨルダンが[12]行列力学の考え方を電磁場に適用したことである．彼らが示したのは，一辺の長さが L の立方体の箱の中の自由場は，波数が式（1.1.1），すなわち，$\mathbf{n}$ は成分が整数であるベクトルとして，$\mathbf{q}_n = 2\pi\mathbf{n}/L$ の項の和と書けることだった．各々の項は調和振動子のハミルトニアン $H_{\mathbf{n}} = [\dot{\mathbf{a}}_{\mathbf{n}}^2 + \omega_{\mathbf{n}}^2 \mathbf{a}_{\mathbf{n}}^2]/2$（$\sqrt{m}\mathbf{x}$ を $\mathbf{a}_{\mathbf{n}}$ に換えた）で記述される．$\omega_{\mathbf{n}} = c|\mathbf{q}_{\mathbf{n}}|$ である．ベクトル $\mathbf{n}$ で表される振動子が $\mathcal{N}_{\mathbf{n}}$ 番目の励起状態にあるとしたときのこの場（電磁場）のエネルギーは，式（1.4.15）の調和振動子のエネルギーの総和

$$E = \sum_{\mathbf{n}} \left[\mathcal{N}_{\mathbf{n}} + \frac{1}{2} \right] \hbar\omega_{\mathbf{n}} \qquad (1.4.35)$$

である．このような状態は波数 $\mathbf{q}_{\mathbf{n}} = 2\pi\mathbf{n}/L$ の光子を $\mathcal{N}_{\mathbf{n}}$

個ずつ含むと解釈される．光はエネルギー $h\nu = \hbar\omega$ の量子として振舞うとアインシュタインが仮定したのは正しかったのである．（光子のエネルギーの他に「零点エネルギー」$\sum_n \hbar\omega_n/2$ があるが，それは真空内のゆらぎであって重力場以外への影響はまったくない．これはただ今物理学者と天文学者が大きな関心をもっている「ダーク・エネルギー」への一つの寄与である．）1927 年にはディラック[13]はこの輻射の量子論に自発的放射の率の公式（1.4.5）を完全に量子力学的に導くことに成功した．古典的な輻射理論とのアナロジーに頼る必要はなかった．この導出は 11.7 節で提示され，一般化される．

原　　注

(1) W. Heisenberg, *Z. Physik* **33**, 879 (1925).

(2) J. Larmor, *Phil. Mag.* S. 5, **44**, 503 (1897).（これは時間 t に半径 r の球面を通じて通る全放射の仕事率で，$\mathbf{x}$ は遅れた時間 $t-r/c$ で求められる．r は粒子と球面の中心との間の距離よりもはるかに長いと仮定する．）

(3) W. Kuhn, *Z. Physik* **33**, 408 (1925).

(4) W. Thomas, *Naturwissenschaften* **13**, 627 (1925).

(5) クーンはこの条件を n が基底状態，すなわちエネルギーが最も低い状態であるときに与えたが，議論は任意の状態に適用される．n が基底状態でない場合には，m についての総和の中で m のエネルギーが n のエネルギーより高いときは正で，m のエネルギーが n のエネルギーより低いときは負である．

(6) いささか矛盾するが，ハイゼンベルクは $[x]_{nm}$ の中の時間に依存する因子を $\exp(-i\omega_{nm}t)$ ではなくて $\cos(\omega_{nm}t)$ とした．ここの結果は $[x]_{nm} \propto \exp(-i\omega_{nm}t)$ の場合に適用される．$[x]_{nm}$ は

ハイゼンベルクの解の中の $\exp(-i\omega_{nm}t)$ に比例する項である.

(7) P. Jordan, *Z. Physik* **34**, 858 (1925).

(8) P. A. M. Dirac, *Proc. Roy. Soc.* A **109**, 642 (1926).

(9) W. Pauli, *Z. Physik* **36**, 336 (1926).

(10) E. Schrödinger, *Ann. Physik* **79**, 734 (1926).

(11) P. A. M. Dirac, *Proc. Roy. Soc.* A **113**, 621 (1927). このアプローチは P. A. M. Dirac, *The Principles of Quantum Mechanics*, 4th edn. (rev.) (Oxford University Press, Oxford, 1976)にもとづく.

(12) M. Born, W. Heisenberg, and P. Jordan, *Z. Physik* **35**, 557 (1926). 光の偏極は無視してある. ここで示した 3 次元の問題ではなく, 1 次元の問題を取り扱ってある.

(13) P. A. M. Dirac, *Proc. Roy. Soc.* A **114**, 710 (1927).

1.5　確率解釈

　最初, シュレーディンガーたちは波動関数は広がった粒子を表すと考えた. 流体の中の圧力の変化のように思ったのである. 粒子の大部分は波動関数の大きいところに存在する. しかしマックス・ボルンが量子力学で散乱を解析する中で, この解釈は無理だとわかった. ボルンは散乱の解析のために, 自由粒子の波動関数の時間依存性についてのド・ブロイの仮定 (1.3.6) を一般化した. ハミルトニアン H で記述される任意の系について, 任意の波動関数の時間依存性は, エネルギーが確定しているか否かを問わず,

$$i\hbar\frac{\partial}{\partial t}\psi = H\psi \tag{1.5.1}$$

で与えられる. 例えば, ポテンシャル $V(\mathbf{x})$ の中で動いて
いる質量 m の粒子については, 古典力学の非相対論的な
ハミルトニアンは $H = \mathbf{p}^2/2m + V$ であり, 波動関数は時
間に依存するシュレーディンガー方程式

$$i\hbar\frac{\partial}{\partial t}\psi(\mathbf{x}, t) = H(\mathbf{X}, \mathbf{P})\psi(\mathbf{x}, t)$$

$$= \left[-\frac{\hbar^2\nabla^2}{2m} + V(\mathbf{x}) \right]\psi(\mathbf{x}, t) \qquad (1.5.2)$$

を満足する. 演算子 $\mathbf{X}$ と $\mathbf{P}$ は式 (1.4.28) で定義され
ている. 空間の小さな領域に局在している (1.3.2) のよ
うな波束の時間発展をたどることによって, ボルンが見つ
けたのは, 粒子が原子や原子核のような標的に当たると波
動関数が全方向に出ていくことだった. その大きさは $1/r$
に比例する. r は標的までの距離である (本書の第7章に
示す). このことは常識的な経験に反するように思われた.
すなわち, 粒子が標的に当たるとどんな方向にでも散乱さ
れるかも知れないが, 粒子が分かれてあらゆる方向に出て
いくとは考えられない.

　ボルンは次のように提案した. 波動関数 $\psi(\mathbf{x}, t)$ の大き
さは, 粒子のどれだけの量が時刻 t に位置 $\mathbf{x}$ にいるかを
表すのではなくて, むしろその粒子が時刻 t に位置 $\mathbf{x}$ ま
たはその近くに存在する**確率**を表す. もっと正確に言う
と, ボルンの提案は, 1個の粒子だけから成り立っている
系では, 粒子が $\mathbf{x}$ を中心とする小さな体積 d^3x の中にい
る確率は

$$dP = |\psi(\mathbf{x}, t)|^2 d^3x \qquad (1.5.3)$$

だということである．粒子が空間のどこかにいる確率は
100% だから，全空間にわたって（1.5.3）を積分すれば
1となるはずである．したがって波動関数は

$$\int |\psi(\mathbf{x}, t)|^2 d^3x = 1 \qquad (1.5.4)$$

を満足していなければならない．このことを波動関数が規
格化されているという[7]．積分したら1になるという条
件は物理的に許される波動関数の性質の重要な制限には
なっていない．積分が有限値 N をとる限り，波動関数を
$\sqrt{N}$ で割れば（1.5.4）を満たすようにできる．重要なの
は積分が有限であるかどうかである．これはシュレーディ
ンガーが使った条件，「波動関数は無限遠で0となる」と
似ているがよりきつい条件である．

　ここで次のことに注意しよう．時間依存性がシュレー
ディンガー方程式（1.5.1）で記述される波動関数につい
て，積分（1.5.4）は一定であり，したがってある時点で
波動関数が積分（1.5.4）を満たすように規格化されてい
れば，すべての時刻で規格化されている．この積分の時間
変化は次式で与えられる．

---

[7] 上記の通り，確率解釈では全確率が1であることを意味する．

$$i\hbar \frac{d}{dt} \int |\psi(\mathbf{x},t)|^2 d^3x = i\hbar \int \psi^*(\mathbf{x},t) \frac{\partial}{\partial t} \psi(\mathbf{x},t) d^3x$$

$$+ i\hbar \int \left(\frac{\partial}{\partial t} \psi^*(\mathbf{x},t) \right) \psi(\mathbf{x},t) d^3x$$

$$= \int \psi^*(\mathbf{x},t)([H\psi](\mathbf{x},t)) d^3x$$

$$- \int ([H\psi](\mathbf{x},t))^* \psi(\mathbf{x},t) d^3x.$$

H はエルミート演算子であって条件（1.4.25）を満足するので，上式の右辺は 0 となる．特に，ψ が 1 粒子のシュレーディンガー方程式（1.5.2）を満足すれば

$$\frac{\partial}{\partial t} |\psi(\mathbf{x},t)|^2$$

$$= \frac{i\hbar}{2m} \boldsymbol{\nabla} \cdot (\psi^*(\mathbf{x},t) \boldsymbol{\nabla} \psi(\mathbf{x},t) - \psi(\mathbf{x},t) \boldsymbol{\nabla} \psi^*(\mathbf{x},t))$$

$$(1.5.5)$$

が成り立つ．この保存則は電荷の保存則に似ているが，ここでは $|\psi|^2$ は電荷ではなくて確率密度であり，$(i\hbar/2m)$ $\times (\psi^* \boldsymbol{\nabla} \psi - \psi \boldsymbol{\nabla} \psi^*)$ は確率の流率（flux）であって電流密度ではない．$\psi(\mathbf{x},t)$ が $|\mathbf{x}| \to \infty$ で 0 となるなら，式（1.5.5）とガウスの定理により，この場合も $|\psi|^2$ の全空間での積分が時間変化しないことがわかる．

　式（1.5.3）から直ちに任意の関数 $f(\mathbf{x})$ の平均値（「期待値」）が

$$\langle f \rangle = \int f(\mathbf{x}) |\psi(\mathbf{x},t)|^2 d^3x \qquad (1.5.6)$$

であることがわかる．言い換えれば，$f(\mathbf{X})$ が波動関数 $\psi(\mathbf{x})$ に $f(\mathbf{x})$ をかける演算子だとすれば

$$\langle f \rangle = \int \psi^*(\mathbf{x})[f(\mathbf{X})\psi](\mathbf{x})d^3x$$

となる．そこで任意の観測可能量 A の平均値が

$$\langle A \rangle = \int \psi^*(\mathbf{x})[A\psi](\mathbf{x})d^3x \qquad (1.5.7)$$

だと仮定するのは自然である．ここで $A\psi$ は観測可能量 A を表す演算子を波動関数 ψ に作用させた結果である．多粒子の系では，波動関数はすべての粒子の座標に依存するので，式（1.5.4）〜（1.5.7）の積分はこれらのすべての座標について行う．

　1927 年，パウル・エーレンフェスト（1880-1933）はこれらの結果を使ってポテンシャルの中の非相対論的で古典力学的な運動方程式が時間に依存する，シュレーディンガー方程式から出てくる様子を示した[1]．エーレンフェストの結果を導くために，方程式（1.5.2）を使って，位置と運動量の期待値の時間微分を求める．

$$\frac{d}{dt}\langle \mathbf{X} \rangle = \frac{1}{i\hbar}\int d^3x\, \psi^*(\mathbf{x},t)(\mathbf{X}H - H\mathbf{X})\psi(\mathbf{x},t)$$

$$= \langle \mathbf{P} \rangle/m,$$

$$\frac{d}{dt}\langle \mathbf{P} \rangle = \frac{1}{i\hbar}\int d^3x\, \psi^*(\mathbf{x},t)(\mathbf{P}H - H\mathbf{P})\psi(\mathbf{x},t)$$

$$= -\langle \boldsymbol{\nabla}V(\mathbf{X}) \rangle.$$

これは古典力学の方程式と全く同じというわけではな

068 第 1 章 量子力学ができるまで

い．なぜなら $\langle V(\mathbf{X}) \rangle$ は一般に $V(\langle \mathbf{X} \rangle)$ と違うからである．しかし（巨視的な系では普通そうであるように）波動関数がある程度大きい値をもつ領域の中で力があまり変動しないなら，これらの方程式は $\langle \mathbf{P} \rangle$ と $\langle \mathbf{X} \rangle$ についての古典力学的な運動方程式に非常に近い（これは 7.10 節のアイコナール近似を使ってもっと精確に説明できる）．

そこで今や観測可能量を表すすべての演算子についてエルミート性が重要である理由がわかってきた．式（1.5.7）の複素共役をとると

$$\langle A \rangle^* = \int ([A\psi](\mathbf{x}))^* \, \psi(\mathbf{x}) d^3 x$$
$$= \int \psi^*(\mathbf{x})[A\psi](\mathbf{x}) d^3 x$$

となる．右辺第 1 行から第 2 行への変形にはエルミート演算子の定義（1.4.25）を使った．結果は A の期待値である．したがってエルミート演算子の期待値が実数であることがわかる．

エルミート演算子 A で表されるなんらかの観測可能量があったとする．観測可能量 A が決まった実数の値 a をもつ状態を表すための波動関数の条件を導くことができる．$(A-a)^2$ の期待値は

$$\langle (A-a)^2 \rangle = \int \psi^*(\mathbf{x})[(A-a)^2 \psi](\mathbf{x}) d^3 x$$
$$= \int ([(A-a)\psi](\mathbf{x}))^* [(A-a)\psi](\mathbf{x}) d^3 x$$

$$= \int |[(A-a)\psi](\mathbf{x})|^2 d^3x. \qquad (1.5.8)$$

$\psi(\mathbf{x})$ で表される状態が A の決まった値 a をもつとすると，$(A-a)^2$ の期待値が 0 にならなければならない．その場合（1.5.8）から $(A-a)\psi$ があらゆる場所で 0 でなければならない．したがって

$$[A\psi](\mathbf{x}) = a\psi(\mathbf{x}). \qquad (1.5.9)$$

この場合，$\psi(\mathbf{x})$ は A の**固有関数**であると言い，a を**固有値**と言う．エネルギーと，決まったエネルギーの状態を求めるシュレーディンガー方程式は，この条件の特殊な場合に過ぎない．A がハミルトニアンであり，a がエネルギーである．

　次に任意の位置ベクトルの成分 x および対応する運動量の成分 p の両方が決まった値をとるような状態はないことを容易に証明できる．もしそのような状態があったとすると，その波動関数は

$$X\psi = x\psi, \quad P\psi = p\psi \qquad (1.5.10)$$

の両方を満足するであろう．x と p は位置と運動量の数値である．しかしそうすると

$$XP\psi = pX\psi = px\psi, \quad PX\psi = xP\psi = xp\psi$$

であるから

$$(XP-PX)\psi = 0.$$

これは交換関係 $XP-PX = i\hbar$ と矛盾する．

　ハイゼンベルク[2]は位置と運動量の不確定さの積の下限を定めることさえできた．これはハイゼンベルクの**不確**

定性原理として知られている．交換関係 $XP - PX = i\hbar$ を使って彼は

$$\Delta x \Delta p \geqq \hbar/2 \qquad (1.5.11)$$

を示すことができた．Δx と Δp は位置と運動量の不確定さの度合いであり，その定義は位置と運動量の，各々の期待値からのずれの 2 乗の期待値の平方根である．すなわち

$$\Delta x \equiv \langle (X - \langle X \rangle)^2 \rangle^{1/2}, \quad \Delta p \equiv \langle (P - \langle P \rangle)^2 \rangle^{1/2}.$$
$$(1.5.12)$$

証明は 3.3 節に与える．強調しなければならないのは，Δx は位置について見出される値の広がりであり，それは位置を何回も正確な測定を行うのだが，つねに同じ状態の同じ波動関数 ψ から始めることである．Δp についても同様である．このような不確定さは状態に依存するのであって，測定方法には依存しない．しかし一般には測定方法によって x または p の得られる結果の不確定性に追加が生じることがある．(1.5.12) の定義にはそういうことは考慮されていない．式 (1.5.12) で定義された Δx と Δp は次のような場合に生じる不確定さとは異なる．例えば，まず x を測定し，その結果，状態が変化し，次にその変化した状態で p を測定するような場合である．その逆の順序の場合もあり得る[3]．

ハイゼンベルクはまた式 (1.5.11) のような関係についての発見法的な議論を提供した．但しいささか異なった意味の議論である．彼は粒子が波長 λ の光で観測される

と想定した．その場合，与えられた位置での波動関数がどんなに鋭いピークをもっていても，位置の測定値の不確定さが λ よりずっと小さいということはあり得ない．ところが各々の光子は運動量 $2\pi\hbar/\lambda$ をもつ．したがって**引き続いて**運動量を測定すれば，新しい波動関数に相伴う不確定さ Δp は $2\pi\hbar/\lambda$ よりずっと少ないことはあり得ない．したがって不確定さの度合いの積は $2\pi\hbar$ よりずっと少ないことはあり得ない．ハイゼンベルクの思考実験では，位置の不確定さの下限は測定の性質に起因し，運動量の不確定さの下限は位置の測定後の波動関数の性質に起因する．

　もっと一般的には，波動関数 ψ で表される状態で，演算子 A と B で表される二つの観測可能量が共に決まった値をもつのは次の条件が成り立つ場合に限られる．

$$(AB - BA)\psi = 0 \qquad (1.5.13)$$

もちろん，これがすべての波動関数について成り立つのは $AB = BA$ の場合である．またもし $AB - BA$ がゼロでない数，例えば $i\hbar$ と単位演算子の積であれば，どんな波動関数についても成り立たない．$AB - BA$ という差は A と B の交換関係（交換子）と言い，

$$[A, B] \equiv AB - BA \qquad (1.5.14)$$

と表される．状態が A と B の両方が決まった値をもつのは波動関数 ψ が $[A, B]\psi = 0$ を満たす場合に限られる．任意の二つの演算子について交換関係が 0 であれば両者は交換する（可換である）と言われる．

　ボルンはまたハミルトニアンの固有関数ではない波動関

数についても確率解釈を与えた[4]. 波動関数がエネルギーの複数の固有関数による展開で与えられているとしよう. すなわち

$$\psi = \sum_n c_n \psi_n, \qquad (1.5.15)$$

但し, $H\psi_n = E_n \psi_n$ であり, c_n は数値係数である. 1.4節で述べたように, ψ_n が直交規格化の条件（1.4.27）を満足するよう選ぶことができる. その場合, 規格化された波動関数は次の関係を満たす.

$$1 = \int |\psi|^2 = \sum_{nm} c_n^* c_m \int \psi_n^* \psi_m = \sum_n |c_n|^2. \quad (1.5.16)$$

ハミルトニアンの任意の関数 $f(H)$ の期待値は,

$$\begin{aligned} \langle f(H) \rangle &= \sum_{nm} c_n^* c_m \int \psi_n^* f(H) \psi_m \\ &= \sum_{nm} f(E_n) c_n^* c_m \int \psi_n^* \psi_m \\ &= \sum_n |c_n|^2 f(E_n). \end{aligned} \qquad (1.5.17)$$

このことがすべての関数について真であるためには, $|c_n|^2$ がエネルギーを測定したときに（縮退がある場合には個々の状態を区別する他の観測可能量も同時に測定したときに）, 系が ψ_n で表される状態に見出される確率であると解釈しなければならない. この規則はすぐに, ハミルトニアンだけでなく, 一般の演算子にも拡張される.

　1.4節で見たように, 係数 c_n は式（1.5.15）に ψ_m^* をかけて座標で積分し, 直交規格化の条件（1.4.27）を使

うと計算できる．結果は $c_m = \int \psi_m^* \psi$ である．このように
して，系が波動関数 ψ で表されているとし，系が直交
規格化された波動関数 ψ_n のいずれかになるような測定を
すると，(それらがエネルギーの固有関数であるかないか
を問わず) 系が波動関数 ψ_m で表される特定の状態で見
つかる確率は

$$P(\psi \to \psi_m) = \left| \int \psi_m^* \psi \right|^2 \qquad (1.5.18)$$

である．これは**ボルンの規則**と呼ばれ，量子力学の解釈の
基本的な仮定だとみなすことができる．

　量子力学の確率解釈は当初から議論の対象だった．いろ
いろな角度からシュレーディンガーやアインシュタインの
ような理論物理学の指導者が反対した．量子力学のこの面
についての論争は長年続いた．1927年のブリュッセルで
のソルベイ会議が最も有名だが，さらに後年にもある．現
在でも，確率解釈と，式 (1.5.1) で記述される波動関数
の決定論的な発展との間には緊張が続いている．観測者と
装置を含んだ物理的な状態が決定論的に発展するなら，確
率はどこで入り込むことができようか．これらの問題点は
3.7節で論じる．

原　注

(1) P. Ehrenfest, *Z. Physik* **45**, 455 (1927).
(2) W. Heisenberg, *Z. Physik* **43**, 172 (1927); *The Physical Principles of the Quantum Theory* (University of

Chicago Press, Chicago, 1930), transl. C. Eckart and F. C. Hoyt, Chapter II, pp. 16-21〔ハイゼンベルク（玉木英彦・遠藤真二・小出昭一郎訳）『量子論の物理的基礎』, みすず書房, 1954〕. ハイゼンベルクの仕事に関するこの議論は後者の文献に基づく.

(3) そのような逐次的な測定の場合の不確定性については M. Ozawa, *Phys. Rev.* A **67**, 042105 (2003); J. Distler and S. Paban, arXiv: 1211. 4169 参照.

(4) M. Born, *Nature* **119**, 354 (1927).

文　献　集

下記の書物は量子力学と原子物理の初期の英語または英訳での原論文が集めてあって便利である.

1. *The Question of the Atom: From the Karlsruhe Congress to the First Solvay Conference, 1860-1911*, ed. M. J. Nye (Tomash Publishers, Los Angeles / San Francisco, CA, 1986).

2. *The Collected Papers of Lord Rutherford of Nelson O. M., FRS*, ed. J. Chadwick (Interscience, New York, 1963).

3. *Sources of Quantum Mechanics*, ed. B. L. van der Waerden (North-Holland, Amsterdam, 1967).

4. E. Schrödinger, *Collected Papers on Wave Mechanics*, Third English Edition (Chelsea Publishing, New York, 1982).

5. G. Bacciagaluppi and A. Valentini, *Quantum Theory at the Crossroads: Reconsidering the 1927 Solvay Conference* (Cambridge University Press, Cambridge, 2009).

問 題

1. 質量 M の粒子がある．非相対論的に考える．空間は 1 次元で $-a \leqq x \leqq a$ の中に閉じ込めてある．その区間内ではポテンシャルは 0 である．$x = \pm a$ ではポテンシャルが無限大であり，波動関数は 0 でなければならない．

(a) 決まったエネルギーをもつ状態のエネルギーの値と，そのときの規格化された波動関数を求めよ．

(b) 粒子が波動関数が $a^2 - x^2$ に比例する状態にいるとする．粒子のエネルギーを測定すると，粒子がエネルギー最低の状態に見出される確率はいくらか．

2. 非相対論的な，質量 M の粒子を考える．空間は 3 次元である．記述するハミルトニアンは下記の通りである．

$$H = \frac{\mathbf{P}^2}{2M} + \frac{M\omega_0^2}{2}\mathbf{X}^2$$

(a) エネルギーの決まった状態のエネルギーの値と，各々のエネルギーに対して状態の数を求めよ．

(b) 粒子の電荷が e であるとする．最低の次にエネルギーの低い状態から光子の放出によって最低エネルギーの状態に崩壊する率を求めよ．

3. 光子の偏極が 2 状態でなく 3 状態あったとしたらどうだろう．アインシュタインの係数 A, B の間の関係はどう違いが出るだろうか．

第2章　中心力ポテンシャル内の粒子の状態

　量子力学の一般原理を次章で詳しく説明する前に，この章ではいくつかの大切な物理学の問題を波動方程式の方法で解き，シュレーディンガー方程式の意味を明らかにしよう．まず一般の中心力ポテンシャルの影響の下に3次元空間で運動する1粒子を考える．次に，特にクーロン・ポテンシャルの場合を取り扱い，水素原子のスペクトルの問題を解決する．最後に調和振動子の問題を解く．これも典型的な例である．

2.1　中心力ポテンシャルのシュレーディンガー方程式

　中心力ポテンシャル $V(r)$ の中で運動している質量 μ の粒子を考える[(1)]．中心力ポテンシャルは $r \equiv \sqrt{\mathbf{x}^2}$ だけに依存する．この場合のハミルトニアンは

$$H = \frac{\mathbf{p}^2}{2\mu} + V(r) = -\frac{\hbar^2}{2\mu}\nabla^2 + V(r) \qquad (2.1.1)$$

である[(2)]．ここで演算子 ∇^2 はラプラシアン

$$\nabla^2 \equiv \frac{\partial^2}{\partial x_1^2} + \frac{\partial^2}{\partial x_2^2} + \frac{\partial^2}{\partial x_3^2} \qquad (2.1.2)$$

である．エネルギー E の確定した状態を表す波動関数

$\psi(\mathbf{x})$ を求めるためのシュレーディンガー方程式は

$$E\psi = H\psi = -\frac{\hbar^2}{2\mu}\nabla^2\psi + V(r)\psi \qquad (2.1.3)$$

となる．確定したエネルギー E をもつ状態の波動関数の
どれにも言えることだが，この $\psi(\mathbf{x})$ も因子 $\exp(-iEt/\hbar)$
で表される単純な時間依存性をもつ．以下ではこの因子の
ことは省略する．

　このような問題に取り組むときには，エネルギーと共に
どのような観測可能量が物理的な状態を特徴づけるかを
考えるのがよい．1.5 節で説明したように，これらの観測
可能量はハミルトニアンと可換である．一つのそのような
観測可能量は角運動量 $\mathbf{L}=\mathbf{x}\times\mathbf{p}$ である．通常通り，$\mathbf{p}$ を
$-i\hbar\nabla$ と置き換えると，量子力学では角運動量の演算子
を

$$\mathbf{L} \equiv -i\hbar\mathbf{x}\times\nabla \qquad (2.1.4)$$

と定義すべきである．$\mathbf{x}$ は波動関数にその引数をかける演
算子（第 1 章では $\mathbf{X}$ と呼んだ）である．直交座標系の成
分で表すと，この演算子は

$$L_i = -i\hbar\sum_{jk}\epsilon_{ijk}x_j\frac{\partial}{\partial x_k} \qquad (2.1.5)$$

と書ける．i, j, k は三つの方向 $1, 2, 3$ のいずれかであり，
ϵ は次のように定義される完全反対称係数

$$\epsilon_{ijk} = \begin{cases} +1, & i, j, k \text{ は } 1, 2, 3 \text{ の偶置換} \\ -1, & i, j, k \text{ は } 1, 2, 3 \text{ の奇置換} \\ 0, & \text{それ以外} \end{cases} \qquad (2.1.6)$$

である.

L がハミルトニアンと可換であることを示すには，まず L_i と x_j または $\partial/\partial x_j$ の交換関係を考える.

$$\frac{\partial}{\partial x_k}(x_j\psi) - x_j\frac{\partial}{\partial x_k}\psi = \delta_{jk}\psi$$

であるから

$$\left[\frac{\partial}{\partial x_k}, x_j\right] = \delta_{kj} \qquad (2.1.7)$$

となる. **x** の要素はお互いに可換であるから，式 (2.1.5) の繰り返す添え字 j を m と書き換えると

$$[L_i, x_j] = -i\hbar\sum_m \epsilon_{imj}x_m = +i\hbar\sum_k \epsilon_{ijk}x_k \qquad (2.1.8)$$

となる. **L** とグラディエント演算子との交換関係を求めるためには，式 (2.1.7) を書き換えればよい.

$$\left[x_m, \frac{\partial}{\partial x_j}\right] = -\delta_{jm}.$$

グラディエントの要素はお互いに可換であるから，

$$\left[L_i, \frac{\partial}{\partial x_j}\right] = +i\hbar\sum_k \epsilon_{ijk}\frac{\partial}{\partial x_k} \qquad (2.1.9)$$

が同様に証明される.

式 (2.1.8) と (2.1.9) は共に

$$[L_i, v_j] = i\hbar\sum_k \epsilon_{ijk}v_k \qquad (2.1.10)$$

と書ける. ここで v_i は x_i でも良いし，$\dfrac{\partial}{\partial x_i}$ でも良い.

式（2.1.10）は，$\mathbf{x}$ または ∇ から構成された任意のベクトル $\mathbf{v}$ について正しいことが証明できる．特に，$\dfrac{\partial}{\partial x_i}$ として $\mathbf{L}$ を考えれば $\mathbf{L}$ についても式（2.1.10）が成り立つ．すなわち，

$$[L_i, L_j] = i\hbar \sum_k \epsilon_{ijk} L_k. \qquad (2.1.11)$$

ϵ_{ijk} は添え字 i, j, k のどれかが等しければ 0 だから，i と j が等しければこの式が成り立つことは明らかである．i と j が異なるときに，式（2.1.11）が成り立つことを確かめるためには，$i = 1, j = 2$ の場合を考える．このとき[1]

$$
\begin{aligned}
[L_1, L_2] &= -i\hbar \left[L_1, \left(x_3 \frac{\partial}{\partial x_1} - x_1 \frac{\partial}{\partial x_3} \right) \right] \\
&= -i\hbar \left(-i\hbar x_2 \frac{\partial}{\partial x_1} + i\hbar x_1 \frac{\partial}{\partial x_2} \right) \\
&= i\hbar L_3 = i\hbar \sum_k \epsilon_{12k} L_k.
\end{aligned}
$$

$[L_2, L_3]$，$[L_3, L_1]$ についても同様である．

L_i がハミルトニアンと可換であることを示すためには，まず式（2.1.10）を満たす任意のベクトルについて

$$
\begin{aligned}
[L_i, \mathbf{v}^2] &= \sum_j [L_i, v_j] v_j + \sum_j v_j [L_i, v_j] \\
&= i\hbar \sum_{jk} \epsilon_{ijk} (v_k v_j + v_j v_k)
\end{aligned}
$$

---

[1] 右辺第1行から第2行の変形のためには（2.1.8）と（2.1.9）を使う．$i = j$ なら可換であることも使う．

となることに注意しよう. ϵ_{ijk} は j と k について反対称
だから

$$[L_i, \mathbf{v}^2] = 0 \tag{2.1.12}$$

である.（これは $\mathbf{v}$ の成分がお互いに可換でなくても成り
立つことに注意しよう. 位置やグラディエント・ベクト
ルのような演算子でなくても成り立つのである.）特に L_i
は $\mathbf{x}^2$ と可換である, したがって $r \equiv (\mathbf{x}^2)^{1/2}$ の任意の関
数と可換である. また L_i はラプラシアン ∇^2 と可換であ
る. したがって L_i はハミルトニアン（2.1.1）と可換で
ある. ハミルトニアンが $\mathbf{L}$ と可換であることを保証して
いるのはハミルトニアンの回転対称性である. もしハミル
トニアンが $\mathbf{x}$ あるいは $\mathbf{p}$ の大きさだけに依存するのでは
なくて, 特定の方向によって異なるなら, ハミルトニアン
は $\mathbf{L}$ と可換ではない.

　L_j はそれ自身, 式（2.1.10）を満たすベクトル v_j で
あるから L_i は $\mathbf{L}^2$ と可換である. さらに, L_i はハミルト
ニアンと可換であるから, $\mathbf{L}^2$ もハミルトニアンと可換で
ある. したがって物理的な状態は, 演算子 $H, \mathbf{L}^2$, および
$\mathbf{L}$ の任意の一つの要素, という互いに可換な演算子の固
有値によって特徴づけることができる. このことができる
のは $\mathbf{L}$ の一つの成分についてだけであることに注意しよ
う. なぜなら式（2.1.11）によれば, 三つの異なる成分
は互いに可換でないからである. 通常はこの成分として
L_3 を選ぶ. したがって物理的な波動関数は $H, \mathbf{L}^2$, およ
び L_3 の固有値によって指定される.

各々の L_i は r と可換であるから，それは変数 $\mathbf{x}$ の方向にだけ作用し，その長さには作用しない．すなわち，

$$x_1 = r\sin\theta\cos\phi, \quad x_2 = r\sin\theta\sin\phi, \quad x_3 = r\cos\theta$$

$$(2.1.13)$$

で定義される極座標で，L_i は θ と ϕ だけに作用する．演算子 L_i の定義（2.1.5）より，L_i の極座標での具体的な形を計算することができる．

$$
\begin{cases}
L_1 = i\hbar\Big(\sin\phi\dfrac{\partial}{\partial\theta} + \cot\theta\cos\phi\dfrac{\partial}{\partial\phi}\Big), \\[2mm]
L_2 = i\hbar\Big(-\cos\phi\dfrac{\partial}{\partial\theta} + \cot\theta\sin\phi\dfrac{\partial}{\partial\phi}\Big), \quad (2.1.14) \\[2mm]
L_3 = -i\hbar\dfrac{\partial}{\partial\phi}.
\end{cases}
$$

また，極座標では

$$\mathbf{L}^2 = -\hbar^2\left[\frac{1}{\sin\theta}\frac{\partial}{\partial\theta}\Big(\sin\theta\frac{\partial}{\partial\theta}\Big) + \frac{1}{\sin^2\theta}\frac{\partial^2}{\partial\phi^2}\right]. \quad (2.1.15)$$

例として，L_3 を計算しよう．L_3 はこのあと特に重要である．次のことに注意しよう．

$$
\begin{aligned}
\frac{\partial}{\partial\phi} &= \sum_i \frac{\partial x_i}{\partial\phi}\frac{\partial}{\partial x_i} \\
&= -r\sin\theta\sin\phi\frac{\partial}{\partial x_1} + r\sin\theta\cos\phi\frac{\partial}{\partial x_2} \\
&= -x_2\frac{\partial}{\partial x_1} + x_1\frac{\partial}{\partial x_2} \\
&= \frac{i}{\hbar}L_3.
\end{aligned}
$$

これで（2.1.14）の公式のうち，L_3 の分が正しいことが

わかった.

　ここで注意しておくと, **L** の各々の成分はエルミート演算子である. なぜなら x_j と p_k は共にエルミート演算子であり, $j \neq k$ である限り可換だからである. これは, A と B がエルミートであって可換なら

$$\int \phi^* (AB\phi) = \int (A\phi)^* B\phi$$

$$= \int (BA\phi)^* \phi = \int (AB\phi)^* \phi$$

だから, AB はエルミートだという一般的な規則の特殊な場合である. また, **L** の各々の成分はエルミートで自分自身と可換だから, その2乗もエルミートであり, その和 **L**² もエルミートである.

　これはシュレーディンガー方程式とどんな関係があるだろうか? その答を知るために **L**² を別の方法で計算しよう. 式 (2.1.5) によると,

$$\mathbf{L}^2 = \sum_i L_i L_i$$

$$= -\hbar^2 \sum_{ijklm} \epsilon_{ijk} \epsilon_{ilm} x_j \left(\frac{\partial}{\partial x_k} \right) x_l \left(\frac{\partial}{\partial x_m} \right)$$

となる. i についての和は次のようになる.

$$\sum_i \epsilon_{ijk} \epsilon_{ilm} = \delta_{jl} \delta_{km} - \delta_{jm} \delta_{kl}.$$

(各々の i について ϵ_{ijk} は j と k が i と異なる二つの方向でなければ0となる. そこで積 $\epsilon_{ijk} \epsilon_{ilm}$ は $j = l$ および

$k=m$ であるか，$j=m$ および $k=l$ であるかのいずれか
の場合でなければ 0 である．第一の場合は二つの ϵ の積で
添え字は同じ順序であるから $+1$ を与える．第二の場合は
二つの ϵ の積で添え字は 2 番目の添え字と 3 番目の添え
字が置換されているから -1 を与える．これがこの式の成
り立つ理由である．）したがって

$$\mathbf{L}^2 = -\hbar^2 \sum_{jk}\left[x_j\left(\frac{\partial}{\partial x_k}\right)x_j\left(\frac{\partial}{\partial x_k}\right) - x_j\left(\frac{\partial}{\partial x_k}\right)x_k\left(\frac{\partial}{\partial x_j}\right)\right].$$

（いつものようにこれらの演算子の式では，偏微分は，$\mathbf{L}^2$
が作用する関数を含めてそれより右にあるものすべてに作
用する．）[ ] の中の第 1 項の中の 2 番目の x_j を左に移
して交換関係（2.1.7）を使うと

$$\sum_{jk} x_j\left(\frac{\partial}{\partial x_k}\right)x_j\left(\frac{\partial}{\partial x_k}\right) = r^2\nabla^2 + \sum_j x_j\left(\frac{\partial}{\partial x_j}\right)$$

となる．同様に，第 2 項の中の x_j と x_k を交換し，同じ
交換関係を使うと

$$\sum_{jk} x_j\left(\frac{\partial}{\partial x_k}\right)x_k\left(\frac{\partial}{\partial x_j}\right)$$
$$= \sum_{jk} x_k\left(\frac{\partial}{\partial x_k}\right)x_j\left(\frac{\partial}{\partial x_j}\right) + 3\sum_j x_j\left(\frac{\partial}{\partial x_j}\right)$$
$$- \sum_j x_j\left(\frac{\partial}{\partial x_j}\right)$$

となる．以上を合わせて，$\displaystyle\sum_j x_j\frac{\partial}{\partial x_j} = r\frac{\partial}{\partial r}$ を使うと

$$\mathbf{L}^2 = -\hbar^2 \left[r^2 \nabla^2 - r \frac{\partial}{\partial r} r \frac{\partial}{\partial r} - r \frac{\partial}{\partial r} \right]$$

$$= -\hbar^2 \left[r^2 \nabla^2 - \frac{\partial}{\partial r} r^2 \frac{\partial}{\partial r} \right]$$

となる.

$$\nabla^2 = \frac{1}{r^2} \frac{\partial}{\partial r} r^2 \frac{\partial}{\partial r} - \frac{\mathbf{L}^2}{\hbar^2 r^2} \qquad (2.1.16)$$

と書き換えれば, シュレーディンガー方程式 (2.1.3) は

$$E\phi(\mathbf{x}) = -\frac{\hbar^2}{2\mu r^2} \frac{\partial}{\partial r} \left(r^2 \frac{\partial \phi(\mathbf{x})}{\partial r} \right)$$

$$+ \frac{1}{2\mu r^2} \mathbf{L}^2 \phi(\mathbf{x}) + V(r)\phi(\mathbf{x}) \qquad (2.1.17)$$

の形になる. そこで $\mathbf{L}^2$ のスペクトルを考えよう. $V(r)$ が $r=0$ で極端に特異でない限り, 波動関数 ϕ は $\mathbf{x}=0$ の近くで直交座標成分 x_i の滑らかな関数で, それらの成分のべき級数で表されるはずである. ある特定の波動関数について, このべき級数の中での各々の項の x_1, x_2, x_3 の因子の全体数の最も少ない数が ℓ 個だったとする. ここで ℓ は 0, 1, 2, $\cdots$ である. これらのすべての項の和はいわゆる次数 ℓ の $\mathbf{x}$ の同次多項式を形成する. 例えば, 次数 0 の同次多項式は定数である. 次数 1 の同次多項式は x_1, x_2, x_3 の 1 次結合である. 次数 2 の同次多項式は $x_1^2, x_2^2, x_3^2, x_1 x_2, x_2 x_3, x_3 x_1$ の 1 次結合である. 以下同様. 極座標で書くと, 次数 ℓ の同次多項式は r^ℓ と, θ や ϕ の関数の積である. したがって $r \to 0$ の極限で ϕ は

$$\psi(\mathbf{x}) \rightarrow r^\ell Y(\theta, \phi) \qquad (2.1.18)$$

のような形になる. $Y(\theta, \phi)$ は単位ベクトル

$$\hat{\mathbf{x}} \equiv \mathbf{x}/r = (\sin\theta\cos\phi,\ \sin\theta\sin\phi,\ \cos\theta) \qquad (2.1.19)$$

の, 次数 ℓ の同次多項式である. (2.1.17) は次のように
も書ける.

$$\mathbf{L}^2\psi(\mathbf{x}) = \hbar^2 \frac{\partial}{\partial r}\Big(r^2 \frac{\partial \psi(\mathbf{x})}{\partial r}\Big) + 2\mu r^2[E - V(r)]\psi(\mathbf{x})$$

$r \rightarrow 0$ の極限では右辺の第1項は $\hbar^2\ell(\ell+1)\psi$ であり, ポ
テンシャルが $1/r^2$ より特異でなければ右辺第2項は $r \rightarrow$
0 で ψ よりも急激に 0 となるので, 式 (2.1.18) により
$r \rightarrow 0$ で ψ は固有値の方程式

$$\mathbf{L}^2\psi \rightarrow \hbar^2\ell(\ell+1)\psi \qquad (2.1.20)$$

を満足する. したがって ψ が $\mathbf{L}^2$ と H の固有関数なら,
$\mathbf{L}^2$ の固有値は $\hbar^2\ell(\ell+1)$ でしかあり得ない. 但し $\ell \geqq 0$
は整数である. 4.2節ではこの結果を, より一般的に導
く.

　波動関数を $\mathbf{L}^2$ および H の固有関数とすれば (実際そ
うできる), 式 (2.1.20) によると $\mathbf{L}^2$ の固有値は $\hbar^2\ell(\ell+$
$1)$ しかあり得ないから, 式 (2.1.20) は $r \rightarrow 0$ の場合だ
けではなく, あらゆる r について適用されねばならない.
$\mathbf{L}^2$ は角度だけに作用するから, そのような波動関数は角
度だけの関数に比例するはずである. その比例係数 R は
r だけに依存する. すなわち, あらゆる r について

$$\psi(\mathbf{x}) = R(r)Y(\theta, \phi). \qquad (2.1.21)$$

ここで $R(r)$ は r の関数で

$$r \to 0 \text{ のとき } R(r) \propto r^\ell \qquad (2.1.22)$$

を満足し, $Y(\theta, \phi)$ は θ と ϕ の関数で

$$\mathbf{L}^2 Y = \hbar^2 \ell(\ell+1) Y \qquad (2.1.23)$$

を満足する. さらに ϕ を L_3 の固有関数として, その固有値を $\hbar m$ とすると

$$L_3 Y = \hbar m Y \qquad (2.1.24)$$

である. 式 (2.1.14) より $Y(\theta, \phi)$ の ϕ 依存性は

$$Y(\theta, \phi) = e^{im\phi} \times \theta \text{ の関数} \qquad (2.1.25)$$

であることがわかる. $Y(\theta, \phi)$ は $\phi = 0$ と $\phi = 2\pi$ で同じ値をとらなければならないから, m は整数でなければならない. 次の節では $|m| \leqq \ell$ であることがわかる.

式 (2.1.17) の中で式 (2.1.21) を使うとシュレーディンガー方程式は $R(r)$ についての常微分方程式[3]になる.

$$\begin{aligned} ER(r) = &-\frac{\hbar^2}{2\mu r^2} \frac{d}{dr}\left(r^2 \frac{dR(r)}{dr} \right) \\ &+ \frac{\hbar^2 \ell(\ell+1)}{2\mu r^2} R(r) + V(r)R(r). \end{aligned} \qquad (2.1.26)$$

これに対して $\int |\psi|^2 d^3 x$ が収束するためには, $r \to \infty$ で $R(r)$ が十分速やかに減少するという条件を加えなければならない. したがって

$$\int_0^\infty |R(r)|^2 r^2 dr < \infty. \qquad (2.1.27)$$

$r \to \infty$ で十分速やかに 0 に近づくポテンシャルについ

て，方程式（2.1.26）の $E \leqq 0$ の解は指数関数的に増大する解と指数関数的に減少する解の 1 次結合である．式（2.1.27）の条件から，指数関数的に減少する関数の方を選ぶ必要がある．

　方程式（2.1.26）は新しく r の動径波動関数

$$u(r) \equiv rR(r) \tag{2.1.28}$$

を定義することによって 1 次元のシュレーディンガー方程式に似た形にできる．方程式（2.1.26）に r をかけると，シュレーディンガー方程式は次の形になる．

$$-\frac{\hbar^2}{2\mu}\frac{d^2u(r)}{dr^2} + \left[V(r) + \frac{\ell(\ell+1)\hbar^2}{2\mu r^2}\right]u(r) = Eu(r).$$
$$\tag{2.1.29}$$

但し規格化のための以下の条件がある．

$$\int_0^\infty |u(r)|^2 dr < \infty. \tag{2.1.30}$$

これはほとんど 1 次元のシュレーディンガー方程式と同じだが，違いが二つある．一つは $\ell(\ell+1)\hbar^2/2\mu r^2$ がポテンシャルに加わっていることである．これは遠心力の効果と考えられる．もう一つは $r=0$ での境界条件の存在で，$u(r)$ は $r^{\ell+1}$ に比例しなければならない．

原　　注

(1) ここで質量を μ とするのは，添え字の m との混同を避けるためである．m は波動関数の角運動量依存性を記述するのに使われる．2.4 節では質量 m_1 と m_2 の二つの粒子を考えるが，ポテンシャルが二つの粒子の間の距離だけに依存する場合は，μ として換算質

量 $m_1 m_2/(m_1 + m_2)$ ととればまったく同じシュレーディンガー
方程式が成り立つ.

(2) この章および後の章の大部分では, $\mathbf{x}$ は波動関数の引数 ($r \equiv$
$|\mathbf{x}|$) を表すこともあり, 波動関数にその引数をかける演算子を表
すこともある. 後者は第 1 章では $\mathbf{X}$ と表していた. そのどちらか
は文脈で明らかにしてある. また, ここでは $\mathbf{p}$ は演算子 $-i\hbar\boldsymbol{\nabla}$ を
表す. 第 1 章では $\mathbf{P}$ と表していた演算子である.

(3) シュレーディンガー方程式 (2.1.3) のような偏微分方程式を
解くにあたって, 関数を, 各々の関数が座標の何らかの部分集合
の関数であるいくつかの関数の積として試みることが多い. 式
(2.1.21) はその好例である. ここで提示したシュレーディンガー
方程式の取り扱いは, この手続きの成功が解かれるべき方程式の回
転対称性のおかげであることを示している. これは一般的な規則で
ある. すなわち, 偏微分方程式の変数分離した解が得られるのは,
一般に方程式が適当な対称性の条件に従う場合である.

2.2 球面調和関数

前節で既に述べたように, エネルギーの決まっていると
きの波動関数をさらに分類するために, H と $\mathbf{L}^2$ の固有値
の他に L_3 の固有値 m を使用する. 波動関数の角度部分
は ℓ と m を使って $Y_\ell^m(\theta, \phi)$ と表そう.

$$\mathbf{L}^2 Y_\ell^m = \hbar^2 \ell(\ell+1) Y_\ell^m \qquad (2.2.1)$$

および

$$L_3 Y_\ell^m = \hbar m Y_\ell^m \qquad (2.2.2)$$

である. そこで, 与えられた ℓ に対してどのような m が
許されるかを考え, $Y_\ell^m(\theta, \phi)$ の計算法を示そう.

固有条件 (2.2.1) はラプラシアンの表式 (2.1.16) を
使うともっと便利な形に書ける. $r^\ell Y_\ell^m$ に作用すると, 式

(2.1.16) の右辺の第 1 項は $\ell(\ell+1)r^{\ell-2}Y_\ell^m$ となり，式
(2.2.1) により第 2 項と打ち消し合う．したがって

$$\nabla^2(r^\ell Y_\ell^m) = 0. \qquad (2.2.3)$$

最後に，$r^\ell Y_\ell^m$ はベクトル $\mathbf{x}$ の直交座標成分の ℓ 次同次
多項式であることを思い出そう．このことは，それが

$$\begin{cases} x_\pm \equiv x_1 \pm i x_2 = r \sin\theta\, e^{\pm i\phi}, \\ x_3 = r\cos\theta \end{cases} \qquad (2.2.4)$$

の ℓ 次同次多項式であることと等価である[1]．したがって
式 (2.2.2) から Y_ℓ^m は $\nu_\pm$ 個の $x_\pm$ を含み

$$m = \nu_+ - \nu_- \qquad (2.2.5)$$

が成り立つことがわかる．x_+，x_-，x_3 の総数が ℓ である
から，添え字 m は正または負の整数で最大値は $\nu_+ = \ell$，
$\nu_- = 0$ のときの ℓ であり，最小値は $\nu_- = \ell$，$\nu_+ = 0$ のと
きの $-\ell$ である．4.2 節では交換関係 (2.1.11) を使って
純粋に代数的にこの L_3 のスペクトルについてこの結果を
導く方法と，式 (2.2.1) を使って $\mathbf{L}^2$ のスペクトルにつ
いてこの結果を導く方法を示す．

　ここで，Y_ℓ^m が ℓ と m の値によって一意的に決まるか
どうか問わなければならない．もちろんその定数倍は同
じとみなす．ℓ が与えられると，それに対する m の値は
$m = -\ell$ から $m = +\ell$ までの任意の整数をとれるので，全
部で $2\ell+1$ 通りある．

　一方，ℓ 次の $x_\pm, x_3$ の同次多項式は ν_+ 個の x_+（$0 \leqq$
$\nu_+ \leqq \ell$），ν_- 個の x_-（$0 \leqq \nu_- \leqq \ell - \nu_+$）および $\ell - \nu_+ -$
ν_- 個の x_3 の式である．したがってこれらの三つの座標

の ℓ 次の独立な同次多項式の数は

$$N_\ell = \sum_{\nu_+ = 0}^{\ell} \sum_{\nu_- = 0}^{\ell - \nu_+} 1 = \sum_{\nu_+ = 0}^{\ell} (\ell - \nu_+ + 1)$$

$$= \frac{1}{2}(\ell+1)(\ell+2) \tag{2.2.6}$$

である. ℓ 次の同次多項式のラプラシアンは $\ell - 2$ 次の同次多項式である. したがって式 (2.2.3) は $N_{\ell-2}$ 個の独立な条件を Y に課す. したがって独立な Y の数は ℓ が与えられたとき

$$N_\ell - N_{\ell-2} = 2\ell + 1 \tag{2.2.7}$$

である. これは ℓ が与えられたときの m のとり得る数でもあるから, 各々の ℓ, m に対して唯一の独立な同次多項式があると結論できる. $Y_\ell^m(\theta, \phi)$ $(-\ell \leq m \leq \ell)$ を**球面調和関数**と呼ぶ. この関数は次のように書けるであろう.

$$Y_\ell^m(\theta, \phi) \propto P_\ell^{|m|}(\theta)e^{im\phi}. \tag{2.2.8}$$

ここで $P_\ell^{|m|}$ は微分方程式

$$-\frac{1}{\sin\theta}\frac{d}{d\theta}\Big(\sin\theta\frac{dP_\ell^{|m|}}{d\theta}\Big) + \frac{m^2}{\sin^2\theta}P_\ell^{|m|} = \ell(\ell+1)P_\ell^{|m|} \tag{2.2.9}$$

を満足する (式 (2.1.15) 参照). この方程式の解は**陪ルジャンドル関数**と呼ばれ, $\cos\theta$ と $\sin\theta$ の多項式である.

簡単に $0, 1, 2$ 次の $\mathbf{x}$ の独立な同次多項式を数え上げ, それに条件 $\nabla^2(r^\ell Y) = 0$ を課すことにより, $\ell \leq 2$ についての球面調和関数が次のようであることを容易に見て取ることができる.

$$Y_0^0 = \sqrt{\frac{1}{4\pi}},$$

$$Y_1^1 = -\sqrt{\frac{3}{8\pi}}(\widehat{x}_1 + i\widehat{x}_2) = -\sqrt{\frac{3}{8\pi}}\sin\theta\, e^{i\phi},$$

$$Y_1^0 = \sqrt{\frac{3}{4\pi}}\widehat{x}_3 = \sqrt{\frac{3}{4\pi}}\cos\theta,$$

$$Y_1^{-1} = \sqrt{\frac{3}{8\pi}}(\widehat{x}_1 - i\widehat{x}_2) = \sqrt{\frac{3}{8\pi}}\sin\theta\, e^{-i\phi},$$

$$Y_2^2 = \sqrt{\frac{15}{32\pi}}(\widehat{x}_1 + i\widehat{x}_2)^2 = \sqrt{\frac{15}{32\pi}}(\sin\theta)^2 e^{2i\phi},$$

$$Y_2^1 = -\sqrt{\frac{15}{8\pi}}(\widehat{x}_1 + i\widehat{x}_2)\widehat{x}_3 = -\sqrt{\frac{15}{8\pi}}\sin\theta\cos\theta\, e^{i\phi},$$

$$Y_2^0 = \sqrt{\frac{5}{16\pi}}(2\widehat{x}_3^2 - \widehat{x}_1^2 - \widehat{x}_2^2) = \sqrt{\frac{5}{16\pi}}(3(\cos\theta)^2 - 1),$$

$$Y_2^{-1} = \sqrt{\frac{15}{8\pi}}(\widehat{x}_1 - i\widehat{x}_2)\widehat{x}_3 = \sqrt{\frac{15}{8\pi}}\sin\theta\cos\theta\, e^{-i\phi},$$

$$Y_2^{-2} = \sqrt{\frac{15}{32\pi}}(\widehat{x}_1 - i\widehat{x}_2)^2 = \sqrt{\frac{15}{32\pi}}(\sin\theta)^2 e^{-2i\phi}.$$

まず Y_0^0 は $\widehat{x}_\pm, \widehat{x}_3$ を含まないので定数である．Y_1^m はどれも $\widehat{x}_\pm, \widehat{x}_3$ を各々一つだけ含むので，ϕ 依存性を正しく与えるためには $Y_1^{+1}, Y_1^0, Y_1^{-1}$ はそれぞれ $\widehat{x}_+, \widehat{x}_3, \widehat{x}_-$ に比例しなければならない．同様に Y_2^m はどれも $\widehat{x}_\pm, \widehat{x}_3$ を二つ含む．正しい ϕ 依存性を与えるためには $Y_2^{\pm2}$ は $\widehat{x}_\pm^2$ に比例し，$Y_2^{\pm1}$ は $\widehat{x}_\pm\widehat{x}_3$ に比例しなければならない．Y_2^0 の場合はもう少し込み入っている．$\widehat{x}_+\widehat{x}_-$ も $\widehat{x}_3^2$ も共に正しい ϕ 依存性を与えるからである．Y_2^0 が $A\widehat{x}_+\widehat{x}_- + B\widehat{x}_3^2$

に等しいとすると $r^2 Y_2^0$ は $Ax_+ x_- + Bx_3^2 = A(x_1^2 + x_2^2) + Bx_3^2$ となるので $\nabla^2 (r^2 Y_2^0) = 4A + 2B$ となる. したがって, 式 (2.2.3) により $B = -2A$ でなければならない. こうして Y_2^0 は $\hat{x}_+ \hat{x}_- - 2\hat{x}_3^2 = 1 - 3\cos^2 \theta$ に比例することがわかる. 係数の数値は Y が規格化されるように選ぶ. すなわち

$$\int d^2 \Omega |Y_\ell^m (\theta, \phi)|^2$$

$$\equiv \int_0^\pi \sin \theta \, d\theta \int_0^{2\pi} d\phi |Y_\ell^m (\theta, \phi)|^2$$

$$= 1. \tag{2.2.10}$$

$d^2 \Omega$ は立体角の微小部分 $\sin \theta \, d\theta \, d\phi$ である. この条件では位相だけは任意のままである. ここで上の表式のように位相を選んだ理由は第4章の, 角運動量の一般理論にきたときに明らかになろう.

球面調和関数は ℓ や m が異なると直交する[2]. なぜなら, それらはエルミート演算子 $\mathbf{L}^2$ と L_3 の異なる固有値の固有関数だからである. 直交性を確かめるにはまず

$$\int d^2 \Omega \, Y_\ell^m (\theta, \phi)^* Y_{\ell'}^{m'} (\theta, \phi)$$

$$\propto \int_0^{2\pi} \exp(i(m' - m)\phi) d\phi \propto \delta_{m'm} \tag{2.2.11}$$

に注意しよう. 次に, $m' = m$ の場合を考える.

---

[2] 後述の式 (2.2.11), (2.2.15) を見よ.

$$\int d^2\Omega\, Y_\ell^m(\theta,\phi)^* Y_{\ell'}^m(\theta,\phi)$$

$$\propto \int_0^\pi P_{\ell'}^{|m|}(\theta) P_\ell^{|m|}(\theta) \sin\theta\, d\theta. \qquad (2.2.12)$$

式 (2.2.9) に $P_{\ell'}^{|m|}\sin\theta$ をかけ，それから ℓ と ℓ' を逆に
した式を引くと

$$[\ell(\ell+1) - \ell'(\ell'+1)] P_{\ell'}^{|m|}(\theta) P_\ell^{|m|}(\theta) \sin\theta$$

$$= \frac{d}{d\theta}\Big[\sin\theta P_\ell^{|m|}(\theta) \frac{d}{d\theta} P_{\ell'}^{|m|}(\theta)$$

$$- \sin\theta P_{\ell'}^{|m|}(\theta) \frac{d}{d\theta} P_\ell^{|m|}(\theta) \Big]. \qquad (2.2.13)$$

右辺の括弧の中の量は $\theta=0$ および $\theta=\pi$ のとき 0 だから

$$[\ell(\ell+1) - \ell'(\ell'+1)] \int_0^\pi P_{\ell'}^{|m|}(\theta) P_\ell^{|m|}(\theta) \sin\theta\, d\theta = 0.$$

$$(2.2.14)$$

ℓ も ℓ' も正だとすると $\ell(\ell+1) = \ell'(\ell'+1)$ となるのは
$\ell = \ell'$ の場合に限られる．したがって

$$\ell \neq \ell' \text{ のとき} \int_0^\pi P_{\ell'}^{|m|}(\theta) P_\ell^{|m|}(\theta) \sin\theta\, d\theta = 0.$$

$$(2.2.15)$$

式 (2.2.10)，(2.2.11)，(2.2.15) を合わせると直交規
格化関係は

$$\int d^2\Omega\, Y_\ell^m(\theta,\phi)^* Y_{\ell'}^{m'}(\theta,\phi) = \delta_{\ell\ell'}\delta_{mm'} \qquad (2.2.16)$$

となることがわかった．

また波動関数の空間反転についての性質（パリティ：偶奇性）に注意しよう. Y_ℓ^m は単位ベクトル $\hat{\mathbf{x}}$ の ℓ 次同次多項式であるから, $\hat{\mathbf{x}} \to -\hat{\mathbf{x}}$ という変換の下で球面調和関数は符号 $(-1)^\ell$ だけ変化する. すなわち,

$$Y_\ell^m(\pi - \theta, \pi + \phi) = (-1)^\ell Y_\ell^m(\theta, \phi). \qquad (2.2.17)$$

$m = 0$ の球面調和関数はルジャンドル多項式 $P_\ell(\cos\theta)$ を使って次のように書かれるのが普通である.

$$Y_\ell^0(\theta) = \sqrt{\frac{2\ell+1}{4\pi}} P_\ell(\cos\theta). \qquad (2.2.18)$$

Y_ℓ^0 が $\cos\theta$ の多項式であることを見るには, それが単位ベクトル $\hat{\mathbf{x}}$ の成分の多項式であることに注意しよう. Y_ℓ^0 は第3軸のまわりの回転で不変だから $\hat{x}_3 = \cos\theta$ および $\hat{x}_+\hat{x}_- = \sin^2\theta = 1 - \cos^2\theta$ の多項式でなければならない（式（2.2.18）の中の係数は $P_\ell(1) = 1$ となるよう選んである）. 例えば, 上記のリストの球面調和関数を参照すれば, 式（2.2.18）から

$$\begin{cases} P_0(\cos\theta) = 1, \\ P_1(\cos\theta) = \cos\theta, \\ P_2(\cos\theta) = \dfrac{1}{2}(3\cos^2\theta - 1) \end{cases} \qquad (2.2.19)$$

等々となる.

原　注

(1) 球面調和関数を θ, ϕ の関数とする代わりに, 単位ベクトル $\hat{\mathbf{x}} \equiv \mathbf{x}/r$ の関数と表すこともある. 二つの変数の組は式（2.2.4）

で関係づけられる.

2.3 水素原子

やっと現実的な, クーロン・ポテンシャル

$$V(r) = -\frac{Ze^2}{r} \qquad (2.3.1)$$

の中で運動する1電子の系を取り扱うことになった. 有理化していない静電単位での電子の電荷を $-e$ とする（この単位系では $e^2/\hbar c \simeq 1/137$ である）. 束縛状態, すなわち $E < 0$ の場合のシュレーディンガー方程式を解こう.

$\psi(\mathbf{x}) \propto u(r)Y_\ell^m(\theta, \phi)/r$ である. 動径 (r) 方向のシュレーディンガー方程式 (2.1.29) は

$$-\frac{\hbar^2}{2m_e}\frac{d^2u(r)}{dr^2} + \left[-\frac{Ze^2}{r} + \frac{\ell(\ell+1)\hbar^2}{2m_e r^2}\right]u(r) = Eu(r)$$

となる. これを

$$-\frac{d^2u(r)}{dr^2} + \left[-\frac{2m_e Ze^2}{\hbar^2 r} + \frac{\ell(\ell+1)}{r^2}\right]u(r) = -\kappa^2 u(r) \qquad (2.3.2)$$

と変形できる. κ の定義は

$$E = -\frac{\hbar^2\kappa^2}{2m_e}, \quad \kappa > 0 \qquad (2.3.3)$$

である. m_e は電子の質量である. これを無次元の形にするために

$$\rho \equiv \kappa r \qquad (2.3.4)$$

とおく. 式 (2.3.2) を κ^2 で割ると

$$-\frac{d^2 u}{d\rho^2} + \left[-\frac{\xi}{\rho} + \frac{\ell(\ell+1)}{\rho^2}\right] u = -u \qquad (2.3.5)$$

となる．但し

$$\xi \equiv \frac{2m_e Z e^2}{\kappa \hbar^2} \qquad (2.3.6)$$

と定義した．

　ここで私たちが求めるのは，$\rho \to 0$ で $\rho^{\ell+1}$ のように減少し，$\rho \to \infty$ で $\exp(-\rho)$ のように減少する解である[3]．そこで u を新しい関数 $F(\rho)$ で置き換えよう．

$$u = \rho^{\ell+1} \exp(-\rho) F(\rho) \qquad (2.3.7)$$

と定義すると

$$\frac{du}{d\rho} = \rho^{\ell+1} \exp(-\rho) \left[\left(\frac{\ell+1}{\rho} - 1\right) F + \frac{dF}{d\rho}\right],$$

および

$$\frac{d^2 u}{d\rho^2} = \rho^{\ell+1} \exp(-\rho) \left[\left(1 - \frac{2(\ell+1)}{\rho} + \frac{\ell(\ell+1)}{\rho^2}\right) F \right.$$
$$\left. + \left(-2 + \frac{2(\ell+1)}{\rho}\right) \frac{dF}{d\rho} + \frac{d^2 F}{d\rho^2}\right].$$

したがって動径方向のシュレーディンガー方程式 (2.3.5) は

$$\frac{d^2 F}{d\rho^2} - 2\left(1 - \frac{\ell+1}{\rho}\right)\frac{dF}{d\rho} + \left(\frac{\xi - 2\ell - 2}{\rho}\right) F = 0 \qquad (2.3.8)$$

となる．F がべき級数の解をもつとしてみよう．

---

[3] $\rho \to \infty$ では，ρ のゆるやかに変動する関数と $\exp(-\rho)$ の積に表せると考える．

$$F = \sum_{s=0}^{\infty} a_s \rho^s. \tag{2.3.9}$$

$r \to 0$ で $u(r) \propto r^{\ell+1}$ となるように ℓ を定めたから $a_0 \neq 0$ である. すると式 (2.3.8) は

$$\sum_{s=0}^{\infty} a_s [s(s-1)\rho^{s-2} - 2s\rho^{s-1} + 2s(\ell+1)\rho^{s-2}$$

$$+ (\xi - 2\ell - 2)\rho^{s-1}] = 0 \tag{2.3.10}$$

となる. べき級数の係数の間の関係を導こう. べき級数の各項の中で, 第2項と第4項は ρ^{s-1} に比例するが第1項と第3項は ρ^{s-2} に比例する. そこで第1項と第3項の s を $s+1$ に置き換える.（第1項と第3項には s があるので $s=0$ の項はないが, s を $s+1$ と置き換えるとすべての和が $s=0$ から始まる.）すると式 (2.3.10) は次のようになる.

$$\sum_{s=0}^{\infty} \rho^{s-1} [s(s+1)a_{s+1} - 2sa_s + 2(s+1)(\ell+1)a_{s+1}$$

$$+ (\xi - 2\ell - 2)a_s] = 0. \tag{2.3.11}$$

この式はすべての $\rho > 0$ について成り立つ. したがって各々の ρ のべきの係数が0とならねばならない. したがって次のような漸化式（係数の間の逐次的な関係）が成り立たねばならない.

$$(s+2\ell+2)(s+1)a_{s+1} = (-\xi + 2s + 2\ell + 2)a_s. \tag{2.3.12}$$

$(s+2\ell+2)(s+1)$ という量は $s \geqq 0$ がどんな値でも0とならないから, 式 (2.3.12) によってすべての係数 a_s を任意の規格化係数 a_0 で書き下すことができる.

ρ の大きいときの，このべき級数の漸近的な振舞いを考えよう．式 (2.3.12) は $s \to \infty$ のとき

$$a_{s+1}/a_s \to 2/s \qquad (2.3.13)$$

であることを示している．すべての a_s が s の大きいとき同じ符号をもつから，べき級数の漸近的な振舞いは ρ の高次の項で決められる．それについては式 (2.3.12) から

$$a_s \approx C2^s/(s+B)! \qquad (2.3.14)$$

である．但し C と B は未知の定数である．（B が整数でなければ，ここの階乗はガンマ関数であるが，$s \gg B$ ではほとんど差がない．）こうして漸近的に

$$F(\rho) \approx C \sum_{s=0}^{\infty} \frac{(2\rho)^s}{(s+B)!} \to C(2\rho)^{-B}e^{2\rho} \qquad (2.3.15)$$

となると予測できる．定数および ρ のべき乗を別とすると関数 (2.3.7) は

$$u \approx e^{\rho} \qquad (2.3.16)$$

となる．これは決して驚くことではない．一般の ξ について $\rho \to 0$ で $\rho^{\ell+1}$ のように振舞う解は，$\rho \to \infty$ で e^{ρ} に比例する項と $e^{-\rho}$ に比例する項の 1 次結合であり，この極限では e^{ρ} が圧倒的である．しかし式 (2.3.16) のような漸近的な振舞いは明らかに，波動関数が規格化できるという条件 (2.3.10) と矛盾する．

このことを避ける唯一の方法は，べき級数が途中で切れることである．そうすれば $F(\rho)$ は $\rho \to \infty$ で $e^{2\rho}$ ではなく ρ のなんらかのべき乗のように振舞う．逐次的な関

係（2.3.12）によれば，べき級数が途中で切れるために
は ξ がなんらかの正の偶数 $2n$ であればよいことがわか
る．$n \geqq \ell+1$ が成り立っており，そうすればべき級数は
$\rho^{n-\ell-1}$ で切れる．関数 $F(\rho)$ はそのとき $n-\ell-1$ 次の多
項式であり，**ラゲール多項式**と呼ばれる．$L_{n-\ell-1}^{2\ell+1}(2\rho)$ と
書かれるのが普通である．最初の例を二つ示す．規格化の
定数を別として

$$F = \begin{cases} 1, & n=\ell+1 \text{ のとき,} \\ 1-\rho/(\ell+1), & n=\ell+2 \text{ のとき.} \end{cases} \tag{2.3.17}$$

波動関数は ℓ と n に依存するが，エネルギーは n だけ
に依存する．$\xi=2n$ なので式（2.3.6）から

$$\kappa_n = \frac{2m_e Z e^2}{\xi \hbar^2} = \frac{1}{na}. \tag{2.3.18}$$

ここで a はボーア半径[4]

$$a = \frac{\hbar^2}{m_e Z e^2}$$

$$= 0.529177249(24) \times 10^{-8} Z^{-1} \text{ cm} \tag{2.3.19}$$

である．動径波動関数 $R(r) \equiv u(r)/r$ は距離の大きいと
ころで $\rho^{n-1} \exp(-\rho) \propto r^{n-1} \exp(-r/na)$ のように減少
するので，電子は半径 na の間に局在している．最後に，
式（2.3.3）の中の κ に（2.3.18），（2.3.19）を使うと，
束縛状態のエネルギーは

---

[4] 通常は $Z=1$ の場合の値をいう．

$$E_n = -\frac{\hbar^2 \kappa_n^2}{2m_\mathrm{e}} = -\frac{\hbar^2}{2m_\mathrm{e}a^2n^2}$$

$$= -\frac{m_\mathrm{e}Z^2e^4}{2\hbar^2n^2} = -\frac{13.6056981(40)Z^2}{n^2}\ \mathrm{eV} \quad (2.3.20)$$

と与えられる. 1.2節で見たように, これはボーアが
1913年に推測した有名な公式である. それは（磁気と
相対論の効果が無視できる範囲で）, $Z=1$ の水素原子,
$Z=2$ のイオン化したヘリウム, $Z=3$ の2重にイオン化
したリチウム, 等々の1電子原子に適用される非常にす
ぐれた近似公式である. 1.2節で述べたように, それはま
たリチウム, ナトリウム, カリウムのようなアルカリ金属
の最も外側の電子の状態のかなり良い近似である. この場
合, 原子核の電荷 Ze は $Z-1$ 個の内側の電子に遮蔽され
ていて, 式（2.3.20）の中の Z は実効的に1に近い値と
とれる.

ところで, 水素原子を $n=1$ の状態から $n=2$ の状態に
励起するにはエネルギー $10.2\ \mathrm{eV}$ が必要である. したが
って水素原子を基底状態から任意の高次の状態に原子の衝
突で励起するには, 少なくとも約 $10\ \mathrm{eV}/k_\mathrm{B} \simeq 10^5\ \mathrm{K}$ が必
要である. 天体物理学では, 高温ガスの冷却は主として原
子の衝突によって励起された原子からの輻射放出によって
起こる. したがって, 高温の水素ガスは $10^5\ \mathrm{K}$ 以下まで
は冷えにくい. 他方, 4.5節で議論する理由により, 重い
原子の外側の電子はみな n の値が大きいので, これらの
原子を次に高次の状態に励起するには, はるかに少ないエ

ネルギーしか要らない. したがって重い原子が少しでもあ
れば冷却率には大きな違いができる.

　各々の n に対し, ℓ の値は 0 から $n-1$ まであり, 各々
ℓ に対して, m の値は $2\ell+1$ 個ある. したがってエネル
ギー E_n をもつ状態の数は

$$\sum_{\ell=0}^{n-1}(2\ell+1) = 2\frac{n(n-1)}{2}+n = n^2 \qquad (2.3.21)$$

である. 4.5 節ではこの公式が周期律を説明するために大
切な役割を果たすことがわかるだろう. 多電子系ではこれ
らのエネルギーは実際にはお互いに分離する. 静電ポテン
シャルが厳密には $1/r$ に比例しなくなるため, 原子核や
他の電子のため, 相対論の効果や原子内の磁場のためなど
である. 外場があればさらに分裂する.

　これらの状態には標準的な命名法がある. 一般に 1 電
子状態は $\ell = 0, 1, 2, 3$ のそれぞれに対して s, p, d, f とい
う名前が与えられる. (その文字は「sharp」「principal」
「diffuse」などから来ている. 命名の理由はスペクトル線
の見え方と関係がある.) 水素原子や水素原子型の原子で
はこの文字の前にエネルギー準位の数をつける. たとえば
水素原子の最低エネルギーの状態は $1s$ であり, その次に
低いのは $2s$ と $2p$, その次に低いのは $3s, 3p, 3d$ といった
具合である.

　1.4 節で議論したように, 原子の遷移で放出される光の
波長がボーア半径よりはるかに大きいという近似では, 波
動関数 ψ で表される状態が光子 1 個を放出して ψ' で表さ

れる状態に移る率は $\left| \int \psi'^* \mathbf{x} \psi \right|^2$ に比例する．積分の変数
を $\mathbf{x}$ から $-\mathbf{x}$ に変えると，2.2 節で述べたように波動関
数 ψ と ψ' は $(-1)^\ell$ 倍と $(-1)^{\ell'}$ 倍になるから，被積分関
数全体は

$$(-1)^{\ell+\ell'+1}$$

になる．こうして遷移の率（この近似では）$(-1)^\ell$ と
$(-1)^{\ell'}$ が逆符号でなければ 0 となる（他の選択則もある．
後に 4.4 節で述べる）．例えば，$2p$ 状態は光子を 1 個放
出して $1s$ 状態に移ることができる（これはライマン α 輻
射と呼ばれる）が，$2s$ 状態には移れない．この選択則は
実際に，初期宇宙の温度約 3000 K で起こるような，水素
イオンと熱いガスの中の電子との再結合の助けになる．
ライマン α 光子が放出されても，他の $1s$ 状態の水素原子
を $2p$ 状態に励起するだけで，最低エネルギー状態（基底
状態）に到達する効果的な道とならないかもしれない[1]．
他方 $2s$ 状態は二つの光子を放出して $1s$ 状態に崩壊する
ことができるが，そのどちらも他の水素原子を基底状態か
ら励起するのに十分なエネルギーをもたない．

原　　注
(1) これには例外がある．宇宙論ではライマン α 光子は宇宙膨張を
　　通じて十分長生きして，水素原子からもはやどんな高い状態へも励
　　起できないという点に達する．これもまた水素再結合に寄与する．

2.4　二体問題

　ここまで，決まったポテンシャル中の1個の粒子の量子力学を考えてきた．もちろん，実際の1電子原子は二つの粒子，すなわち原子核と電子から成り立っていて，ポテンシャルはその二つの粒子の座標ベクトルの差によって決まる．古典力学では後者の2体問題が，電子の質量を換算質量

$$\mu = \frac{m_e m_N}{m_e + m_N} \tag{2.4.1}$$

に置き換えた場合の1体問題と等価であることがよく知られている．ここで m_N は原子核の質量である．量子力学でもまったく同じであることを説明しよう．

　古典力学でも量子力学でも，1電子原子のハミルトニアンは

$$H = \frac{\mathbf{p}_e^2}{2m_e} + \frac{\mathbf{p}_N^2}{2m_N} + V(\mathbf{x}_e - \mathbf{x}_N) \tag{2.4.2}$$

である．ここで $\mathbf{p}_e$, $\mathbf{p}_N$ は電子と原子核の運動量である．（ポテンシャルは $|\mathbf{x}_e - \mathbf{x}_N|$（絶対値）だけに依存するが，この節の趣旨のためにもっと一般的な場合を取り扱っても容易である．）さらにまた古典力学でも量子力学でも，相対座標 $\mathbf{x}$ と重心（質量中心）の座標 $\mathbf{X}$ を導入する．その定義は

$$\mathbf{x} \equiv \mathbf{x}_e - \mathbf{x}_N, \quad \mathbf{X} \equiv \frac{m_e \mathbf{x}_e + m_N \mathbf{x}_N}{m_e + m_N} \tag{2.4.3}$$

である．また相対運動量 $\mathbf{p}$ と全運動量 $\mathbf{P}$ を導入する．そ

の定義は

$$\mathbf{p} \equiv \mu \left(\frac{\mathbf{p}_e}{m_e} - \frac{\mathbf{p}_N}{m_N} \right), \quad \mathbf{P} \equiv \mathbf{p}_e + \mathbf{p}_N \qquad (2.4.4)$$

である. そうすると (2.4.2) のハミルトニアンが次のように書けることは容易にわかる.

$$H = \frac{\mathbf{p}^2}{2\mu} + \frac{\mathbf{P}^2}{2(m_e + m_N)} + V(\mathbf{x}). \qquad (2.4.5)$$

これも古典力学と量子力学の双方で正しい.

　量子力学では運動量を次の演算子とする.

$$\mathbf{p}_e = -i\hbar \boldsymbol{\nabla}_e, \quad \mathbf{p}_N = -i\hbar \boldsymbol{\nabla}_N. \qquad (2.4.6)$$

すると初歩的な計算で (2.4.4) の運動量は次のようになる.

$$\mathbf{p} = -i\hbar \boldsymbol{\nabla}_x, \quad \mathbf{P} = -i\hbar \boldsymbol{\nabla}_X. \qquad (2.4.7)$$

したがって運動量 (2.4.4) と座標 (2.4.3) は次の交換関係を満足する.

$$\begin{cases} [x_i, p_j] = [X_i, P_j] = i\hbar \delta_{ij}, \\ [x_i, P_j] = [X_i, p_j] = 0. \end{cases} \qquad (2.4.8)$$

明らかにハミルトニアン (2.4.2) は $\mathbf{P}$ のあらゆる成分と可換である. また $\mathbf{P}$ のあらゆる成分はお互いに可換である. したがってエネルギーの決まった物理的状態の波動関数を, 同時に運動量も決まっているようにできる.

　そのような波動関数は

$$\psi(\mathbf{x}, \mathbf{X}) = e^{i\mathbf{P} \cdot \mathbf{X}/\hbar} \psi(\mathbf{x}) \qquad (2.4.9)$$

のような形をもつであろう.

　ここで $\mathbf{P}$ は今や c 数の固有値で, $\psi(\mathbf{x})$ は内部エネルギ

ーが $\mathcal{E}$ である場合の波動関数である．その波動関数は 1 粒子のシュレーディンガー方程式を満足する．

$$-\frac{\hbar^2 \nabla_x^2 \psi(\mathbf{x})}{2\mu} + V(\mathbf{x})\psi(\mathbf{x}) = \mathcal{E}\psi(\mathbf{x}). \tag{2.4.10}$$

例えば，1 電子原子では内部エネルギー $\mathcal{E}$ は式（2.3.20）で与えられる．m_e は μ で置き換える．全エネルギーは原子の内部エネルギー $\mathcal{E}$ に全体の運動の運動エネルギーを加えた

$$E = \mathcal{E} + \frac{\mathbf{P}^2}{2(m_e + m_N)} \tag{2.4.11}$$

である．

電子の質量を換算質量（2.4.1）で置き換えることの最も重要な面は，そうすると内部エネルギーがごくわずかながら原子核の質量によって異なることである．水素の原子核には二つの安定な同位元素がある．陽子は質量 $1836m_e$ であり，重陽子は $3670m_e$ であるから，換算質量は

$$\mu_{pe} = 0.99945m_e, \quad \mu_{de} = 0.99973m_e \tag{2.4.12}$$

である．この小さな差は，普通の陽子と重陽子の混合物から放出される光のスペクトルに目に見える分裂を生じる．観測された水素と重水素のスペクトル線の相対的な強度を使って，天文学者は星間物質の中の水素と重水素の相対的な多さを測定する．それによって，初期宇宙で物質の少量の部分が重水素に変わる条件が明らかになる．また，1.2 節で述べたように，水素とイオン化したヘリウムのような異なる 1 電子原子のエネルギー準位の違いの予言が実験

的に確認されたことは，これらの原子についてボーアの理論が確立される助けとなった．

2.5　調和振動子

　3 次元の束縛問題の最後として，質量 M の粒子がポテンシャル

$$V(r) = \frac{1}{2} M\omega^2 r^2 \tag{2.5.1}$$

の中にいる場合を考えよう．ここで ω は振動数の次元をもつ定数である．もちろん，これは原子の中で電子が感じるポテンシャルではないが，少なくとも四つの理由で考慮する値打ちがある．第一は歴史的な重要性である．1.4 節で見たように，これは（1 次元ではあったが）ハイゼンベルクが自分の行列力学を導入した歴史に残る画期的な 1925 年の論文で研究した問題である．第二の理由は，この理論は 2 階の微分方程式を解かずに（ハイゼンベルクの使ったような）代数的な方法で，エネルギー準位と輻射の遷移振幅を求めるやり方の良い例になっていることである．第三に，調和振動子のポテンシャルは原子核のモデルとして実際に使われており，4.5 節で見るように原子核が特に安定な，中性子または陽子の「魔法の数」の着想の源泉となっている．最後に，ここで記述した調和振動子を取り扱う方法は，10.3 節で磁場の中の電子のエネルギー準位を取り扱うときでも，11.5 および 11.6 節で光子の性質を計算するときでも役に立つ．

(2.1.3) はここでは

$$E\phi = -\frac{\hbar^2}{2M}\nabla^2\phi + \frac{1}{2}M\omega^2 r^2\phi \qquad (2.5.2)$$

である. ラプラシアンも $r^2 = \mathbf{x}^2$ も三つの座標の方向の総和として書けるので, シュレーディンガー方程式は

$$\left(\frac{-\hbar^2}{2M}\frac{\partial^2\phi}{\partial x_1^2} + \frac{M\omega^2 x_1^2\phi}{2}\right) + \left(\frac{-\hbar^2}{2M}\frac{\partial^2\phi}{\partial x_2^2} + \frac{M\omega^2 x_2^2\phi}{2}\right)$$
$$+ \left(\frac{-\hbar^2}{2M}\frac{\partial^2\phi}{\partial x_3^2} + \frac{M\omega^2 x_3^2\phi}{2}\right) = E\phi \qquad (2.5.3)$$

と書ける. これには変数分離して

$$\psi(\mathbf{x}) = \psi_{n_1}(x_1)\psi_{n_2}(x_2)\psi_{n_3}(x_3) \qquad (2.5.4)$$

の形の解がある. ここで $\psi_n(x)$ は1次元のシュレーディンガー方程式

$$\frac{-\hbar^2}{2M}\frac{\partial^2\psi_n(x)}{\partial x^2} + \frac{M\omega^2 x^2\psi_n(x)}{2} = E_n\psi_n(x) \qquad (2.5.5)$$

の解である. エネルギーは三つの1次元の調和振動子のエネルギー, すなわち n_1 番目, n_2 番目, n_3 番目のエネルギーの和になる. すなわち

$$E = E_{n_1} + E_{n_2} + E_{n_3}. \qquad (2.5.6)$$

そこで私たちの問題は, ハイゼンベルクが1925年に考察した1次元の調和振動子の問題に帰着した.

この問題を解くために, いわゆる上昇演算子, 下降演算子を導入しよう.

$$\begin{cases} a_i \equiv \dfrac{1}{\sqrt{2M\hbar\omega}}\left(-i\hbar\dfrac{\partial}{\partial x_i} - iM\omega x_i\right), \\ a_i^{\dagger} \equiv \dfrac{1}{\sqrt{2M\hbar\omega}}\left(-i\hbar\dfrac{\partial}{\partial x_i} + iM\omega x_i\right). \end{cases} \quad (2.5.7)$$

$i = 1, 2, 3$ である[5]. これらの演算子は交換関係

$$[a_i, a_j^{\dagger}] = \delta_{ij} \quad (2.5.8)$$

および

$$[a_i, a_j] = [a_i^{\dagger}, a_j^{\dagger}] = 0 \quad (2.5.9)$$

を満足する. また1次元のハミルトニアンはここでは

$$H_i \equiv -\frac{\hbar^2}{2M}\nabla_i^2 + \frac{M\omega^2 x_i^2}{2} = \hbar\omega\left[a_i^{\dagger}a_i + \frac{1}{2}\right] \quad (2.5.10)$$

である（添え字が繰り返されていれば総和をとるという記法はここでは使わない）. さて, 式 (2.5.8)〜(2.5.10) より

$$[H_i, a_i] = -\hbar\omega a_i, \quad [H_i, a_i^{\dagger}] = +\hbar\omega a_i^{\dagger} \quad (2.5.11)$$

である. したがって ψ がエネルギー E の状態を表すとすれば, $a_i\psi$ はエネルギー $E-\hbar\omega$ の状態を表し, また $a_i^{\dagger}\psi$ はエネルギーが $E+\hbar\omega$ の状態を表す. $a_i\psi$ も $a_i^{\dagger}\psi$ も 0 とならない場合に限る. しかし $a_i\psi_0 = 0$ となる $\psi_0(x_i)$ が存在する. それは

$$\psi_0(x_i) \propto \exp(-M\omega x_i^2/2\hbar) \quad (2.5.12)$$

である. そうするとこれはエネルギー E_{n_i} が $\hbar\omega/2$ の状態を表す. またエネルギー E_{n_i} の値がこれより低い状態

───────────

[5] $a^{\dagger}$ が上昇演算子, a が下降演算子.

を，この状態に a_i を作用させて作り出すことはできない．
一方 $a_i^\dagger \psi$ が 0 となるような $\psi(x_i)$ は存在しない．なぜな
ら $a_i^\dagger \psi = 0$ という微分方程式の解は $\psi \propto \exp(M\omega x_i^2 / 2\hbar)$
であり，これは規格化可能でないからである．結論として
$a_i^\dagger$ を ψ_0 に何回も作用させてできる波動関数で表される
状態のエネルギーには上限がない．これらの波動関数は

$$\psi_{n_i}(x_i) \propto a_i^{\dagger n_i} \psi_0(x_i)$$

$$\propto H_{n_i}(x_i) \exp(-M\omega x_i^2 / 2\hbar) \qquad (2.5.13)$$

のような形になる．ここで $H_n(x)$ は x の n 次多項式であ
る（$H_n(x)$ は変数 $z = \sqrt{2M\omega/\hbar}$ の n 次のエルミート多項
式 $He_n(z)$ に比例する）．例えば，$H_0(x) \propto 1$，$H_1(x) \propto$
x，$H_2(x) \propto 1 - 2M\omega x^2/\hbar$ 等々である．これらの多項式
は偶奇性の条件

$$H_n(-x) = (-1)^n H_n(x) \qquad (2.5.14)$$

を満たしている．式（2.5.10）と交換関係によると，式
（2.5.13）は H_i の固有関数で固有値は $\hbar\omega(n_i + 1/2)$ であ
る．エネルギーが決まった値をもつ状態を表す一般の波動
関数はしたがって

$$\psi_{n_1 n_2 n_3}(\mathbf{x}) \propto a_1^{\dagger n_1} a_2^{\dagger n_2} a_3^{\dagger n_3} \psi_0(r)$$

$$\propto H_{n_1}(x_1) H_{n_2}(x_2) H_{n_3}(x_3) \exp(-M\omega r^2 / 2\hbar) \qquad (2.5.15)$$

であり，エネルギーは

$$E_{n_1 n_2 n_3} = \hbar\omega \left[N + \frac{3}{2} \right] \tag{2.5.16}$$

である. 偶奇性は

$$\phi_{n_1 n_2 n_3}(-x) = (-1)^N \phi_{n_1 n_2 n_3}(x) \tag{2.5.17}$$

である. ここで

$$N = n_1 + n_2 + n_3 \tag{2.5.18}$$

である.

これらのエネルギーは最低準位を除いてすべて縮退している. $N = n_1 + n_2 + n_3$ を固定すると n_3 の値は n_1 と n_2 で決まってしまう. したがって正の整数 N を三つの正（または 0）の整数 n_1, n_2 および n_3 で表す場合の数は

$$\begin{aligned}
\mathcal{N}_N &= \sum_{n_1=0}^{N} \sum_{n_2=0}^{N-n_1} 1 = \sum_{n_1=0}^{N} (N - n_1 + 1) \\
&= (N+1)^2 - \frac{N(N+1)}{2} \\
&= \frac{(N+1)(N+2)}{2}
\end{aligned} \tag{2.5.19}$$

である.

ポテンシャル (2.5.1) は球対称であるから，これらの波動関数を，$Y_\ell^m(\theta, \phi)$ と，m に依存しない動径波動関数 $R_{N\ell}(r)$ の積と表すこともできる. これに N, ℓ, m に依存する定数が掛かる. 波動関数 (2.5.15) は次数 $N = n_1 + n_2 + n_3$ の x_i の多項式と r の関数の積であるので，ℓ の最大値は N である. また式 (2.5.17) によると波動関数 (2.5.15) は，N が偶数か奇数かによって，$\mathbf{x}$ について偶関数か奇関数である. したがってこの波動関数は，

$\ell = N, N-2, \cdots,$ と $\ell = 1$ または $\ell = 0$ まで続く各 ℓ に対する $Y_\ell^m(\theta, \phi)$ に比例する項の和である. 例えば $H_1(x) \propto x$ であるから, $N = 1$ の場合の (2.5.15) の形の三つの波動関数は $x_1 \exp(-M\omega r^2/2\hbar)$, $x_2 \exp(-M\omega r^2/2\hbar)$, $x_3 \exp(-M\omega r^2/2\hbar)$ の形をとり, その 1 次結合は $\ell = 1$ の項 $r Y_\ell^m(\theta, \phi) \exp(-M\omega r^2/2\hbar)$ の 1 次結合 ($m = +1$, $m = 0, m = -1$) で書ける.

N がもっと大きな場合には, $\ell = N, N-2, \cdots$ と $\ell = 1$ または $\ell = 0$ まで続き, 各々のそのような ℓ に対して $2\ell + 1$ 個の m の独立な $Y_\ell^m(\theta, \phi)$ に比例する波動関数が存在する. これを確かめるために, このことから縮退の全体の数が

$$\mathcal{N}_N = \sum_{\ell = N, N-2, \cdots} (2\ell + 1) \qquad (2.5.20)$$

となることに注意しよう. 例えば, N が偶数なら $\ell = 2k$ とおいて, 縮退の数は

$$\begin{aligned}
\mathcal{N}_N &= \sum_{k=0}^{N/2} (4k+1) \\
&= 4\frac{(N/2)(N/2+1)}{2} + N/2 + 1 \\
&= \frac{(N+1)(N+2)}{2}
\end{aligned}$$

となり, 式 (2.5.19) と一致する. N が奇数の場合も同じ結果になる.

エネルギーの固有状態の縮退, 特に同一のエネルギーの値をもつ, 異なった ℓ の値をもつ解の存在は, クーロン・

ポテンシャルと調和振動子のポテンシャルの特別な性質であり，一般のポテンシャルの場合にあまり起こらない．この二つの場合に縮退が起こるのは，ハミルトニアンと可換な複数の演算子が存在するからである．そのためにハミルトニアンと可換な演算子をエネルギーの決まった演算子に作用させると，同じエネルギーの値をもった波動関数ができる．これらの演算子の中には $\mathbf{L}^2$ と可換でないものもある．したがって，そういう演算子を軌道角運動量の決まった値をもった波動関数に作用させると，エネルギーは同じだが軌道角運動量の異なる波動関数になる．クーロン・ポテンシャルの場合にどういう演算子がそうであるかは 4.8 節で説明しよう．調和振動子のポテンシャルの場合は，9 種類の演算子 $a_j^\dagger a_k$ がある．j，k は座標の添え字 $1, 2, 3$ のどれかである．これが 1 次元のハミルトニアン（2.5.10）の和として与えられる 3 次元のハミルトニアン

$$H = \hbar\omega\left[\sum_i a_i^\dagger a_i + \frac{3}{2}\right]$$

と可換であることは容易にわかる[6]．

　4.6 節で見ることになるように，これらの演算子がハミルトニアンと可換なことはハミルトニアンや交換関係の対称性と関連している．ところで，クーロン・ポテンシャルの場合も，調和振動子のポテンシャルの場合もハミルトニ

────────────

[6] 上昇演算子と下降演算子が 1 つずつ入っているのでエネルギーの増減はない（下降させられないこともあるが，その場合は項が消えてしまう）．

アンと可換な演算子が存在するという性質は，この二つの
ポテンシャルの場合に，古典力学での軌道が閉曲線だとい
うことにも関連がある．

　平均値や輻射遷移の確率を計算するためには，正しく規
格化された波動関数を構成する必要がある．これには上昇
下降の演算子（2.5.7）を使うのが最も容易である．最初
に，1次元の調和振動子の基底状態の波動関数 ϕ_0 を規格
化するために

$$\phi_0(x) = \left[\frac{M\omega}{\pi\hbar}\right]^{1/4} \exp(-M\omega x^2/2\hbar) \qquad (2.5.21)$$

とおくと

$$\int_{-\infty}^{+\infty} |\phi_0(x)|^2 dx = 1 \qquad (2.5.22)$$

となる．ここで $a_i^\dagger$ は a_i に**正準共役**（adjoint）な演算子
であることに注意する．すなわち任意の規格化された二つ
の関数 f と g について，

$$\int_{-\infty}^{+\infty} f^*(x_i)a_i g(x_i)dx_i = \int_{-\infty}^{+\infty} \left(a_i^\dagger f(x_i)\right)^* g(x_i)dx_i$$

$$(2.5.23)$$

が成り立つ．したがって

$$\int_{-\infty}^{+\infty} |a_i^{\dagger n_i}\phi_0(x_i)|^2 dx_i$$

$$= \int_{-\infty}^{+\infty} \left(a_i^{\dagger(n_i-1)}\phi_0(x_i)\right)^* a_i a_i^{\dagger n_i}\phi_0(x_i)dx_i$$

となる．交換関係（2.5.8）と（2.5.9）から

$$a_i a_i^{\dagger n_i} = a_i^{\dagger n_i} a_i + n_i a_i^{\dagger (n_i - 1)}$$

となり，a_i は $\psi_0(x_i)$ を消滅させるから

$$\int_{-\infty}^{+\infty} |a_i^{\dagger n_i} \psi_0(x_i)|^2 dx_i = n_i \int_{-\infty}^{+\infty} |a_i^{\dagger (n_i - 1)} \psi_0(x_i)|^2 dx_i$$

であり，

$$\int_{-\infty}^{+\infty} |a_i^{\dagger n_i} \psi_0(x_i)|^2 dx_i = n_i! \qquad (2.5.24)$$

となる．したがって正しく規格化された波動関数は

$$\psi_{n_1 n_2 n_3}(\mathbf{x}) = \frac{1}{\sqrt{n_1! n_2! n_3!}} \left[\frac{M\omega}{\pi\hbar}\right]^{3/4}$$
$$\times a_1^{\dagger n_1} a_2^{\dagger n_2} a_3^{\dagger n_3} \exp(-M\omega r^2/2\hbar) \qquad (2.5.25)$$

である．$\mathbf{x}$ の一つの成分，例えば x_1 の行列要素を計算するためには，まず式（2.5.7）により

$$x_1 = \frac{i\sqrt{\hbar}}{\sqrt{2M\omega}}(a_1 - a_1^{\dagger})$$

に注意しよう．a_1 と $a_1^{\dagger}$ は各々添え字 n_1 を 1 単位上昇・下降させるから，$[x_1]_{nm}$ は $n - m = \pm 1$ でない限り 0 である．また，

$$[x_1]_{n+1, n} \equiv \int \psi_{n+1}^*(x_1) x_1 \psi_n(x_1) dx_1$$

$$= \frac{1}{\sqrt{n!}\sqrt{(n+1)!}} \int (a_1^{\dagger (n+1)} \psi_0)^* \left(\frac{-a_1^{\dagger}\sqrt{\hbar}}{\sqrt{2M\omega}}\right)(a_1^{\dagger n} \psi_0) dx_1$$

$$= -i\sqrt{\frac{(n+1)\hbar}{2M\omega}} \qquad (2.5.26)$$

時間に依存する因子 $\exp(-iEt/\hbar)$ をこの波動関数に含めれば，これはハイゼンベルクの結果 (1.4.15) に一致する．慣習的な位相因子は別とする．位相因子はもちろん $|\mathbf{x}_{nm}|^2$ にはまったく影響しない．したがって輻射の遷移確率には影響しない．

問　題

1.　2.2 節で記述した方法を使って $\ell = 3$ の球面調和関数を求めよ．規格化はしなくてよい．

2.　水素原子の $2p$ 状態から $1s$ への 1 光子放出の率の公式を導け．

3.　水素原子の $1s$ 状態の運動エネルギーとポテンシャル・エネルギーの期待値を求めよ．

4.　3 次元調和振動子のポテンシャルの最低エネルギーの状態について，2.5 節で使った，この系でのエネルギー準位を求める代数的方法を使って，運動エネルギーとポテンシャル・エネルギーの期待値を求めよ．

5.　2.3 節で水素原子について使ったべき級数の方法を用いて（適当な修正は必要），3 次元調和振動子のエネルギー準位を求める公式を導け．

6.　水素と重水素のライマン α 遷移のエネルギーの差を求めよ．

7.　水素原子の $3s$ 状態の波動関数を求めよ．規格化はしなくてよい．

ヒント：問 2 および問 3 では正しく規格化された波動関数を用いねばならない．

第3章　量子力学の一般原理

　前章では波動力学が物理の問題を解くのに非常に役立つことを見てきた．しかし波動力学にはいくつか限界がある．波動力学では物理的状態を波動関数で記述するが，波動関数は粒子の位置の関数である．しかし，なぜ位置を基本的な物理的観測可能量として選択すべきなのだろうか．例えば，位置の代わりに一定の運動量とエネルギーをもつ確率振幅で粒子の状態を表そうと思ってもよくはないだろうか．さらにもっと基本的な制限は，物理的な系の属性には粒子の組の位置と運動量だけではまったく記述できないものがあることである．そういう属性の一つが**スピン**であり，第4章の主題である．他にも，空間中のある点での電場と磁場の値がある．これは第11章で取り扱う．この章は量子力学の原理を記述する．その定式化は本質的に1.4節に簡単に述べたディラックの「変換理論」である．この定式化はシュレーディンガーの波動方程式とハイゼンベルクの行列力学を一般化したもので，どんな物理系にでも適用できる十分に一般的な定式化である．

3.1　状　　態

　量子力学の第一の要請は，物理的な状態が**ヒルベルト空間**という一種の抽象的な空間のベクトルとして表されるということである.

　ヒルベルト空間の話を始める前に，ベクトル一般について少し話す必要がある. 初学者はベクトルは大きさと方向をもった量だと習う. その後，解析幾何を勉強するときには，d次元のベクトルを一連のd個の数，ベクトルの成分，で書き表すことを教わる. こちらのやり方の方が計算にはなじむが，ある点では初学者への教え方の方がすぐれている. 座標系を決めなくてもベクトル間の関係を記述できるからである. 例えば，第一のベクトルが第二のベクトルと平行だとか，第三のベクトルと直交するとかいうことは座標系をどう選ぶかには無関係である.

　ここで，ベクトル空間とは何か，特にヒルベルト空間とは何かを，それらの空間での方向を記述するのに使う座標系によらずに一般的に定式化する. この立場からは，波動力学で物理的な状態を表すのに用いた波動関数は，**状態ベクトル**と呼ばれる無限次元空間の抽象的なベクトルの，何らかの座標軸をとって位置 $\mathbf{x}$ のとり得るすべての値を表したときの**成分** $\psi(\mathbf{x})$ の組と考えるべきである. 同じ状態ベクトルを運動量空間の波動関数 $\tilde{\psi}(\mathbf{p})$ で書き表すこともできる. ここで $\tilde{\psi}(\mathbf{p})$ は（1.3.2）式のような波束

$$\psi(\mathbf{x}) = (2\pi\hbar)^{-3/2} \int d^3p \, \exp(i\mathbf{p}\cdot\mathbf{x}/\hbar)\tilde{\psi}(\mathbf{p})$$

に現れる $\exp(i\mathbf{p}\cdot\mathbf{x}/\hbar)$ の係数で定義される．この場合，$\tilde{\psi}(\mathbf{p})$ は運動量 $\mathbf{p}$ の確定値に対応した方向にとった座標軸での成分と見なせる．この考え方は位置ベクトルを緯度，経度，高度という三つの座標で表す代わりに，別の三つの座標で表すように書き換えるようなものである[1]．あるいはまた，式 (1.5.15) のときと同様に $\psi(\mathbf{x})$ をエネルギーの確定した値をもつ波動関数 $\psi_n(\mathbf{x})$ の級数

$$\psi(\mathbf{x}) = \sum_n c_n \psi_n(\mathbf{x})$$

として展開し，係数 c_n は同じベクトルのエネルギーの異なった値で特徴づけられる方向に沿った成分と見なすこともできる．これらはほんの例である．このヒルベルト空間の議論はいかなる特定の座標の選択にも依存しない．

　ヒルベルト空間は内積の定義された複素ベクトル空間の一種である．一般に任意の種類のベクトル空間は，次の性質を満足する Ψ, Ψ' などから成り立っている．

　● Ψ と Ψ' がベクトルなら和 $\Psi + \Psi'$ もベクトルである．加法は結合則と交換則を満足する．

$$\Psi + (\Psi' + \Psi'') = (\Psi + \Psi') + \Psi'', \qquad (3.1.1)$$

$$\Psi + \Psi' = \Psi' + \Psi. \qquad (3.1.2)$$

　● α は任意の数であるとする．Ψ がベクトルなら $\alpha\Psi$ もベクトルである．**実ベクトル空間**はこれらの数が実数に限られたベクトル空間である．量子力学のヒルベルト空間のような**複素ベクトル空間**では α は複素数でもよい．実ベクトル空間でも複素ベクトル空間でも，数をかけること

は結合則と分配則を満足する.

$$\alpha(\alpha'\Psi) = (\alpha\alpha')\Psi, \qquad (3.1.3)$$

$$\alpha(\Psi + \Psi') = \alpha\Psi + \alpha\Psi', \qquad (3.1.4)$$

$$(\alpha + \alpha')\Psi = \alpha\Psi + \alpha'\Psi. \qquad (3.1.5)$$

●一つのゼロ・ベクトル $\mathbf{o}$ が存在する[2]. 任意のベクトル Ψ と α について

$$\mathbf{o} + \Psi = \Psi, \quad 0\Psi = \mathbf{o}, \quad \alpha\mathbf{o} = \mathbf{o} \qquad (3.1.6)$$

という性質が成り立つとする.

ノルム・ベクトル空間とは任意の二つのベクトル Ψ と Ψ' に対して, 次の性質を満たすスカラー積 (Ψ, Ψ') という数が定義される空間である:

線形性,

$$(\Psi'', [\alpha\Psi + \alpha'\Psi']) = \alpha(\Psi'', \Psi) + \alpha'(\Psi'', \Psi'). \quad (3.1.7)$$

対称性,

$$(\Psi', \Psi)^* = (\Psi, \Psi'). \qquad (3.1.8)$$

正値性, すなわちベクトルと自分自身とのスカラー積が実数で

$$\Psi \neq \mathbf{o} \text{ のとき } (\Psi, \Psi) > 0. \qquad (3.1.9)$$

$((\Psi, \mathbf{o}) = 0$ が任意の Ψ について, 特に $\Psi = \mathbf{o}$ について成り立つことに注意せよ. なぜなら任意の数 α とベクトル Ψ について $\alpha(\Psi, \mathbf{o}) = (\Psi, \alpha\mathbf{o}) = (\Psi, \mathbf{o})$ であり, それが成り立つためには $(\Psi, \mathbf{o}) = 0$ でなければならないからである.) 実ベクトル空間についてはスカラー積 (Ψ, Ψ') はすべて実数であって, 式 (3.1.8) の中で複素共役を考える必要はない. 複素ベクトル空間ではスカラー積は複素

数であり得る．式（3.1.7）と（3.1.8）から

$$([\alpha\Psi+\alpha'\Psi'],\Psi'') = \alpha^*(\Psi,\Psi'')+\alpha'^*(\Psi',\Psi'')$$

$$(3.1.10)$$

となる．

　ノルム複素空間であることに加えて，ヒルベルト空間は有限次元であるか，あるいは有限次元でなくても，あたかもある意味で有限次元であるかのように取り扱うことができる．これを説明するためには，まずベクトルの組の独立性，完全性，およびこれによってどのようにベクトル空間の次元数が定義できるようになるかを少し説明しよう．

　ベクトル Ψ_1, Ψ_2 などの組は，これらのベクトルの自明でない1次結合が0とならない限り**独立である**と言われる．すなわち Ψ_1, Ψ_2 などが独立であるということは，「何か α_1, α_2 などがあって $\alpha_1\Psi_1+\alpha_2\Psi_2\cdots = \mathbf{o}$ が成り立つなら，$\alpha_1 = \alpha_2 = \cdots = 0$ が成り立つ」ということである．別の言い方をすれば，独立なベクトルの組のうちのいかなるベクトルも他のベクトルの1次結合として表すことができない．特に，Ψ_1, Ψ_2 などが互いに直交していれば，それらのベクトルは独立である．互いに直交しているということは，$i \neq j$ であれば $(\Psi_i, \Psi_j) = 0$ が成り立っているということであるが，$\alpha_1\Psi_1+\alpha_2\Psi_2\cdots = \mathbf{o}$ であるとすれば，それと任意の Ψ_i とのスカラー積をとれば $\alpha_i(\Psi_i, \Psi_i) = 0$，したがって $\alpha_i = 0$ があらゆる i について成り立つ．逆は成り立たない――独立なベクトルの組が互いに直交しているとは限らない――しかし，もしベクトル

の組 Ψ_i $(1 \leqq i \leqq n)$ がすべて独立なら，常にそれらのベクトルの1次結合 Φ_i を，n 個を適当に選んで Φ_i の組がお互いに独立であるばかりでなくお互いに直交するようにできる[3].

　もし任意のベクトル Ψ が Ψ_i の1次結合として

$$\Psi = \alpha_1 \Psi_1 + \alpha_2 \Psi_2 + \cdots + \alpha_n \Psi_n$$

と書かれるなら，ベクトルの組 $\Psi_1, \Psi_2, \cdots, \Psi_n$ は完全であると言われる．完全な組のベクトルは独立である必要はないが，もし独立でなければ，常にその完全かつ独立な部分集合を見出すことができる．他のベクトルの1次結合で表せるベクトルを捨てて行けばよいのである．完全で独立なベクトルの組 Ψ_i を与えられれば，以前に記述された方法で，互いに直交していて独立なベクトルの組 Φ_i を見出すことができる．この構成法によると，すべての Ψ_i は Φ_i の1次結合であるから，Φ_i もまた完全である．直交するベクトルの完全な組はヒルベルト空間の**基底**と呼ばれる．

　ベクトル空間が有限の次元 d をもつということは，独立なベクトルの最大の個数が d だということである．そのような空間では，d 個の独立なベクトル Φ_i の**任意**の組は完全でもある．なぜなら，もしあるベクトル Ψ が $\sum_{i=1}^{d} \alpha_i \Phi_i$ と書けないなら，$d+1$ 個の独立なベクトル，すなわち Ψ と Φ_i があることになるから（空間の次元が d であることと矛盾する）．また d 個より少ないベクトル

Υ_j の組は完全であり得ない. なぜなら, もしそうなら d 個の独立なベクトル Φ_i の各々が $\Phi_i = \sum_{j=1}^{d-1} c_{ij} \Upsilon_j$ の形に書けることになる. ところが, 任意の $d \times (d-1)$ 次の行列 c_{ij} に対して $\sum_{i=1}^{d} u_i c_{ij} = 0$ を満たす d 個の u_j が常に存在する. このことは Φ_i が独立だという仮定に反する.

　私たちの現在の目的のためには, ヒルベルト空間は複素ノルム・ベクトル空間で, その次元は有限であるか, あるいは有限でなくても無限個の独立で互いに直交するベクトル Φ_i の組で, しかも完全なものが存在するような空間として定義される. ここで完全であるというのは, 任意の Ψ に対してある無限個の数 α_i の組が存在し, $\sum_{i=1}^{\infty} \alpha_i \Phi_i$ が Ψ に収束することである. (収束するというのは $\Omega_N \equiv \Psi - \sum_{i=1}^{N} \alpha_i \Phi_i$ とするとき $N \to \infty$ の極限で $(\Omega_N, \Omega_N) \to 0$ という意味である.) この後者の条件のおかげで, ある種の数学的手法はヒルベルト空間があたかも有限次元であるかのように使うことができる.

　完全直交化されたベクトルの組で基底 Φ_i が与えられた場合の状態ベクトル Ψ の**成分**とは, $\Psi = \sum_i \alpha_i \Phi_i$ という表現における数 α_i に他ならない. α_i は一意的に決まる. なぜなら, もし Ψ がこのようにして二つの方法で書かれその二つの α_i に違いがあるなら, 二つの総和の差は 0 となるが, そのことは Φ_i が独立であるという前提と矛盾す

るからである．実際，$\sum_i \alpha_i \Phi_i$ という和と Φ_j とのスカラー積をとると

$$\alpha_j = \frac{(\Phi_j, \Psi)}{(\Phi_j, \Phi_j)}$$

となる．したがって任意のベクトル Ψ は直交ベクトルの完全な組 Φ_i によって

$$\Psi = \sum_j \frac{(\Phi_j, \Psi)}{(\Phi_j, \Phi_j)} \Phi_j \qquad (3.1.11)$$

と表される．これによって任意の二つのベクトル Ψ と Ψ' のスカラー積は具体的に書き下される．

$$(\Psi, \Psi') = \sum_{i,j} \frac{(\Phi_j, \Psi)^*}{(\Phi_j, \Phi_j)} \frac{(\Phi_i, \Psi')}{(\Phi_i, \Phi_i)} (\Phi_j, \Phi_i).$$

さらに Φ_i は互いに直交しているから

$$(\Psi, \Psi') = \sum_i \frac{(\Phi_i, \Psi)^*(\Phi_i, \Psi')}{(\Phi_i, \Phi_i)} \qquad (3.1.12)$$

となる．（この時点では基底ベクトルの完全な組 Φ_i は可算無限な場合に限っている．基底ベクトルの組が連続無限の場合は次節で取り扱う．）

　さて，ついにこれらの「骨」に「肉」をつける，すなわちスカラー積に確率の意味を与えることができる．量子力学の解釈の第一の基本仮定は，任意の完全直交状態の組 Φ_i はある種の測定の可能な結果すべてと1対1の対応がつくということである（どのような測定かについては3.3節に考える）．そしてもし測定の前の系が状態 Ψ にあった

とすると，測定によって状態 Φ_i に対応する結果の得られる確率は

$$P(\Psi \mapsto \Phi_i) = \frac{|(\Phi_i, \Psi)|^2}{(\Psi, \Psi)(\Phi_i, \Phi_i)} \tag{3.1.13}$$

だということである．ここで重要な注意だが，この公式で与えられる確率は任意の確率のもたねばならない基本的な性質をもっている．第一にそれは明らかに正定値である．また Φ_i は完全直交規格化系だから，式（3.1.12）により

$$(\Psi, \Psi) = \sum_i \frac{|(\Phi_i, \Psi)|^2}{(\Phi_i, \Phi_i)}$$

となる．したがって（3.1.13）を足し合わせると1になる．

確率（3.1.13）は，Ψ に定数 α をかけても Φ_i に定数 β_i をかけても変わらない．量子力学では，状態ベクトルは定数倍の違いがあっても同じ物理的な状態を表すとみなされる（しかし $\Psi + \Psi'$ と $\alpha\Psi + \Psi'$ は一般には同じ状態を表さない）．なんなら状態ベクトル Ψ と Φ_i に適当な定数をかけて

$$(\Psi, \Psi) = (\Phi_i, \Phi_i) = 1 \tag{3.1.14}$$

としておいてもよい．そうすれば式（3.1.13）は

$$P(\Psi \mapsto \Phi_i) = |(\Phi_i, \Psi)|^2 \tag{3.1.15}$$

となる．これは本質的に，1.5節で述べたボルンの規則である．

ベクトルの組 Φ_i は互いに直交していて，さらに $(\Phi_i, \Phi_i) = 1$ のように規格化されているとき，**直交規格化**され

ていると言われる．完全な直交規格化された基底ベクトル
の組 Φ_i について，式（3.1.11）と式（3.1.12）は

$$\Psi = \sum_j (\Phi_j, \Psi)\Phi_j \qquad (3.1.16)$$

および

$$(\Psi, \Psi') = \sum_i (\Phi_i, \Psi)^*(\Phi_i, \Psi') \qquad (3.1.17)$$

となる．

　式（3.1.14）を満足するように Ψ と Φ_i を選んだあと
でも，状態ベクトルに大きさ 1 の複素数（すなわち位相
因子）をかけることができる．こうしても式（3.1.14）
と（3.1.15）は変わらない．こうして量子力学の物理的
状態はヒルベルト空間内の**射線**（ray）に 1 対 1 に対応す
る．各々の射線はノルム 1 の状態ベクトルの組に対応し，
お互いは位相因子だけの違いしかない．

　ここでディラックの「ブラ」と「ケット」の記法を紹
介するのがよいだろう．ディラックの記法では状態ベク
トル Ψ を $|\Psi\rangle$ と表し，二つの状態ベクトルのスカラー
積 (Φ, Ψ) を $\langle\Phi|\Psi\rangle$ と書く．記号 $\langle\Phi|$ を「ブラ」と呼び，
$|\Psi\rangle$ を「ケット」と呼び，合わせて $\langle\Phi|\Psi\rangle$ が「ブラ – ケ
ット」すなわちブラケット（括弧）というわけである（ち
なみに 9.5 節のディラック括弧とは全く異なるので混同
しないように）．Ψ が何か観測可能量 A の決まった値 a
の状態であるときには，対応するケットをディラックの記
法では $|a\rangle$ と書くことが多い．

　スカラー積を (Φ, Ψ) と表す私たちの記法は数学者には
よく使われるが，物理学者の間では $\langle \Phi | \Psi \rangle$ というディラ
ックの記法を使うことの方が多い．3.3節ではある種の目
的のためにはディラックの記法が殊に便利であるが，不便
な場合もあることを説明しよう[1]．

原　注

(1) この定義は $\psi(\mathbf{x})$ に作用する $-i\hbar\boldsymbol{\nabla}$ が $\widetilde{\psi}(\mathbf{p})$ に $\mathbf{p}$ をかけるこ
とになるように構成してある．$(2\pi\hbar)^{-3/2}$ という因子が含まれてい
るのは波動関数が $\int |\psi(\mathbf{x})|^2 d^3 x = 1$ となるためである．フーリエ
解析の定理によると $\int |\widetilde{\psi}(\mathbf{p})|^2 d^3 p = 1$ となる．

(2) 以降の章では，混乱の生じる恐れのない限りゼロ状態を表すのに
この特別な記号 **o** は用いず，代わりに馴染みのあるゼロ 0 を使用
する．

(3) この場合，

$$\Phi_n \equiv \Psi_n - \sum_{i,j=1}^{n-1} (\omega^{-1})_{ji} \Psi_j (\Psi_i, \Psi_n)$$

というベクトルを構成することができる．これは $1 \le i \le n-1$
のすべての Ψ_i と直交する．ここで $\omega_{ij} \equiv (\Psi_i, \Psi_j)$ である．（ω_{ij}
は逆をもっていることがわかる．なぜなら，もし0でないベク
トル v_j があってそれが $\sum_j \omega_{ij} v_j = 0$ を満足するなら，ベクトル
$\Omega \equiv \sum_i v_i \Psi_i$ のノルムは $(\Omega, \Omega) = \sum_{ij} v_i^* \omega_{ij} v_j = 0$ だから0とな
ってしまう．こんなことは，Ψ_i は独立なのだから，すべての v_i が
0でなければ起こらない．）また Φ_n が0とならないこともわかる．

────────────────

[1] ディラック流では，規格化してあれば，完全性の条件は
$\sum_j |j\rangle\langle j| = 1$ と書ける．これを $|i\rangle$ にかけると $\sum_j |j\rangle\langle j|i\rangle = |i\rangle$
となり，それが式 (3.1.16) に当たる．なお，p.150 の原注1
参照．

なぜなら，もしそうなら Ψ_i の独立性と矛盾するからである．同様の議論で 0 でないベクトル Φ_{n-1} を構成することができる．それは $1 \leqq i \leqq n-2$ のすべての Ψ_i および Φ_n と直交する．これを繰り返すことによって n 個の直交するベクトル Φ_i が得られる．

3.2　連続的な状態

　量子力学を解釈するための次の要請に話を進める前に，完全な直交状態が連続的である場合を考えるとき，前節で行った物理的な状態の記述がどのように修正されねばならないかを説明する必要がある．とびとびの値 i で指定される Φ_i の代わりに，それらが連続的な変数 ξ で指定された Φ_ξ であったとしよう．例えば位置のような変数である．（位置や他の任意の観測可能量の確定した値を定義する数学的な条件は次節で議論する．）そのような系を近似的に扱って前節の結果を採用することができるようにする．ξ はとびとびの値をとる（離散的である）として，$\xi + d\xi$ の間の小区間で ξ がとる値の個数は非常に大きな数 $\rho(\xi)d\xi$ であると考える．（例えば ξ がある粒子の x 座標だとしたら，x 軸を，となり合う点が小さな距離 $1/\rho(x)$ を隔てて並ぶたくさんの点の集まりに置き換える．）そのような場合，完全な直交する基底ベクトルの組 Φ_ξ を次のように規格化するのが便利である．

$$(\Phi_{\xi'}, \Phi_\xi) = \rho(\xi)\delta_{\xi'\xi}. \qquad (3.2.1)$$

すると式（3.1.11）により，任意の状態は基底ベクトルの 1 次結合として表される．

$$\Psi = \sum_\xi \frac{(\Phi_\xi, \Psi)}{\rho(\xi)} \Phi_\xi \qquad (3.2.2)$$

ξ の各点がますます近づいていく極限では，滑らかな関数 $f(\xi)$ の ξ についての和はみな積分

$$\sum_\xi f(\xi) \mapsto \int f(\xi)\rho(\xi)d\xi \qquad (3.2.3)$$

として表される．（間隔 $d\xi$ が十分小さければ，その区間では $\rho(\xi)$ と $f(\xi)$ は一定だと考えられる．その区間で ξ がとるすべての値についての和は，その区間で ξ がとり得る値の個数 $\rho(\xi)$ と $f(\xi)$ の積になる．これをすべての区間で足し合わせれば積分になる．）したがってこの極限で式（3.2.2）は

$$\Psi = \int (\Phi_\xi, \Psi)\Phi_\xi d\xi \qquad (3.2.4)$$

と書けるであろう．$\rho(\xi)$ という因子は打ち消し合う．同様に，そのような二つの状態のスカラー積（3.1.12）は次のように書かれるだろう．

$$(\Psi, \Psi') = \sum_\xi \frac{(\Phi_\xi, \Psi)^*(\Phi_\xi, \Psi')}{\rho(\xi)}$$
$$= \int (\Phi_\xi, \Psi)^*(\Phi_\xi, \Psi')d\xi. \qquad (3.2.5)$$

特に Ψ のノルムが1であるという条件は次の形をとる．

$$1 = \int |(\Phi_\xi, \Psi)|^2 d\xi. \qquad (3.2.6)$$

系が最初にノルム1のベクトル Ψ で表されるとして，

さらに，完全な状態の組 Φ_ξ でその起こり得る結果が与えられるような実験を行ったとしたら，結果が間隔 ξ と $\xi + d\xi$ の間におさまる微小な確率 $dP(\Psi \mapsto \Phi_\xi)$ は，ξ の近くの個々の状態に落ち着く確率（式（3.1.13）で与えられる）と，この間隔の中の状態の数との積であろう．

$$dP(\Psi \mapsto \Phi_\xi) = \frac{|(\Phi_\xi, \Psi)|^2}{(\Phi_\xi, \Phi_\xi)} \times \rho(\xi)d\xi$$

$$= |(\Phi_\xi, \Psi)|^2 d\xi. \qquad (3.2.7)$$

式（3.2.6）によると，これは任意の結果の確率の総和が1であるという本質的な条件

$$\int dP(\Psi \mapsto \Phi_\xi) = 1 \qquad (3.2.8)$$

を満足する．

例えば粒子が決まった値 x を1次元の位置としてもつ状態を Φ_x で表すとしよう．この章の初めに述べたように，シュレーディンガーの波動力学の波動関数はスカラー積

$$\psi(x) = (\Phi_x, \Psi) \qquad (3.2.9)$$

に他ならない．式（3.2.5）は二つの状態ベクトル Ψ_1 と Ψ_2 のスカラー積が

$$(\Psi_1, \Psi_2) = \int \psi_1^*(x)\psi_2(x)dx \qquad (3.2.10)$$

であることを示している．特に，絶対値1の状態ベクトルの条件（3.2.6）は

$$1 = \int |\psi(x)|^2 dx \qquad (3.2.11)$$

となる．また，この条件を満足する状態について，式
（3.2.7）によると，粒子が x と $x + dx$ の間に局在する
確率は，ボルンが 1926 年に推量した通り

$$dP = |\psi(x)|^2 dx \qquad (3.2.12)$$

である（1.5 節参照）．

　ディラック[1]による「デルタ関数」という表式を使う
ことがある．

$$\delta(\xi - \xi') \equiv \rho(\xi) \delta_{\xi, \xi'}. \qquad (3.2.13)$$

と定義しよう．すると連続的な状態についての規格化の条
件（3.2.1）は

$$(\Phi_\xi, \Phi_{\xi'}) = \delta(\xi - \xi') \qquad (3.2.14)$$

となる．式（3.2.3）によると，この関数と任意の滑らか
な関数 $f(\xi')$ との ξ' についての積分は

$$\int \delta(\xi - \xi') f(\xi') d\xi' = \sum_{\xi'} \frac{\delta(\xi - \xi') f(\xi')}{\rho(\xi')} = f(\xi)$$

$$(3.2.15)$$

となる．すなわち，関数（3.2.13）は $\xi' = \xi$ でなければ
0 であるが，ξ' で積分すると 1 になるほど大きくて，式
（3.2.15）のような積分では $\xi' = \xi$ での関数の値を取り出
す．デルタ関数を，引数が 0 でなければ大きさが無視で
きるが，引数が 0 のところにある山が非常に大きくて積
分すると 1 になるような，滑らかな関数と定義するのが
便利なときがある．例えば

$$\delta(\xi - \xi') \equiv \frac{1}{\epsilon\sqrt{\pi}} \exp(-(\xi - \xi')^2/\epsilon^2) \qquad (3.2.16)$$

と定義することができよう．ここで ϵ は正の値で，0 に近づくとする．あるいは連続性をあきらめて

$$\delta(\xi - \xi') \equiv \begin{cases} 1/2\epsilon, & |\xi - \xi'| < \epsilon \text{ のとき} \\ 0, & |\xi - \xi'| \geqq \epsilon \text{ のとき} \end{cases} \qquad (3.2.17)$$

と定義するのがわかりやすいだろう．

別の表現はフーリエ解析の基本定理から示唆される．この定理によると，$g(k)$ が十分滑らかな関数で $k \to \pm\infty$ で十分おとなしい関数であるとして

$$f(x) \equiv \frac{1}{\sqrt{2\pi}} \int_{-\infty}^{\infty} g(k) e^{ikx} dk \qquad (3.2.18)$$

と定義すると

$$g(k) = \frac{1}{\sqrt{2\pi}} \int_{-\infty}^{\infty} f(x) e^{-ikx} dx \qquad (3.2.19)$$

となる．そこで式（3.2.19）を式（3.2.18）の被積分関数として代入すると，少なくとも形式的に

$$f(x) = \frac{1}{2\pi} \int_{-\infty}^{\infty} dx'\, f(x') \int_{-\infty}^{\infty} dk\, e^{ik(x-x')} \qquad (3.2.20)$$

となるから

$$\delta(x - x') = \frac{1}{2\pi} \int_{-\infty}^{\infty} dk\, e^{ik(x-x')} \qquad (3.2.21)$$

ととることができる．読者は，積分に意味を与えるために収束させるための因子 $\exp(-\epsilon^2 k^2/4)$ をかけて（3.2.21）の積分を実行し（ϵ は無限小），式（3.2.21）は（3.2.16）

と同じことになることを確かめることができる.

　デルタ関数の厳密な取り扱い法は数学者ローラン・シュヴァルツ（1915-2002）の**超関数の理論**として知られている[2]. そこではデルタ関数を具体的な関数と考えることをあきらめ, その代わりにデルタ関数を含む積分を式（3.2.15）だけで定義する. 同様にデルタ関数の微分を

$$\int \delta'(\xi-\xi')f(\xi')d\xi' = -f'(\xi) \qquad (3.2.22)$$

だけで定義する. これは式（3.2.15）から部分積分で得られる.

原　注

(1) P. A. M. Dirac, *Principles of Quantum Mechanics*, 4th edn. (Clarendon Press, Oxford, 1958).
(2) L. Schwartz, *Théorie des distributions* (Hermann et Cie, Paris, 1966).

3.3　観測可能量

　次は量子力学の第二の要請の話である. この要請は観測可能な物理量, 例えば位置, 運動量, エネルギーなどはヒルベルト空間の中のエルミート演算子で表されるという要請である. その意味はこれから説明する. エルミート演算子とは線形で自己共役な演算子である. したがって上記の要請の意味をはっきり説明するには, まず一般に演算子, 特に線形演算子とか演算子の共役とかの意味を考える必要がある.

　演算子とはヒルベルト空間からヒルベルト空間への任意
の写像である．すなわち，演算子 A はヒルベルト空間内
の任意のベクトル Ψ をヒルベルト空間内の別のベクトル
に変える．そのベクトルを $A\Psi$ と表す．これから，演算
子同士の積，演算子の定数倍，演算子の和の定義が自然に
導ける．二つの演算子の積 AB は任意の状態ベクトル Ψ
にまず B を作用し，それから A を作用する演算子と定義
される．

$$(AB)\Psi \equiv A(B\Psi). \qquad (3.3.1)$$

普通の複素数 α はまた任意の状態ベクトルにその数をか
ける演算子と見なすことができるから，式（3.3.1）によ
り，定数 α と演算子 A の積 αA は任意の状態ベクトル Ψ
にまず A で作用させ，それからその結果を α 倍する演算
子である．

$$(\alpha A)\Psi \equiv \alpha(A\Psi). \qquad (3.3.2)$$

二つの演算子 A と B の和は，任意の状態ベクトル Ψ に，
A を作用させた状態と B を作用させた状態の和を与える
演算子と定義される．

$$(A+B)\Psi \equiv A\Psi + B\Psi. \qquad (3.3.3)$$

ゼロ演算子 $\mathbf{0}$ を，任意の状態ベクトル Ψ に作用してゼロ
状態ベクトル $\mathbf{o}$ を与える演算子と定義することができる．

$$\mathbf{0}\Psi \equiv \mathbf{o}. \qquad (3.3.4)$$

これから任意の演算子 A と定数 α について

$$\mathbf{0}A = \mathbf{0}, \quad \mathbf{0} + A = A, \quad \alpha\mathbf{0} = \mathbf{0}\alpha = \mathbf{0} \qquad (3.3.5)$$

が出てくる．また単位演算子 $\mathbf{1}$ を，任意の状態ベクトル

Ψ に作用してその同じベクトルを与える演算子と定義する.

$$1\Psi \equiv \Psi. \qquad (3.3.6)$$

すると,任意の演算子 A について

$$1A = A1 = A \qquad (3.3.7)$$

である.

線形演算子 A は任意の状態ベクトル Ψ と Ψ' および任意の数 α について

$$A(\Psi + \Psi') = A\Psi + A\Psi', \quad A(\alpha\Psi) = \alpha A\Psi \qquad (3.3.8)$$

の成り立つ演算子である.A と B が線形なら,AB および $\alpha A + \beta B$ が線形であることは容易にわかる.α と β は任意の数である.**0** と **1** もまた線形である.

任意の演算子 A(線形かどうかは問わない)の**共役演算子** $A^\dagger$ は,関係式

$$(\Psi', A^\dagger\Psi) = (A\Psi', \Psi) \qquad (3.3.9)$$

あるいは等価だが

$$(\Psi', A^\dagger\Psi) = (\Psi, A\Psi')^*$$

をみたす演算子(そのような演算子があるとして)として定義される.Ψ と Ψ' は任意の二つの状態ベクトルである[1].共役について次の一般的な性質のあることを示すのは容易である.

$$\begin{cases} (AB)^\dagger = B^\dagger A^\dagger, \quad (A^\dagger)^\dagger = A, \\ (\alpha A)^\dagger = \alpha^* A^\dagger, \quad (A+B)^\dagger = A^\dagger + B^\dagger. \end{cases} \qquad (3.3.10)$$

0 と **1** は共に自分自身の共役である.

完全で直交規格化された基底ベクトルの組 Φ_i を導入す

ると, 線形演算子 A は行列 A_{ij} と表される. その値は

$$A_{ij} \equiv (\Phi_i, A\Phi_j) \tag{3.3.11}$$

である. 式 (3.1.16) を使うと, 任意の演算子の積 AB を表す行列は A と B を表す行列の積であることがわかる.

$$
\begin{aligned}
(AB)_{ij} &= (\Phi_i, AB\Phi_j) \\
&= \sum_k (\Phi_i, A\Phi_k)(\Phi_k, B\Phi_j) \\
&= \sum_k A_{ik} B_{kj}.
\end{aligned} \tag{3.3.12}
$$

共役な演算子の行列要素は, 元の演算子の行列を転置した行列の行列要素の複素共役である.

$$(A^\dagger)_{ij} = A_{ji}^*. \tag{3.3.13}$$

前節で議論したように, とびとびの値 i ではなくて ξ の値が連続的であるような状態ベクトル Φ_ξ の完全な集合がよく出てくる. 直交規格化の条件は

$$(\Phi_{\xi'}, \Phi_\xi) = \delta(\xi' - \xi) \tag{3.3.14}$$

である. この場合は,

$$A_{\xi'\xi} \equiv (\Phi_{\xi'}, A\Phi_\xi) \tag{3.3.15}$$

と定義する. そうすると式 (3.3.12) の代わりに

$$(AB)_{\xi'\xi} = \int d\xi'' A_{\xi'\xi''} B_{\xi''\xi} \tag{3.3.16}$$

が得られる.

量子力学の第二の要請は次の通りである. ある状態で線形なエルミート演算子 A で表される観測可能量が決まっ

た値 a をとるための必要十分条件は，その状態の状態ベクトル Ψ が A の固有値 a の固有状態であることである．式で表すと

$$A\Psi = a\Psi. \qquad (3.3.17)$$

もし $A\Psi' = a'\Psi'$ も成り立つなら，A はエルミートであるから

$$a(\Psi', \Psi) = (\Psi', A\Psi) = (A\Psi', \Psi) = a'^*(\Psi', \Psi)$$

である．$\Psi = \Psi' \neq 0$ で $a' = a$ なら $a^* = a$ である．一方 $a \neq a'$ であれば $(\Psi', \Psi) = 0$ である．すなわち，観測可能量の許される値は実数であり，異なる値に対応する状態ベクトルは互いに直交する．行列（3.3.11）または（3.3.15）で言うと，（3.3.17）は

$$\sum_j A_{ij}(\Phi_j, \Psi) = a(\Phi_i, \Psi) \qquad (3.3.18)$$

あるいは

$$\int d\xi \, A_{\xi'\xi}(\Phi_\xi, \Psi) = a(\Phi_{\xi'}, \Psi) \qquad (3.3.19)$$

と書かれる．

　もしある状態ベクトル Ψ について，A で表される観測可能量が決まった値 a をもち，同時に B で表される観測可能量が決まった値 b をもつなら

$$AB\Psi = bA\Psi = ba\Psi = ab\Psi = aB\Psi = BA\Psi$$

であるから，Ψ で交換関係 $[A, B] \equiv AB - BA$ は決まった値 0 をもつ．もし交換関係 $[A, B]$ がゼロという固有値をもたない（例えばゼロでない数と単位演算子の積のよう

な場合）とすると，観測可能量の組 A と B が同時に決まった値をとるような状態は存在しない．もし A と B が可換である，すなわち $[A, B]$ が演算子としてゼロなら，そういう状態は存在する．

エルミート演算子はその固有ベクトルの全体が完全系をなし，直交規格化されるという重要な性質をもつと仮定される．これは有限次元の中で作用するエルミート演算子には自動的に成り立つ[2]．しかし無限次元の空間の中で作用する所与のエルミート演算子について，特に固有値が連続的である場合にこのことを示すのはもっと難しい．ここでは単にこのことが成り立っていると仮定しよう．

これは行列 A の**対角化**と呼ばれることが多い．その事情は次の通りである．A の r 番目の直交規格化固有ベクトル u_r の i 成分を行列 U_{ir} の ir 成分と見なすことができるので，固有値の条件は $AU = UD$ と書ける．$D_{rs} = a_r \delta_{rs}$ は対角的な行列である．固有ベクトルが直交規格化されているという条件から $U^\dagger U = 1$ とわかるから，U の逆は $U^\dagger$ であり，$U^{-1}AU = D$ である．

エルミートでない演算子では何がいけないかを理解するために，2 行 2 列の行列

$$M = \begin{pmatrix} a & c \\ 0 & b \end{pmatrix}$$

を考えよう．これは $c \neq 0$ ならば a と b の値に関わらずエルミートではない．この行列は固有値 a と b をもち，各々の固有ベクトルは

$$\begin{pmatrix} 1 \\ 0 \end{pmatrix}, \quad \begin{pmatrix} c \\ b-a \end{pmatrix}.$$

これらの固有ベクトルは 2 次元空間で完全な組である.
例外は $a=b, c \neq 0$ の場合で,固有値は二つとも同じであ
り,固有ベクトルは両方とも同じ方向を向いている.一
方 $c=0$ でエルミートであれば,二つの固有ベクトルは
$b=a$ かどうかは無関係に $(1,0)$ と $(0,1)$ ととれる.

　以上の結果は,可換なエルミート演算子の数が増えた
場合にも一般化できる.A と B がエルミート演算子で
$[A, B]=0$ を満足しているとしよう.上に述べたように
固有値の条件 $Au_r = a_r u_r$ を満足するベクトル u_r の完全
な組を見つけることができる.ここで少し記法を変更しよ
う.r は A の固有値 a_r の違いを表すとし,添え字 s は同
じ固有値 a_r をもつ異なる固有ベクトル u_{rs} を区別するた
めに使う.r を固定すると u_{rs} のさまざまな s についての
線形結合 u の全体のつくる空間は B の下で不変である.
なぜなら $Au = a_r u$ なら $A(Bu) = BAu = a_r Bu$ だから
である.したがって A に対してしたのと同じ議論により,
この空間で完全で直交規格化された B の固有ベクトルを
見つけることができる.結局,直交規格化ベクトル u_{rs}
を選んで $Au_{rs} = a_r u_{rs}$ と $Bu_{rs} = b_s u_{rs}$ の両方が満足さ
れているようにできる.こうして前と同じ意味で,A と
B が共に対角行列で表されているような基底を選ぶこと
ができる.

　量子力学の第二の要請から任意の観測可能量の期待値

について簡単な公式が導かれる．A は自己共役で線形な
演算子で観測可能量を表し，Ψ_r は A が確定した値 a_r を
もつ状態で，$A\Psi_r = a_r\Psi_r$ が成り立つとする．このとき，
規格化されたベクトル Ψ で表される状態における観測可
能量 A の期待値は，許される値に各々確率（3.1.15）で
重みをつけた総和である．すなわち

$$\langle A \rangle_\Psi = \sum_r a_r |(\Psi_r, \Psi)|^2$$
$$= \sum_r (\Psi, A\Psi_r)(\Psi_r, \Psi)$$
$$= (\Psi, A\Psi). \tag{3.3.20}$$

容易にわかることであるが，Ψ で表される状態が，演
算子 A で表される物理量に対して決まった値 a をもつな
ら，$A^n\Psi = a^n\Psi$ であるから，演算子 A の任意のべき級
数 $p(A)$ で表される観測可能量も決まった値 $p(a)$ をもつ．
もっと一般的に，A の固有値 a_r をもつ完全で独立な固有
ベクトル Ψ_r の任意の線形結合 $\sum_r c_r \Psi_r$ について

$$f(A) \sum_r c_r \Psi_r. \equiv \sum_r c_r f(a_r) \Psi_r$$

が成り立つとして，エルミート演算子の関数 $f(A)$ を定義
することができる．

一般的には，演算子の関数の期待値は期待値の関数と同
じではない．すなわち $\langle f(A) \rangle_\Psi \neq f(\langle A \rangle_\Psi)$ である．実際，
エルミート演算子について $\langle A^2 \rangle_\Psi \geqq \langle A \rangle_\Psi^2$ である．等号が

成り立つのは Ψ が A の固有状態である場合であり，その場合に限る．そのことを理解するために，エルミート演算子 B の2乗の期待値は

$$\langle B^2 \rangle_\Psi = (B\Psi, B\Psi)$$

だから常に正であり，それが0になるための必要十分条件は B が状態ベクトル Ψ を消滅させること（$B\Psi = 0$）であることに注意しよう．したがって特に

$$\begin{aligned} 0 &\leq \langle (A - \langle A \rangle_\Psi)^2 \rangle_\Psi \\ &= \langle A^2 \rangle_\Psi - 2\langle A \rangle_\Psi^2 + \langle A \rangle_\Psi^2 \\ &= \langle A^2 \rangle_\Psi - \langle A \rangle_\Psi^2. \end{aligned} \tag{3.3.21}$$

これでわかるように，$\langle A \rangle_\Psi^2$ は $\langle A^2 \rangle_\Psi$ 以下であり，等しくなるのは Ψ が A の固有状態であるときだけである．

　ここでやっとハイゼンベルクの不確定性原理の一般化した表現を証明できることになった．そのためには，一般的な不等式，いわゆる**シュヴァルツの不等式**が必要である．これは任意の状態ベクトル Ψ と Ψ' とについて，

$$|(\Psi', \Psi)|^2 \leq (\Psi', \Psi')(\Psi, \Psi) \tag{3.3.22}$$

が成り立つというものである（これはお馴染みの $\cos^2\theta \leq 1$ の一般化である）．シュヴァルツの不等式の証明のためには

$$\Psi'' \equiv \Psi - \Psi' \frac{(\Psi', \Psi)}{(\Psi', \Psi')}$$

を導入し

$$0 \leqq (\Psi'', \Psi'')(\Psi', \Psi')$$
$$= (\Psi, \Psi)(\Psi', \Psi') - 2(\Psi, \Psi')(\Psi', \Psi) + |(\Psi', \Psi)|^2$$
$$= (\Psi, \Psi)(\Psi', \Psi') - |(\Psi', \Psi)|^2$$

に注意しよう. 不確定性原理を正確に述べるためには, エルミート演算子 A の, Ψ で表される状態ベクトルでの期待値からのずれの 2 乗の期待値の平方根を次のように定義するとよいだろう.

$$\Delta_\Psi A \equiv \sqrt{\left\langle (A - \langle A \rangle_\Psi)^2 \right\rangle_\Psi}. \qquad (3.3.23)$$

これを

$$\Delta_\Psi A = \sqrt{(\Psi_A, \Psi_A)}$$

と書き換えるのが便利である.

$$\Psi_A \equiv (A - \langle A \rangle_\Psi)\Psi / \sqrt{(\Psi, \Psi)}$$

である. すると任意のエルミート演算子の対 A と B について, シュヴァルツの不等式 (3.3.22) から

$$\Delta_\Psi A \Delta_\Psi B \geqq |(\Psi_A, \Psi_B)|$$

が成り立つ. 右辺のスカラー積は

$$(\Psi_A, \Psi_B) = \frac{(\Psi, [A - \langle A \rangle_\Psi][B - \langle B \rangle_\Psi]\Psi)}{(\Psi, \Psi)}$$
$$= \frac{(\Psi, [AB - \langle A \rangle_\Psi \langle B \rangle_\Psi]\Psi)}{(\Psi, \Psi)}$$

と書ける. 特に, エルミート演算子については $(\Psi, AB\Psi)^* = (\Psi, BA\Psi)$ であるから, このスカラー積の虚数部は

$$\mathrm{Im}(\Psi_A, \Psi_B) = \frac{(\Psi, [A, B]\Psi)}{2i(\Psi, \Psi)} = \langle [A, B] \rangle_{\Psi}/2i$$

である．任意の複素数の絶対値はその虚数部の絶対値以上であるから，最終的に

$$\Delta_\Psi A \Delta_\Psi B \geqq \frac{1}{2} |\langle [A, B] \rangle_\Psi| \qquad (3.3.24)$$

となる．

例えば，演算子の対 X と P との場合，$[X, P] = i\hbar$ であるから，状態 Ψ が何であっても

$$\Delta_\Psi X \Delta_\Psi P \geqq \frac{\hbar}{2} \qquad (3.3.25)$$

となる．これが，1.5 節で議論したハイゼンベルクの不確定関係である．これよりもよい（一般的で改善された）$\Delta_\Psi X \Delta_\Psi P$ に対する下限を導くことはできない．ガウス的な波束の場合に左辺の積が実際に $\hbar/2$ だからである．

ある演算子 A についてはトレースという数を定義することができる．$\mathrm{Tr}\,A$ と書く．完全な直交規格化基底ベクトルの組 Ψ_i を導入すると，トレースは

$$\mathrm{Tr}\,A \equiv \sum_i (\Psi_i, A\Psi_i) \qquad (3.3.26)$$

と定義される．この定義が役に立つのは，トレースが存在するときにはそれは基底ベクトルの選び方によらないからである．式（3.1.16）によって，任意の他の完全直交規格化された基底ベクトル Φ_i によって

$$A\Psi_i = \sum_j (\Phi_j, A\Psi_i)\Phi_j$$

と書けるから，(3.3.26) と (3.1.17) より

$$\mathrm{Tr}\, A = \sum_{ij} (\Phi_j, A\Psi_i)(\Psi_i, \Phi_j) = \sum_j (\Phi_j, A\Phi_j)$$

となる．トレースはいくつかの明らかな性質をもつ．

$$\begin{cases} \mathrm{Tr}\,(\alpha A + \beta B) = \alpha\,\mathrm{Tr}\, A + \beta\,\mathrm{Tr}\, B, \\ \mathrm{Tr}\, A^\dagger = (\mathrm{Tr}\, A)^*. \end{cases} \quad (3.3.27)$$

また

$$\begin{aligned} \mathrm{Tr}\,(AB) &= \sum_i (\Psi_i, AB\Psi_i) \\ &= \sum_{ij} (\Psi_i, A\Psi_j)(\Psi_j, B\Psi_i) \\ &= \sum_{ij} (\Psi_j, B\Psi_i)(\Psi_i, A\Psi_j) \\ &= \mathrm{Tr}\,(BA). \end{aligned} \quad (3.3.28)$$

しかしすべての演算子がトレースをもつとは限らない．単位演算子 $\mathbf{1}$ のトレースは単に $\sum_i 1$ だが，それはヒルベルト空間の次元であって，無限大の次元をもつヒルベルト空間では定義できない．特に，有限次元の空間で，交換関係 $[X, P] = i\hbar \mathbf{1}$ のトレースは $0 = i\hbar\,\mathrm{Tr}\,\mathbf{1}$ という矛盾した結果を与えるから，この交換関係は，トレースが存在しない，無限大の次元のヒルベルト空間でしか実現されない．

演算子を状態ベクトルから構成することもできる．任意の二つの状態ベクトル Ψ と Ω について，線形演算子

$[\Psi\Omega^\dagger]$（**ダイアド**と言われる）を定義する．任意の状態
ベクトル Φ に作用すると，この演算子は

$$[\Psi\Omega^\dagger]\Phi \equiv \Psi(\Omega, \Phi) \qquad (3.3.29)$$

を与える[3]．このダイアドの共役は $[\Psi\Omega^\dagger]^\dagger = [\Omega\Psi^\dagger]$ で
ある．任意の状態ベクトル Φ にそのようなダイアドの積
を作用すると

$$[\Psi_1\Omega_1^\dagger][\Psi_2\Omega_2^\dagger]\Phi = (\Omega_2, \Phi)[\Psi_1\Omega_1^\dagger]\Psi_2$$
$$= (\Omega_2, \Phi)(\Omega_1, \Psi_2)\Psi_1.$$

したがってダイアド積は数因子と他のダイアドの積であ
る．

$$[\Psi_1\Omega_1^\dagger][\Psi_2\Omega_2^\dagger] = (\Omega_1, \Psi_2)[\Psi_1\Omega_2^\dagger]. \qquad (3.3.30)$$

（任意の与えられた状態ベクトル Ω に対して演算子 $\Omega^\dagger$ を
導入して，任意の状態ベクトル Φ に作用して数値 (Ω, Φ)
を得る演算子を $\Omega^\dagger$ と定義してもよいが，本書では $[\Psi\Omega^\dagger]$
のようなダイアドの一部の成分としてしか $\Omega^\dagger$ を使わな
い．）

特に，Φ が規格化された状態ベクトルだとすると，ダ
イアド $[\Phi\Phi^\dagger]$ は自分自身の2乗に等しい演算子である．

$$[\Phi\Phi^\dagger]^2 = [\Phi\Phi^\dagger]. \qquad (3.3.31)$$

そのような演算子は**射影演算子**と呼ばれる．式 (3.3.31)
より射影演算子の固有値 λ は $\lambda^2 = \lambda$ を満足するから，0
か1のどちらかである．射影演算子 $[\Phi\Phi^\dagger]$ は Φ で表さ
れる状態ベクトルでは1という値をとり，Φ に直交する
状態ベクトルでは0という値をとる観測可能量を表す．
完全な直交規格化された状態ベクトル Φ_i の組について

は，（3.1.17）という関係は対応する射影演算子の和についての言明

$$\sum_i [\Phi_i \Phi_i^\dagger] = 1 \tag{3.3.32}$$

と表現されよう[2]．エルミート演算子 A の固有値 a_i の固有ベクトル Φ_i の全体が完全な直交規格化ベクトルの組を作るとすると，A は係数がその固有値 a_i に等しい射影演算子の和として表すことができる．

$$A = \sum_i a_i [\Phi_i \Phi_i^\dagger]. \tag{3.3.33}$$

（これを理解するには演算子 $A - \sum_i a_i [\Phi_i \Phi_i^\dagger]$ が任意の Φ_i に作用して 0 となることを確かめればよい．Φ_i は完全な組であるから，したがってこの演算子は 0 である．）

式（3.3.33）より，エルミート演算子 A の任意の多項式 $P(A)$ が

$$P(A) = \sum_i P(a_i) [\Phi_i \Phi_i^\dagger]$$

と書けることは容易に理解できる．これを一般的な演算子の関数に拡張する．すなわち任意の関数 $f(a)$ が固有値 a_i で有限のとき，

$$f(A) \equiv \sum_i f(a_i) [\Phi_i \Phi_i^\dagger] \tag{3.3.34}$$

---

[2] ディラックの記法では $\sum_i |i\rangle\langle i| = 1$ となる．これが完全性の条件である．

と定義する．確率が量子力学に現れるのは，状態ベクトルがもつ確率的な性質だけではなく，（古典力学と同様に）系の状態がわからないということから生じるものもある．系は状態ベクトル Ψ_n で表されるいくつかの状態のどれかにあるが，そのうちのどの状態にあるかはわかっていない．しかし系がそのうちのある状態 Ψ_n にある確率 P_n はわかっているとする．系は Ψ_n のどれかにあるとしたので $\sum_n P_n = 1$ である．ここで Ψ_n は規格化されているが，互いに直交しているとは限らない．（例えば $\ell = 1$ の状態にある原子が $L_z = \hbar$ という状態にある確率が20％，$L_x = 0$ である確率が30％，$(L_x + L_y)/\sqrt{2} = \hbar$ である確率が50％ というような場合を考える．）そのような場合には射影演算子に，それに対応する確率をかけて足し合わせたものとして**密度行列**（実は演算子であって行列ではない）を定義すると便利なことが多い．

$$\rho \equiv \sum_n P_n [\Psi_n \Psi_n^{\dagger}]. \tag{3.3.35}$$

任意のエルミート演算子 A で表される観測可能量の期待値は，各々の状態 Ψ_n の，これらの状態にある確率で重みづけした和

$$\langle A \rangle = \sum_n P_n (\Psi_n, A\Psi_n) = \mathrm{Tr}\{A\rho\} \tag{3.3.36}$$

であることに注意しよう．注目すべきことに，量子力学では，可能な状態の統計的な集合の物理的な性質は，その集

合の密度行列で完全に指定される．なぜなら同じ密度行
列がさまざまな確率のいろいろな状態の組についての和
として違った書き方ができるからである．特に密度行列
(3.3.35) はエルミートであるから，固有値 p_i をもつ固
有ベクトル Φ_i で直交規格化された完全な組を作れる．そ
れを使えば

$$\rho = \sum_i p_i [\Phi_i \Phi_i^\dagger] \qquad (3.3.37)$$

とも書ける．また ρ は，その任意の期待値が正であると
いう意味で正の演算子であるから，すべての p_i は $p_i \geqq 0$
である．最後に式 (3.1.17) を使うと，演算子 (3.3.35)
のトレースは 1 である．

$$\mathrm{Tr}\,\rho = \sum_n P_n = 1.$$

これを (3.3.37) に適用すると $\sum_i p_i = 1$ が得られる．期
待値の計算に関する限り，系は，必ずしも互いに直交して
いない状態ベクトル Ψ_n で表される状態のどれかにある確
率が P_n だと言っても，互いに直交する状態ベクトル Φ_i
で表されるある状態のどれかにある確率が p_i だと言って
も同じことになる．これは量子力学の特別の性質である．
同一の系について私たちの知り得ることを，異なった状態
の組とそれに対応する異なる確率を使って，異なる形で表
現できるのである．

　12.1 節でわかるように，遠く離れて孤立した観測者の

間の瞬間的な情報の伝達を妨げているのは，量子力学のこの性質である.

　系が単一の純粋状態からどのくらい違っているかの程度を表す，フォン・ノイマン・エントロピー

$$S[\rho] \equiv -k_{\mathrm{B}}\mathrm{Tr}(\rho \ln \rho) = -k_{\mathrm{B}}\sum_i p_i \ln p_i \qquad (3.3.38)$$

を定義すると便利なことがある. k_{B}（省かれることが多い）はボルツマン定数である. 純粋状態では一つの p_i だけが1であり, 他は0であってフォン・ノイマン・エントロピーは $S=0$ である. しかし他のすべての場合は $S > 0$ である.

　二つの部分系からできている系に出会うことはよくある. そういう場合, 状態を複数の添え字 $ma, nb,$ 等で指定する. すなわち Ψ_{ma} は部分系 I が状態 m にあり部分系 II が状態 a にあるような状態を表すベクトルを示す. この二つの系は単に二つの原子ということもあるが, 部分系 I が当該の微視的な系であり, 部分系 II がその環境だということもある. 観測量が部分系 I の状態についてだけ意味のある作用をする演算子 A で表され,

$$A_{ma,nb} = A^{\mathrm{I}}_{mn}\delta_{ab} \qquad (3.3.39)$$

だとすると, その状態の集合における平均値は密度行列を $\rho_{ma,nb}$ とするとき

$$\langle A \rangle = \mathrm{Tr}(A\rho) = \sum_{manb} A_{ma,nb}\rho_{nb,ma}$$

$$= \sum_{mn} A^{\mathrm{I}}_{mn}\rho^{\mathrm{I}}_{nm} \qquad (3.3.40)$$

となる. ここで

$$\rho^{\mathrm{I}}_{mn} \equiv \sum_a \rho_{ma,na} \qquad (3.3.41)$$

である. ρ^{I}_{mn} は, 部分系 II では何も関知しない場合の, 部分系 I での密度行列であると考えられる. 任意の密度行列と同様に, ρ^{I} はエルミートで正でトレースは 1 である. 同じ意味で, $\rho^{\mathrm{II}}_{ab} \equiv \sum_m \rho_{ma,mb}$ は部分系 II での密度行列だと見なされる.

　二つの部分系の間で相関がないときには, 全体の系の密度行列は部分系の密度行列の直積である. すなわち $\rho = \rho^{\mathrm{I}} \otimes \rho^{\mathrm{II}}$, あるいははっきり書けば

$$\rho_{ma,nb} = \rho^{\mathrm{I}}_{mn}\rho^{\mathrm{II}}_{ab} \qquad (3.3.42)$$

となる. この場合, 各々の ρ の固有値は ρ^{I} での固有値 p^{I}_i と ρ^{II} での固有値 p^{II}_r の積であり, フォン・ノイマン・エントロピー (3.3.38) は単に各々の値の和である.

$$\begin{aligned}
S[\rho] &= -k_{\mathrm{B}} \sum_{ir} p^{\mathrm{I}}_i p^{\mathrm{II}}_r \ln[p^{\mathrm{I}}_i p^{\mathrm{II}}_r] \\
&= -k_{\mathrm{B}} \sum_{ir} p^{\mathrm{I}}_i p^{\mathrm{II}}_r (\ln[p^{\mathrm{I}}_i] + \ln[p^{\mathrm{II}}_r]) \\
&= S[\rho^{\mathrm{I}}] + S[\rho^{\mathrm{II}}]. \qquad (3.3.43)
\end{aligned}$$

エンタングルメント (もつれ) の場合は式 (3.3.42) も式 (3.3.43) も成り立たない. エンタングルメントは第 12 章の主題である.

原　　注

(1) 式（3.3.9）はディラックのブラとケットの記法ではわかりにくい．なぜなら $\langle \Psi' | B | \Psi \rangle$ の中では演算子 B は常に右にだけ作用するからである．式（3.3.9）でなく $\langle \Psi' | A^\dagger | \Psi \rangle = \langle \Psi | A | \Psi' \rangle^*$ と書かねばならない．

(2) 証明を示す．行列式の理論によると，有限 d 次元内の行列 A_{ij} が固有値 a をもつための必要十分条件は $A - a\mathbf{1}$ の行列式が 0 となることである．この行列式は a の d 次多項式であり，代数学の基本定理により，常に少なくとも一つは 0 となる a の値があって $Au = au$ を満足する固有ベクトル u が存在する．

　　ベクトル u に直交するベクトル v（$(v, u) = 0$ が成り立つ）の空間を考えよう．A がエルミートならこの空間は A で不変である．なぜなら $(u, v) = 0$ なら $(Av, u) = (v, Au) = a(v, u) = 0$ だからである．3.1 節の注 3 により，完全な直交規格化された基底 v_i を導入することができて，Av_i はこれらの基底ベクトルによる線形結合 $\sum_j A_{ji} v_j$ であるようにできる．$A_{ji} = (v_j, Av_i) = (Av_j, v_i) = A_{ij}^*$ だから係数 A_{ij} はエルミート行列となるが，今度は $d-1$ 次元である．前と同じ議論を適用すると v_i の線形結合で u と直交する A の固有ベクトルがある．すると A の $d-2$ 次元空間内の作用を考えることによって，u と v の両方に直交するこの空間での A の固有ベクトルを見つけることができる．この方法を続けると d 個のお互いに直交する A の固有ベクトルを構成できる．それらはお互いに直交しており，独立であり，また d 個あるので完全な組となっている．

(3) ここではディラックのブラとケットの記法が殊に便利である．ダイアド $[\Psi \Omega^\dagger]$ はこの記法では $|\Psi\rangle \langle\Omega|$ と書かれる．これからすぐに $(|\Psi\rangle \langle\Omega|)|\Phi\rangle = |\Psi\rangle (\langle\Omega|\Phi\rangle)$ であることが示唆される．

3.4　対　称　性

　　歴史的には，量子力学に観測可能量のリストとその性質

を提供したのは古典力学であった．しかしその多くは，古典力学に頼らずとも対称性という基本原理から知ることができる．

　対称性原理とは，私たちが自分の視点をある種の方法で変更したときに，自然法則が変わらないということである．例えば，実験室を移動させたり回転させたりしても実験室で観測される自然法則は変わらないということである．そのような私たちの視点を変える特定のやり方を対称変換と呼ぶ．この定義は対称変換が物理的状態を変えるということではなくて，ただ変換後の新しい状態が古い状態と同じ自然法則に従うことを意味するにすぎない．

　特に対称変換は遷移確率を変えてはならない．系がヒルベルト空間の規格化されたベクトル Ψ で表される状態にあったとき，ある測定（例えば，可換なエルミート演算子のある組で表される観測可能量の測定）をすると，その測定によって系は，直交規格化された状態ベクトル Φ_i の完全な組の任意の一つで表される状態に変わり，系が特定の Φ_i で表される状態に移る確率は式（3.1.15）により

$$P(\Psi \mapsto \Phi_i) = |(\Phi_i, \Psi)|^2 \qquad (3.4.1)$$

となる．したがって対称変換は $|(\Phi_i, \Psi)|^2$ を不変に保たなければならない．これを満足するための一つの方法は，対称変換が一般のベクトル Ψ を他のベクトル $U\Psi$ に変えることである．U は線形な演算子で**ユニタリー性**の条件を満足する，すなわち任意の二つのベクトル Φ と Ψ について

$$(U\Phi, U\Psi) = (\Phi, \Psi) \qquad (3.4.2)$$

が成り立つ. 演算子 U の共役の定義が

$$(U\Phi, U\Psi) = (\Phi, U^\dagger U\Psi)$$

であることに注意すると, ユニタリー性の条件は演算子の
関係

$$U^\dagger U = 1 \qquad (3.4.3)$$

で表される.

　ここで, 回転や平行移動のように逆変換をもつ対称変
換に話を限ろう. 逆変換とは変換を元に戻す変換である.
(例えば, ある軸についての角度 θ の回転の場合, 同じ軸
について $-\theta$ 回転するのが逆の変換である.) 対称変換が
任意の Ψ から $U\Psi$ への線形変換で表されるとすると, そ
の逆変換は $U\Psi$ を Ψ に変換する演算子 U^{-1} で表される.
そうすると

$$U^{-1}U = 1 \qquad (3.4.4)$$

となる. U^{-1} を U の左逆演算子と呼ぶ. 同じことは U^{-1}
自身についても正しいから, 左逆演算子 $(U^{-1})^{-1}$ が存在
し, $(U^{-1})^{-1}U^{-1} = 1$ が成り立つ. この式に右から U を
かけ, 式 (3.4.4) を使うと

$$(U^{-1})^{-1} = U \qquad (3.4.5)$$

となる. そこで式 U^{-1} に (3.4.5) を左からかけると

$$UU^{-1} = 1 \qquad (3.4.6)$$

となる. すなわち U の左逆演算子 U^{-1} を U に右から
かけても 1 になる. U^{-1} は U の右逆演算子でもある.
(3.4.3) 式に右から U^{-1} をかけるとユニタリー演算子

の逆はその共役であることがわかる. すなわち,

$$U^\dagger = U^{-1} \tag{3.4.7}$$

である.

ところで, これは対称変換が物理的状態に作用する唯一
の方法であろうか. 量子力学の対称性原理の数学的条件を
定式化しようとすると, 私たちは直ちに困難に直面する.
3.1節で論じたように, 量子力学では物理的な状態はヒル
ベルト空間の中の特定の個々の規格化ベクトルで表される
のではなくて, 射線で表される. すなわち, 規格化状態ベ
クトルの組がお互いに位相因子 (絶対値 1 の数) だけ違
っていても同じだと見なす. 私たちは単に「対称変換はヒ
ルベルト空間の任意のベクトルを他の決まったベクトルに
変換するものだ」と言うわけにはいかない. 私たちに言え
るのは, 対称変換は射線を射線に移すということだけであ
る. すなわち対称変換は, 与えられた物理的状態を表す,
位相因子の分だけお互いに異なる規格化された状態ベクト
ルの組に作用して, 他の物理的状態を表す, お互いに位相
因子だけ異なる規格化状態ベクトルの組に変換するという
ことである. 対称性を表すには, そのような射線の変換に
よって遷移確率が保存されねばならない. すなわち Ψ と
Φ が二つの異なる物理的状態を表す射線に属する状態ベ
クトルであるとして, 対称変換がこれら二つの射線を状態
ベクトル Ψ' と Φ' を含む射線に変換するとき

$$|(\Phi', \Psi')|^2 = |(\Phi, \Psi)|^2 \tag{3.4.8}$$

でなければならない. これは射線についての条件であるこ

とに注意しよう．この式が与えられた組の状態ベクトルについて成り立っているなら，第一の組と任意の位相だけ異なる他のどんな状態ベクトルの組についても成り立っている．

　ユージーン・ウィーグナー[1]（1902-95）による基本定理では，あらゆる Ψ と Φ について上記の条件が満足されるためにはただ二つの方法しかないことが示される．一つはすでに議論したように，任意の状態ベクトル Ψ に対称変換をほどこした結果が，条件（3.4.2）を満たす線形かつユニタリーな演算子 U による変換 $\Psi \to U\Psi$ となるように位相変換を選べる場合である．他方の可能性は，U が反線形かつ反ユニタリーとなる場合である．その意味は

$$U(\alpha\Psi + \alpha'\Psi') = \alpha^* U\Psi + \alpha'^* U\Psi' \qquad (3.4.9)$$

および

$$(U\Phi, U\Psi) = (\Phi, \Psi)^* \qquad (3.4.10)$$

である．（反ユニタリー演算子は線形にはなり得ないことに注意しよう．なぜならもし線形なら $\alpha(U\Phi, U\Psi) = (U\Phi, U\alpha\Psi) = (\Phi, \alpha\Psi)^* = \alpha^*(U\Phi, U\Psi)$ となり，これは α が複素数であれば成り立たないからである．）反ユニタリーな演算子については共役の定義は

$$(U^\dagger\Phi, \Psi) = (\Phi, U\Psi)^*$$

と変更される．そうすれば式（3.4.3）はユニタリー演算子でも反ユニタリー演算子でも成り立つ．後に 3.6 節で見るように，反ユニタリー演算子によって表される対称性は時間の流れの向きを変える際に必要になる．以下では，

主として線形ユニタリー演算子で表される対称性を考える.

　演算子 **1** は, 状態ベクトルを変えないという自明の対称性を表す. もちろんユニタリーで線形である. U_1 と U_2 が共に対称変換を表すなら $U_1 U_2$ も対称変換である. この性質と, 逆および自明な対称性 **1** の存在は, これらのあらゆる対称変換を表す演算子全体の集合が**群**を形成することを意味する.

　線形ユニタリー演算子で表される対称性の中には, **1** にいくらでも近い U がとれるような特別の種類のものがある. そのような対称 U 演算子は次のような便利な形に書くことができる.

$$U_\epsilon = \mathbf{1} + i\epsilon T + O(\epsilon^2). \qquad (3.4.11)$$

ここで ϵ は任意の無限小の実数であり, T は ϵ に依存しない演算子である. ユニタリー性の条件は

$$(\mathbf{1} - i\epsilon T^\dagger + O(\epsilon^2))(\mathbf{1} + i\epsilon T + O(\epsilon^2)) = 1$$

となり, ϵ の 1 次で

$$T = T^\dagger \qquad (3.4.12)$$

となる. こうして無限小の対称性の存在するときにはエルミート演算子が自然に出てくる. ここで $\epsilon = \theta/N$ ととる (θ はある有限な, N と独立なパラメーターである). さらに対称変換を N 回行い, N を無限大にすると, 次の演算子で表される変換が得られる.

$$[\mathbf{1} + i\theta T/N]^N \rightarrow \exp(i\theta T) = U(\theta). \qquad (3.4.13)$$

(これがエルミート演算子 T について正しいことを理解す

るためには，上式の両辺を T の任意の固有ベクトルに作
用させるとよい．そのとき T はその固有値で置き換えら
れて，両辺が等しいことがわかる．これらの固有ベクトル
は完全な組であるから，これで上式が一般に正しいことが
わかった．）式（3.4.11）の中に現れる演算子 T は対称
性の**生成子**と呼ばれる．後に見るようにすべてではないか
も知れないが，**多くの量子力学の観測可能量を表す演算子
は対称性の生成子である**．例えば，全運動量は空間座標の
並進の生成子であり（3.5 節），ハミルトニアンは時間の
並進の生成子であり（3.6 節），全角運動量は空間の回転
の生成子である（4.1 節）．

　$\Psi \mapsto U\Psi$ の下で任意の観測可能量 A の期待値は次の対
称変換を受ける．

$$(\Psi, A\Psi) \mapsto (U\Psi, AU\Psi) = (\Psi, U^{-1}AU\Psi). \qquad (3.4.14)$$

したがって観測可能量が

$$A \mapsto U^{-1}AU \qquad (3.4.15)$$

と変換されるとすれば，観測可能量の期待値（または行列
要素）の変換性がわかる．この型の変換は**相似変換**と呼ば
れる．ここで相似変換は代数的な関係

$$U^{-1}AU \times U^{-1}BU = U^{-1}(AB)U,$$
$$U^{-1}AU + U^{-1}BU = U^{-1}(A+B)U$$

を保つことに注意しよう．また相似変換は演算子の固有値
を変えない．もし Ψ が A の固有ベクトルで固有値が a だ
とすると，$U^{-1}\Psi$ は $U^{-1}AU$ の固有ベクトルであって固
有値は変わらない．U が式（3.4.11）の形をとり ϵ が無

限小である場合には，任意の演算子 A は変換されて

$$A \mapsto A - i\epsilon[T, A] + O(\epsilon^2) \qquad (3.4.16)$$

となる．こうして任意の演算子に対する無限小の対称変換
の効果は対称性の生成子と演算子の交換関係で表される．
これは殊に演算子 A 自身が対称性の生成子である場合に
も正しい．後に示すいくつかの例で見るように，その場
合，交換関係は対称群の性質を反映している．

原　注

(1) E. P. Wigner, *Ann. Math.* **40** 149（1939）．証明の中で
ぬけている段階は S. Weinberg, *The Quantum Theory of
Fields*, vol. 1（Cambridge University Press, Cambridge,
1995），pp. 91-96 の中に与えてある．

3.5　空間の並進

　物理学で非常に重要な対称変換の例として，空間の並進
の下での対称性を考えよう．「自然法則は空間的な座標系
の原点をずらしても変更を受けてはならない」という対称
性である．このとき任意の粒子の座標 $\mathbf{X}_n$（n は個々の粒
子の名前を表す）は $\mathbf{X}_n + \mathbf{a}$ と変換される．$\mathbf{a}$ は任意の 3
元ベクトルである．そうすると

$$U^{-1}(\mathbf{a})\mathbf{X}_n U(\mathbf{a}) = \mathbf{X}_n + \mathbf{a} \qquad (3.5.1)$$

を満足するユニタリー演算子 $U(\mathbf{a})$ が存在することにな
る[1]．特に $\mathbf{a}$ が無限小である場合には U は式（3.4.11）
の形をとらなければならない．ここでは T の代わりに，
エルミート 3 元ベクトル演算子 $-\mathbf{P}/\hbar$ と書こう．すなわ

ち，

$$U(\mathbf{a}) = 1 - i\mathbf{P}\cdot\mathbf{a}/\hbar + O(\mathbf{a}^2). \qquad (3.5.2)$$

すると条件 (3.5.1) は，任意の無限小の3元ベクトル $\mathbf{a}$
について

$$i[\mathbf{P}\cdot\mathbf{a}, \mathbf{X}_n]/\hbar = \mathbf{a}$$

であるから

$$[X_{ni}, P_j] = i\hbar\delta_{ij} \qquad (3.5.3)$$

でなければならない．このお馴染みの交換関係に $\hbar$ が存
在するのは，空間並進の生成子を，自然単位系での長さの
逆数の次元ではなく，質量と速度の積の次元をもつ量とし
て表す習慣のためである．式 (3.5.2) を単に運動量の定
義とすることもできる．この対称性の生成子が古典力学で
の運動量と同じかどうかは実験にまかせる．

　ここで導入した演算子 $\mathbf{P}$ はどの粒子の位置ベクトルと
も同じ交換関係 (3.5.3) を満たすことに注意しよう．し
たがって $\mathbf{P}$ は任意の系の全運動量だと解釈されねばなら
ない．n と名付けられた複数個の異なる粒子を含む系で
は，全運動量は普通

$$\mathbf{P} = \sum_n \mathbf{P}_n \qquad (3.5.4)$$

の形をとる．ここで演算子 $\mathbf{P}_n$ は n 番目の粒子にだけ作
用する．したがって

$$n \neq m \text{ のとき } [\mathbf{P}_n, \mathbf{X}_m] = 0 \qquad (3.5.5)$$

である．式 (3.5.3) と合わせて

$$[X_{ni}, P_{mj}] = i\hbar\delta_{ij}\delta_{nm} \qquad (3.5.6)$$

となる. もちろん, 個々の運動量演算子 $\mathbf{P}_n$ は自然のいか
なる対称性の生成子でもない.

　$\mathbf{a}$ だけの並進のあとに $\mathbf{b}$ だけの並進をするのと, $\mathbf{b}$ だ
けの並進のあとに $\mathbf{a}$ だけの並進をするのとはまったく同
じ変化を座標に与えるから

$$U(\mathbf{b})U(\mathbf{a}) = U(\mathbf{a})U(\mathbf{b})$$

が成り立つ. この式の $a_i b_j$ に比例する項を比較すると運
動量の成分同士は可換であることがわかる.

$$[P_i, P_j] = 0. \tag{3.5.7}$$

これらが可換であるから, 運動量の3成分のすべてに共
通の固有ベクトルの完全な組を見出すことができ, 式
(3.4.13) を導くのに使った同じ議論によって, 有限の並
進について

$$U(\mathbf{a}) = \exp(-i\mathbf{P}\cdot\mathbf{a}/\hbar) \tag{3.5.8}$$

となる.

　これは変換群の構造から交換関係を導く非常に簡単な例
である. いつもこのように容易なわけではない. 異なる軸
のまわりの二つの回転を行った結果はどちらの回転が先に
実行されたかによって異なるから, 次章で見るように回転
の生成子, 角運動量ベクトルはお互いに可換ではない.

　Φ_0 が, 原点という決まった位置にある1粒子状態であ
る（すなわち位置ベクトル $\mathbf{X}$ の固有値0の固有状態であ
る）とすると, 式 (3.5.1) により, 決まった位置 $\mathbf{x}$ をも
つ状態を次のように作ることができる.

$$\Phi_{\mathbf{x}} \equiv U(\mathbf{x})\Phi_0. \tag{3.5.9}$$

そうすれば

$$\mathbf{X}\Phi_{\mathbf{x}} = \mathbf{x}\Phi_{\mathbf{x}} \tag{3.5.10}$$

である[3]. 式 (3.5.6) から

$$P_j\Phi_{\mathbf{x}} = -i\hbar\frac{\partial}{\partial x_j}\Phi_{\mathbf{x}} \tag{3.5.11}$$

とわかるので, この状態と運動量が決まった値をもつ状態 $\Psi_{\mathbf{p}}$ とのスカラー積は

$$(\Psi_{\mathbf{p}}, \Phi_{\mathbf{x}}) = \exp(-i\mathbf{p}\cdot\mathbf{x}/\hbar)(\Psi_{\mathbf{p}}, \Phi_0)$$

となる.

この状態は

$$(\Psi_{\mathbf{p}}, \Phi_{\mathbf{x}}) = (2\pi\hbar)^{-3/2}\exp(-i\mathbf{p}\cdot\mathbf{x}/\hbar)$$

と規格化するのが便利である. この式の複素共役は, 運動量の値の確定した粒子の座標空間での波動関数を表す通常の平面波の式

$$\psi_{\mathbf{p}}(\mathbf{x}) \equiv (\Phi_{\mathbf{x}}, \Psi_{\mathbf{p}}) = (2\pi\hbar)^{-3/2}\exp(i\mathbf{p}\cdot\mathbf{x}/\hbar) \tag{3.5.12}$$

を与える. この規格化は, 状態 $\Phi_{\mathbf{x}}$ が連続状態の規格化の通常の条件

$$(\Phi_{\mathbf{x}'}, \Phi_{\mathbf{x}}) = \delta^3(\mathbf{x} - \mathbf{x}')$$

が成り立つなら, 状態 $\Psi_{\mathbf{p}}$ も同じであるという利点がある. すなわちこれらの状態のスカラー積

---

[3] $U^{-1}(\mathbf{x})\mathbf{X}U(\mathbf{x}) = \mathbf{X} + \mathbf{x}$, $\mathbf{X}U(\mathbf{x}) = U(\mathbf{x})(\mathbf{X} + \mathbf{x})$ なので,
$\mathbf{X}U(\mathbf{x})\Phi_0 = U(\mathbf{x})(\mathbf{X} + \mathbf{x})\Phi_0 = U(\mathbf{x})\mathbf{x}\Phi_0 = \mathbf{x}U(\mathbf{x})\Phi_0$.

$$(\Psi_{\mathbf{p}'}, \Psi_{\mathbf{p}}) = \int d^3x\, \psi_{\mathbf{p}'}^*(\mathbf{x}) \psi_{\mathbf{p}}(\mathbf{x})$$

$$= \int d^3x\, (2\pi\hbar)^{-3} \exp(i(\mathbf{p}-\mathbf{p}')\cdot\mathbf{x}/\hbar)$$

となる．ここでこの積分はデルタ関数の表現（3.2.21）
の各々の座標の方向についての積であることに気づく
（$k_i = p_i/\hbar$）．したがって

$$(\Psi_{\mathbf{p}'}, \Psi_{\mathbf{p}}) = \delta^3(\mathbf{p}-\mathbf{p}'). \qquad (3.5.13)$$

これは式（3.2.14）で要求されていた通りの条件である．

* * * * *

　外的な環境によっては，ハミルトニアンはあらゆる並進
について不変ではなく，その並進群の部分群についてだけ
不変だということがある．3次元の結晶では，ハミルトニ
アンは空間並進

$$\mathbf{x} \mapsto \mathbf{x}+\mathbf{L}_r, \quad r = 1, 2, 3 \qquad (3.5.14)$$

および任意のその組み合わせの下で不変である．$\mathbf{L}_r$ は三
つの独立なベクトルで任意の原子を同一の結晶の環境の隣
の原子に移す．（$\mathbf{L}_r$ は三つの独立なベクトルであって，一
つのベクドルの三つの成分ではないのはもちろんである．）
例えば食塩のような立方格子では三つの $\mathbf{L}_r$ は同じ長さの
直交ベクトルであるが，一般には直交ベクトルでなくても
よいし，同じ長さでなくてもよい．

　この対称性のために，$\psi(\mathbf{x})$ が結晶の中の電子の，時間
によらないシュレーディンガー方程式の解だとすると

$\psi(\mathbf{x}+\mathbf{L}_r)$（ただし $r=1,2,3$）の各々もまた同じエネルギーの解である．縮退がないと仮定すると[2]，$\psi(\mathbf{x}+\mathbf{L}_r)$ は $\psi(\mathbf{x})$ に単に比例することになる．比例係数は波動関数の規格化のために位相因子である．すなわち

$$\psi(\mathbf{x}+\mathbf{L}_r) = e^{i\theta_r}\psi(\mathbf{x}). \qquad (3.5.15)$$

ここで θ_r は三つの実の角度である．群論の言葉では波動関数は，（3.5.14）で示される三つの基本的な並進のすべての組み合わせからなる並進群の 1 次元の表現を与える．θ_r の各々を

$$0 \leq \theta_r < 2\pi, \quad r=1,2,3 \qquad (3.5.16)$$

と制限しても一般性を失わない．

　波動ベクトル $\mathbf{q}$ を三つの条件

$$\mathbf{q} \cdot \mathbf{L}_r = \theta_r, \quad r=1,2,3 \qquad (3.5.17)$$

で定義する．立方格子という特別な例では，これは直ちに $\mathbf{q}$ の直交座標系での成分を与える．より一般的には以上の三つの方程式を解いて $\mathbf{q}$ の三つの成分を見つける必要がある．いずれにせよ，式（3.5.15）と式（3.5.17）より関数 $e^{-i\mathbf{q}\cdot\mathbf{x}}\psi(\mathbf{x})$ は周期的であり，指数関数の変化から生じる因子が式（3.5.15）に現れる因子 $e^{i\theta_r}$ を打ち消すことがわかる．したがって

$$\psi(\mathbf{x}) = e^{i\mathbf{q}\cdot\mathbf{x}}\varphi(\mathbf{x}) \qquad (3.5.18)$$

と書いてよい．ここで $\varphi(\mathbf{x})$ は次の意味で周期的である．

$$\varphi(\mathbf{x}+\mathbf{L}_r) = \varphi(\mathbf{x}), \quad r=1,2,3 \qquad (3.5.19)$$

シュレーディンガー方程式のこのような解はブロッホ波[3]と言われる．

$\psi(\mathbf{x})$ が

$$H(\boldsymbol{\nabla}, \mathbf{x})\psi(\mathbf{x}) = E\psi(\mathbf{x}) \qquad (3.5.20)$$

の形のシュレーディンガー方程式を満足するなら $\varphi(\mathbf{x})$ は $\mathbf{q}$ に依存する方程式

$$H(\boldsymbol{\nabla} + i\mathbf{q}, \mathbf{x})\varphi(\mathbf{x}) = E\varphi(\mathbf{x}) \qquad (3.5.21)$$

を満足する. 周期的境界条件を課した箱の中の自由な粒子の場合のように, 周期条件 (3.5.19) は微分方程式 (3.5.21) の中に現れる各々の $\mathbf{q}$ に対応する固有値のスペクトルを離散的な集合 $E_n(\mathbf{q})$ にする. もちろん $\mathbf{q}$ は連続変数であるが, 式 (3.5.16) と (3.5.17) によると, それは

$$|\mathbf{q} \cdot \mathbf{L}_r| < 2\pi, \quad r = 1, 2, 3 \qquad (3.5.22)$$

で定義される有限な範囲で変動する[4]. したがって各々の n についてエネルギー $E_n(\mathbf{q})$ は有限な帯（バンド）を占める. 4.5 節で簡単に説明するが, 固体結晶の性質の多くはこれらのバンドの占有率によって説明できる.

原　注

(1) そのようなユニタリー演算子にその性質を表す名前をわざわざつけることはしないでおく. これはユニタリー演算子の性質で示されるものとする.

(2) 結論 (3.5.15) は縮退のある場合でも成り立つが, 議論の中で少し余計な説明が必要である. 縮退が N 重の場合は式 (3.5.15) の中の三つの $e^{i\theta_r}$ は三つの $N \times N$ ユニタリー行列に変わる. 並進はお互いに可換であるから, これらのユニタリー行列はお互いに可換であり, したがってユニタリー行列が対角的であるように N 重の縮退した波動関数の基底を選ぶことができる. すなわち, それら

は主要な対角成分として位相因子 $e^{i\theta_{r\nu}}$ $(\nu = 1, 2, \cdots, N)$ をもち，
その他は 0 である．この基底で式（3.5.15）は ν 番目の波動関数
に対して $\theta_{r\nu}$ を θ_r に代えて適用すればよい．

(3) F. Bloch, *Z. Physik* **52**, 555 (1928).

(4) これは第一ブリルアン域（ブリルアン・ゾーン）と言われ
る．L. Brillouin, *Comptes Rendus* **191**, 292 (1930). 式
（3.5.15）の中の角度 θ_r として式（3.5.16）の他の定義を採用
してベクトル **q** は第二，第三，等のブリルアン域という有限の領
域にいさせることもできる．しかしこれは周期関数 $\varphi(\mathbf{x})$ の定義を
変更するだけであり，物理的な結果は何も変わらない．

3.6　時間並進と時間反転

　自然界の基本的対称性の一つは時間並進の不変性——自
然法則はわれわれの時計の設定に依存しないことである．
例えば物理的な状態ベクトル $\Psi(t)$ がどのような時間依存
性に従おうとも，任意の量 τ だけ時間を進めた結果であ
る $\Psi(t+\tau)$ は物理的に等価であり，したがって何らかの
線形ユニタリー演算子 $U(\tau)$ があって時間 t での系の状態
は

$$U(\tau)\Psi(t) = \Psi(t+\tau) \qquad (3.6.1)$$

に変換される．τ は連続的な変数であるから，$U(\tau)$ を式
（3.4.13）のように表すことができる．時間並進の場合に
は式（3.4.13）の中の一般的なエルミート演算子 T の代
わりに，エルミート演算子 $-H/\hbar$ を導入する．すると

$$U(\tau) = \exp(-iH\tau/\hbar) \qquad (3.6.2)$$

となる．これをハミルトニアン H の定義とすることがで
きる．

式 (3.6.1) の中で $t = 0$ とし，τ を t で置き換えると，物理的な状態ベクトルの時間依存性は

$$\Psi(t) = \exp(-iHt/\hbar)\Psi(0) \qquad (3.6.3)$$

となる．線形ユニタリー演算子で表される任意の対称変換のように，これはスカラー積を不変にする．

$$(\Phi(t), \Psi(t)) = (\Phi(0), \Psi(0)) \qquad (3.6.4)$$

式 (3.6.3) から状態ベクトルの時間依存性に関わる微分方程式

$$i\hbar\dot{\Psi}(t) = H\Psi(t) \qquad (3.6.5)$$

は容易に導出できる．これが時間に依存するシュレーディンガー方程式を一般的に導く方法である．

この定式化は，時間依存性を物理的状態（したがって波動関数）に負わせていて，**シュレーディンガー描像**と言われる．これとまったく等価な定式化がある．ある固定した時点，例えば $t = 0$ での状態を記述し，状態ベクトルは固定しておく．その代わり時間依存性は観測可能量を表す演算子に負わせる．期待値の時間依存性が両方の描像で一致するためには，ハイゼンベルク描像での演算子を

$$A_H(t) = \exp(+iHt/\hbar)A\exp(-iHt/\hbar) \qquad (3.6.6)$$

と定義しなければならない．H は自分自身と可換だから

$$\exp(+iHt/\hbar)H\exp(-iHt/\hbar) = H$$

となることに注意しよう．したがってハミルトニアンはハイゼンベルク描像とシュレーディンガー描像で同じである．ハイゼンベルク描像では，任意の演算子の時間依存性は，もし A が時間を陽には含まないとすれば

$$\dot{A}_H(t) = i[H, A_H(t)]/\hbar \qquad (3.6.7)$$

で与えられる．このように，ハミルトニアンはほとんどの
物理量の時間依存性を決定する．ハミルトニアンと可換で
陽に時間を含まない任意の演算子 A は**保存される**．その
意味は，$\dot{A}_H(t) = 0$，すなわち，この観測可能量の期待値
はハイゼンベルク描像とシュレーディンガー描像のどちら
を使うかにかかわりなく，時間に依存しないということで
ある．

　物理学の理論がいろいろな保存力を必要とする理由を
対称性原理は自然な形で与えてくれる．ある観測者が式
（3.6.3）に従って時間発展するある状態 $\Psi(t)$ を見ている
とする．そのとき，自然法則が変わらない別の視点に立つ
別の観測者は，同じ方程式

$$U\Psi(t) = \exp(-iHt/\hbar)U\Psi(0) \qquad (3.6.8)$$

に従って時間変化する状態 $U\Psi(t)$ を見ることになる．ど
のような状態 Ψ に対してもこの式が式（3.6.3）と両立
するためには

$$\exp(-iHt/\hbar)U = U\exp(-iHt/\hbar) \qquad (3.6.9)$$

でなければならない．したがって U が線形演算子である
限り，

$$U^{-1}HU = H \qquad (3.6.10)$$

すなわちハミルトニアンは対称変換の下で不変でなければ
ならない．式（3.4.11）で与えられる，U の無限小対称
変換 T については，

$$[H, T] = 0 \qquad (3.6.11)$$

となる．したがってハミルトニアンのもつ対称性の生成子
が表す観測可能量はハミルトニアンと可換である．運動量
とエネルギーの保存則は空間と時間の並進の下の不変性の
おかげなのである．

　上の議論は U が反線形の場合には成り立たないことに
注意しよう．反線形の場合，式（3.6.9）の中の指数に i
があるために，式（3.6.10）の代わりに $U^{-1}HU = -H$
となる．これはハミルトニアンの，エネルギー E の固有
状態 Φ のどれに対しても，エネルギー $-E$ の別の固有
状態 $U\Phi$ のあることを意味する．これは明らかに観測お
よび物質の安定性と矛盾する[1]．反線形演算子で表され
る対称性についてのこの結論を避ける唯一の道は，式
（3.6.8）の代わりに，そのような対称性は時間の向きを
逆転すると考えることである．

$$U\Psi(t) = \exp(iHt/\hbar)U\Psi(0) \qquad (3.6.12)$$

そうすると式（3.6.3）と矛盾しないようにするには，
（3.6.9）ではなく

$$\exp(iHt/\hbar)U = U \exp(-iHt/\hbar) \qquad (3.6.13)$$

が必要となる．U が反線形であることと合わせて，これ
からも U が H と可換だということが導かれ，負のエネル
ギーという災難が避けられる．したがって反線形演算子で
表される対称性は可能ではあるが，それらの対称性は時間
の向きの逆転（時間反転）を含む必要がある．

　自然は，他のものを一切変えないまま $t \to -t$ とする変
換の下での対称性を守っていると考えられてきた．4.7 節

で議論するように，現在はこの対称性は弱い相互作用では
破れていることがわかっているが，それでも良い近似で成
り立っている．散乱過程での時間反転対称性の応用は 8.9
節で記述する．時間と空間の向きを両方とも逆転させ，物
質と反物質を交換するという対称性もある．これはあらゆ
る相互作用についての厳密に成り立つ対称性だと信じられ
ている．これはさらに 4.7 節で議論する．

すべての対称性がハミルトニアンと可換な演算子で表さ
れるとは限らない．この違うタイプの対称性の代表はガリ
レイ変換の下での不変性である．ガリレイ変換とは，空間
座標 $\mathbf{x}$ を $\mathbf{x} + \mathbf{v}t$ に変え（ただし $\mathbf{v}$ は一定の速度），時間
座標は変更しない変換である．量子力学ではこの変換は次
のようなユニタリー演算子 $U(\mathbf{v})$ が存在することを意味す
る．すなわち

$$U^{-1}(\mathbf{v}) \mathbf{X}_H(t) U(\mathbf{v}) = \mathbf{X}_H(t) + \mathbf{v}t. \qquad (3.6.14)$$

ここで $\mathbf{X}_H(t)$ はハイゼンベルク描像の演算子で任意の
粒子の空間座標を表す．式（3.6.14）の時間微分をとり，
式（3.6.7）を使うと

$$iU^{-1}(\mathbf{v})[H, \mathbf{X}_H(t)]U(\mathbf{v}) = i[H, \mathbf{X}_H(t)] + \hbar\mathbf{v}$$

したがって，$t = 0$ とおくと，

$$i[U^{-1}(\mathbf{v})HU(\mathbf{v}), U^{-1}(\mathbf{v})\mathbf{X}U(\mathbf{v})] = i[H, \mathbf{X}] + \hbar\mathbf{v}.$$

$t = 0$ のとき式（3.6.14）は $U(\mathbf{v})$ がシュレーディンガー
描像の演算子 $\mathbf{X}$ と可換であることを示している．したが
って

$$i[U^{-1}(\mathbf{v})HU(\mathbf{v}), \mathbf{X}] = i[H, \mathbf{X}] + \hbar\mathbf{v}. \qquad (3.6.15)$$

これから

$$U^{-1}(\mathbf{v})HU(\mathbf{v}) = H + \mathbf{P}\cdot\mathbf{v} \qquad (3.6.16)$$

が必要となる. $\mathbf{P}$ はすべての粒子の座標と, お馴染みの
交換関係 $[X_i, P_j] = i\hbar\delta_{ij}$ を満足する演算子である——す
なわち $\mathbf{P}$ は全運動量ベクトルである.

$\mathbf{v}$ が無限小の場合には

$$U(\mathbf{v}) = 1 - i\mathbf{v}\cdot\mathbf{K} + O(\mathbf{v}^2) \qquad (3.6.17)$$

と書くことができる. $\mathbf{K}$ はあるエルミート演算子でブー
スト生成子と言う. 変換 (3.6.14) は加法的であるから,
$U(\mathbf{v})U(\mathbf{v}') = U(\mathbf{v}+\mathbf{v}')$ であり, したがって

$$[K_i, K_j] = 0 \qquad (3.6.18)$$

である. また, 式 (3.6.16) で $\mathbf{v}$ を無限小とすると

$$[\mathbf{K}, H] = -i\mathbf{P} \qquad (3.6.19)$$

となる. $\mathbf{K}$ の固有値をエネルギーの決まった物理的状態
の分類に使わないのは, それがハミルトニアンと可換でな
いからである. ブースト生成子は対称変換の生成子がハミ
ルトニアンと可換だという一般則の例外である. この例外
が生じたのは $\mathbf{K}$ の関係する対称変換 (3.6.14) が時間に
陽に依存するからである.

　式 (3.6.14) は任意の粒子 (ここでは個々の粒子を下
付きの添え字 n で示す) の座標 $\mathbf{X}_n$ に適用されるので,
その時間微分をとり, 粒子の質量 m_n をかけると

$$U^{-1}(\mathbf{v})\mathbf{P}_{nH}(t)U(\mathbf{v}) = \mathbf{P}_{nH}(t) + m_n\mathbf{v} \qquad (3.6.20)$$

となる. ここで $\mathbf{P}_{nH} \equiv m_n\dot{\mathbf{X}}_{nH}$ は n 番目の粒子のハイゼ
ンベルク描像での運動量である. $t = 0$ とし, 無限小のガ

リレイ変換（3.6.17）という特別の場合を考えると，これから

$$[K_i, P_{nj}] = -im_n\delta_{ij} \qquad (3.6.21)$$

となる．このとき，もしポテンシャル V が粒子の座標ベクトルの差にしか依存しないとすると，多粒子系の通常のハミルトニアン

$$H = \sum_n \frac{\mathbf{P}_n^2}{2m_n} + V \qquad (3.6.22)$$

によって（3.6.19）が満たされる．実際，対称性が基本だという観点からは，ガリレイ変換不変性こそが非相対論的な粒子のハミルトニアンがこの形をとる理由である．

　演算子 $\mathbf{K}, H$ および全運動量 $\mathbf{P} = \sum_n \mathbf{P}_n$ は閉じたリー環（リー代数）を作ることに注意しよう．その生成子の交換関係は，それらの生成子自身の線形結合になる．しかしここには複雑な点がある．K_i と P_i の交換関係は全質量 $\sum_n m_n$ に比例する．この全質量のように，考えている交換関係の集合の中に現れる量で，それらの交換関係に関わるすべての演算子と可換なものを，**中心核**（central charge）と言う．ガリレイ不変性ではなくローレンツ不変性に従う理論でも，同様に全運動量 $\mathbf{P}$，ハミルトニアン H，ブースト生成子 $\mathbf{K}$ から対称変換が生成されるが，交換関係は異なる．$\mathbf{K}$ と $\mathbf{P}$ の交換関係は全質量ではなく H に比例し，中心核は存在しない．$[K_i, K_j]$ は 0 ではなく，全角運動量の演算子に比例する．

＊　＊　＊　＊　＊

　密度行列の時間依存性がわかると便利なことがある．時刻 $t=0$ に系が独立な規格化された（必ずしも互いに直交していなくてもよい）状態ベクトル Ψ_n で表される状態にある確率が P_n であるとしよう． P_n は $\sum_n P_n = 1$ を満たす正の数である．すると 3.3 節で議論した通り， $t=0$ での密度行列は

$$\rho(0) = \sum_n P_n [\Psi_n \Psi_n^\dagger] \tag{3.6.23}$$

である．後の時刻 t では状態ベクトル Ψ_n は $\exp(-iHt/\hbar)\Psi_n$ になり，密度行列は

$$\rho(t) = \sum_n P_n \exp(-iHt/\hbar)[\Psi_n \Psi_n^\dagger] \exp(+iHt/\hbar)$$

$$= \exp(-iHt/\hbar)\rho(0)\exp(+iHt/\hbar) \tag{3.6.24}$$

となる．これはユニタリー変換であるから， $\rho(t)$ はエルミートであり， $\rho(0)$ と同じ固有値をもつ．したがって正であり，トレースは 1 になり， $\rho(0)$ と同じフォン・ノイマン・エントロピーをもつ．

原　　注
(1) ディラックが負のエネルギーの解に直面したのは，時間反転対称性の結果ではなくて，自分の相対論的波動方程式の負のエネルギーの解としてであった．ディラックは物質は安定であって，これらの負のエネルギーの解はすべて，またはほとんどすべてが満たされているから物質は安定であると考えた．(P. A. M. Dirac, *Proc.*

Roy. Soc. A**126**, 360（1930）参照）．ディラックの負のエネル
ギーの解釈は支持できない．その理由は 4.6 節で説明する．

3.7　量子力学の解釈

　3.1 節の確率の議論はニールス・ボーアを指導者とした
グループの定式化した，いわゆる量子力学のコペンハーゲ
ン解釈に暗黙のうちに基づいていた[1]．ボーアによれば，
「量子現象の解析の本質的に新しい特徴は……**測定装置と
測定する対象の基本的区別**をもちこんだことである．これ
は，原則として作用の量子性について考慮せず，観測装置
の機能の説明を純粋に古典的な言葉で行う必要性の直接的
な結果である．」[2]

　ボーアの認めた通り，コペンハーゲン解釈では測定は
系の状態を変えるが，その変化の過程そのものは量子力
学では記述できない[3]．このことは〔下記のような〕理
論を解釈するための規則から理解できる．エルミート演
算子 A の表す観測可能量を測るとする．系の初期状態は
規格化された重ね合わせ $\sum_r c_r \Psi_r$ であるとする．Ψ_r は A
の規格化された固有ベクトルで，その固有値は a_r であ
る．この状態は，測定の間に急激に変化して観測量が固有
値のうちのどれか一つの a_r に確定するような状態に変わ
る．a_r になる確率はボルンの規則として知られ，$|c_r|^2$ で
ある．量子力学のこの解釈は，測定の間は量子力学の力学
的な要請から離れていることを意味している．量子力学で

は状態ベクトルの発展は時間に依存するシュレーディンガー方程式で決定論的に記述される。もし時間に依存するシュレーディンガー方程式が測定の過程を記述するなら、過程の詳細にかかわらず、最終結果は確定した純粋状態であって、さまざまな確率で定まる多数の可能な状態となるはずはない。

このことをもっと具体的に見るために、密度行列に測定がどう影響するかを考えよう。さまざまな可能な状態 Ψ_r をとり得る系について、Ψ_r をとる確率が P_r であるとすると、密度行列は

$$\rho = \sum_r \Lambda_r P_r \qquad (3.7.1)$$

となる。ここで $\Lambda_r \equiv [\Psi_r \Psi_r^\dagger]$ は規格化された状態ベクトル Ψ_r への射影演算子である。系が状態 Ψ_r にあるとし、単数または複数のある量を測定する。これらの量は、完全で規格直交化された状態ベクトル Φ_α の組の各 Ψ_r ごとに決まった値をとるとする。するとある一つの状態 Φ_α の特徴を示す値を見出す確率は $|(\Phi_\alpha, \Psi_r)|^2$ である。したがって測定後の密度行列は

$$\rho' = \sum_\alpha \Lambda_\alpha \sum_r P_r |(\Phi_\alpha, \Psi_r)|^2$$

$$= \sum_\alpha \Lambda_\alpha \operatorname{Tr}(\rho \Lambda_\alpha) = \sum_\alpha \Lambda_\alpha \rho \Lambda_\alpha \qquad (3.7.2)$$

である。ここで $\Lambda_\alpha \equiv [\Phi_\alpha \Phi_\alpha^\dagger]$ は状態ベクトル Φ_α への射影演算子である。一方、量子力学では状態ベクトルのお馴染みの決定論的な発展によって、時刻 t に Ψ_r である系は

時刻 t' には $\Psi'_r = \exp(-iH(t'-t)/\hbar)\Psi_r$ となる．したが
って t' での密度行列は

$$\rho' = \sum_r P_r \exp(-iH(t'-t)/\hbar)\Lambda_r \exp(+iH(t'-t)/\hbar)$$

$$= \exp(-iH(t'-t)/\hbar)\rho \exp(+iH(t'-t)/\hbar) \quad (3.7.3)$$

となる．すべての初期密度行列 ρ に対して，最後の密度
行列（3.7.3）が（3.7.2）の形になるようなハミルトニ
アンは存在しない．

　これは明らかに不満足である．量子力学がすべてに適用
できるなら，物理学者の測定装置や物理学者自身にも適用
できなければならない．一方，もし量子力学がすべてに適
用できないなら，どこにその妥当性の境界があるかを知る
必要がある．それはただ大きすぎない系にだけ適用される
のだろうか？　測定が何か自動的な装置で，人間が結果を
読まなければ適用できるのだろうか？　さらに，ボーアに
とって，古典力学は単に量子力学の近似ではなくて，量子
力学の解釈のために必要なもので，この世界の本質的な一
部であった．これを馬鹿げていると斥けたとしても，コペ
ンハーゲン解釈は量子力学の妥当性の境界を超えて**一体何
があるのだろうか**という問いを私たちに残している．

　この謎があるために，何人かの物理学者は量子力学をよ
り満足できる理論に置き換える方法を提案した．一つの可
能性は「隠れた変数」を理論に追加することである．量子
力学で出合う確率は私たちがこの変数について無知である
ことの反映であって，自然に何らかの非決定性のあるため

ではないというのである[4]. もう一つの可能性は逆の方
向に向かうもので, 隠れた変数は考えないが, 状態ベクト
ルの発展を定める方程式がその中にランダムな項を本来含
んでいると考える. そうすると重ね合わせ状態は自発的に
崩れて, 古典物理学でお馴染みのような状態になるが, こ
の変化は原子や光子のようなミクロな系にとっては観測す
るには遅すぎ, 測定装置のようなマクロな系にとっては十
分速く生じる[5]. この節では, 量子力学の力学的な基礎
のいかなる変更も引き起こさない量子力学の解釈に議論を
限定する. すなわち隠れた変数も考えず, 時間に依存する
シュレーディンガー方程式の修正も考えない.

　近年, 測定で実際に起こることについてより明確な描像
が得られるようになった. これはデコヒーレンスの現象に
注意が向けられてきたことによるところが大きい[6]. し
かし私が示そうと思うのは, この説明があっても, 私たち
の量子力学の現在の理解には何か重要な点が欠けているよ
うに見えるということである.

　はじめから明らかなことだが, 測定で最初に要求される
のはシュレーディンガー描像による状態ベクトルの時間発
展である. それによって, 研究対象の系 (それを微視的な
系と呼ぼう. 原理的には小さい必要はない), 例えば原子
の角運動量や放射性の原子核と, 巨視的な装置 (例えば原
子の軌跡を決める検出器や猫) の間の相関が定まる. 微視
的状態のさまざまな状態は n で区別され, 装置の状態は
a で区別されると考える. その結果, 両者の結合された系

の状態は完全直交規格化基底の状態ベクトル Ψ_{na} で表せ
るとしよう（測定装置の状態 a は少なくとも系の状態 n
と同数はなければならないが，それ以上あるかも知れな
い）．装置は $t=0$ で既知の適当な初期状態にあるとして，
それを $a=0$ と名づける．微視的な系は一般に状態の重ね
合わせであって，結合系の初期状態は

$$\Psi(0) = \sum_n c_n \Psi_{n0} \qquad (3.7.4)$$

となる．ここで微視的な系と測定装置の相互作用を始め
る．したがって系は時刻 t で $U\Psi(0)$ に発展する．ここで
U はユニタリー演算子 $U = \exp(-itH/\hbar)$ である．私た
ちは適当なハミルトニアン H を自由に選ぶことができて，
その結果 U が私たちの必要とするどんな形のユニタリー
変換になるようにすることもできると仮定する．理想的
な測定のために必要なのは，n を変えずに基底状態 Ψ_{n0}
が $U\Psi_{n0} = \Psi_{na_n}$ に時間発展することである[7]．a_n は装
置の何らかの決まった状態を表し，微視的な系の状態と
1対1の対応がつくものとする．したがって $n \neq n'$ なら
$a_n \neq a_{n'}$ である．すなわち次のことが必要である[8]．

$$U_{n'a', n0} = \delta_{n'n}\delta_{a'a_n}. \qquad (3.7.5)$$

微視的な系と測定装置が相互作用をした後，結合された
系は状態 $U\Psi(0)$ になり，それは式（3.7.4）と式（3.7.5）
によれば装置の状態の重ね合わせ

$$U\Psi(0) = \sum_n c_n \Psi_{na_n} \qquad (3.7.6)$$

である[9].

これはまだ測定ではない. なぜなら系はまだ純粋状態で, 基底ベクトル Ψ_{n,a_n} の定まった重ね合わせだからである. 系はこれらの状態のどれか一つに, ボルンの規則 $|c_n|^2$ で与えられる確率で何らかの方法で遷移しなければならない.

しかし, これがどうやって起こるかを考える前に, 一つの問題に直面する. 日常的な経験では, 測定によって生まれる状態には厳しい制限がある. 計器のポインターがダイアルの特定の方向にある数を指すのを観察するだろうが, ポインターがいろいろな方向の重ね合わせを指すなどということは実際にはあり得ない. 私たちは測定によって作られる状態を**古典的状態**と呼ぶことにする (これらの状態はズーレック[10]によって「ポインター状態」と命名された). 量子力学自身は古典的状態を一切特別視しない. これまでの議論に関する限り, Ψ_{na} は私たちの好む任意の直交規格化基底である. 解決法にはデコヒーレンスの現象が関わっている. そのことを示すために測定の二つの古典的な例を見よう. それはまた後に, もっと深い問題を取り扱うときの例としても有用である.

第一の例は 1922 年のシュテルン–ゲルラッハの実験である. これは 4.2 節で詳細に (ここで必要とされる以上に詳細に) 考察される. この種の実験では原子のビームは磁場の中に送り込まれる. 磁場は一様な項 (方向を仮に z 方向としよう) とそれより弱い一様でない項 (原子の角運

動量の z 成分 J_z に応じて原子の軌道を異なったものにする）とから成る．原子が最初にさまざまな固有値をもつ J_z の固有状態の線形結合である状態にあったとすると，原子がさまざまな軌道をたどる項の重ね合わせに発展する．そうだとすると，私たちが常に J_z の一つの決まった値に対応する一つの軌道に原子を見るのはなぜだろうか？

　答えはデコヒーレンスの現象に関係がある．デコヒーレンスが起こるのは，実際の巨視的装置はどれも外的な環境からの小さな摂動を受けるからである．絶対零度より高いどんな温度にも存在する，黒体輻射の光子からの影響だけでも十分である[11]．ヨースとゼー[12]は，電子が古典的には二つの可能な軌道のどちらか一つをとるような実験を考え，室温での輻射が 1 秒でたった 1 ミリメートルしか離れてない軌跡の状態ベクトルにランダム（乱雑）な位相を発生させる過程を示した．これらの摂動は正常な場合，一つの古典的状態を別の古典的状態に変えることはできない．例えば低温の黒体輻射の光子に晒されても，粒子がシュテルン－ゲルラッハの実験でまったく異なった軌跡に切り替わることはない．だから大きな基底ベクトル Ψ_{na} をシュテルン－ゲルラッハの実験の場合のように，粒子が決まった J_z をもち，決まった軌跡をたどるような古典的状態に選ぶと，デコヒーレンスの効果は式（3.7.6）を

$$\sum_n \exp(i\varphi_n)c_n\Psi_{na_n} \tag{3.7.7}$$

に変えるだけである．φ_n はランダムに揺らいでいる位相

である[13]．その結果，期待値を計算すると，この重ね合わせに含まれる異なる項の間の干渉は平均をとるとゼロになってしまい，任意のエルミート演算子 A（必ずしも Ψ_{na_n} がその固有状態とは限らない）を観測したときの期待値は

$$\overline{\langle A \rangle} = \sum_n |c_n|^2 (\Psi_{na_n}, A\Psi_{na_n}) \qquad (3.7.8)$$

となる．期待値の上の横棒は，それが位相 φ_n についての平均であることを示す．これは普通，考察中の系と装置が状態 Ψ_{na_n} にある確率が $|c_n|^2$ であることを意味すると解釈されるが，下に議論するように，この解釈はとても明晰といえたものではない．

次の例はもっと人気がある．量子力学の中の測定に関するこの例は 1935 年にシュレーディンガーによって提供された[14]．一匹の猫が放射性原子核と共に密室に閉じ込められている．原子核の崩壊を検出できるガイガー管（カウンター）と，ガイガー管が原子核の崩壊を記録すると同時に開放される猛毒の容器（カプセル）も入っている．半減期の後，結合系の状態ベクトルは同じ大きさの二つの項の重ね合わせである．第一の項では原子核はまだ崩壊していないので猫はまだ生きている．第二の項では崩壊が起こって猫は毒殺されている．ちょっと猫を見るだけで状態は摂動を受けるが，死んだ猫を生きている猫に変えることも，その逆もできない．しかしこの摂動は，猫の生死が確定している古典的状態の**位相**を敏速に変えることができ，実際

に変える．この敏速でランダムな位相変化はほとんど瞬時に任意の古典的重ね合わせを他の重ね合わせに変える．猫の重ね合わせ $c_生\Psi_生 + c_死\Psi_死$ は $e^{i\alpha}c_生\Psi_生 + e^{i\delta}c_死\Psi_死$ となる．α と δ はランダムに揺らぐ位相である．ここでもまた，このような重ね合わせ状態である観測可能量を表す演算子 A の期待値を求め，ランダムな位相で平均すると，猫が生きているか死んでいるかが確定しているそれぞれの状態での A の期待値を $|c_生|^2$ と $|c_死|^2$ で重みをつけて足し合わせたものになる．

　量子力学のこの類の解釈についての障害を，デコヒーレンスがすべて取り除いたという印象が広がっているようだ．しかし状態 (3.7.8) で観測者が，系が Ψ_{na_n} にあることを見る確率が $|c_n|^2$ であるというボルンの規則についての問題点が依然として残っている．式 (3.7.8) に基づいた上に与えられた「導出」は，明らかに循環論法におちいっている．なぜなら上の導出は期待値を演算子の行列要素で表す式に依拠しているが，それ自体がボルンの規則から導かれたものだからである．そうするとボルンの規則はどこから来るのかということになる．この問題については二つの主な考え方がある．一方は**道具主義**，一方は**実在論**と呼ばれることが多いが，どちらにも欠点がある．

道具主義

　道具主義の考え方では，閉じた系の状態ベクトルが系の状態の完全な説明を与えるという考えをあきらめて，

その代わりに確率を，計算するための処方を提供する道
具にすぎないと見なす．この見地は量子力学のコペンハー
ゲン流の再解釈と見なすことができる．測定の間の系
の状態の神秘的な収縮を持ち出したりせずに，単に規格
化された状態ベクトル Ψ をもつ状態において，エルミー
ト演算子 A で表される物理量が固有値 a_n をもつ確率が
$p_n = \sum_r |(\Phi_{nr}, \Psi)|^2$ であることを仮定する．ここで Φ_{nr}
は固有値 a_n をもつ A の直交規格化された固有ベクトル
のすべてである．ボルンの規則は単に自然法則の一つと見
なされる．しかしもしこれらの確率が，人々が観測すると
きにさまざまな結果を得る確率だとしたら，それは人々を
自然法則の中に組み入れたことになる．

これは，自然法則は人間の経験を秩序付け探求するため
の方法の組にすぎないと見なすボーアのような物理学者に
とっては問題ではないかも知れない．確かにそうだが，自
然法則は何かそれ以上のもので，ある意味で客観的事実と
して「そこにある」のであり，（言語は別として）それを
学ぶ人にとっては同じ法則であり，また学ぶ人がいるかい
ないかにも無関係に同じであるという希望を放棄するのは
悲しいことではあるまいか．

自然法則の中に人間が入り込むことは歓迎できないこと
はないという物理学者もいる．デビッド・マーミン[15]は，
「量子力学の基礎にある混乱は科学から科学者を取り除く
というわれわれには承認できないことに起因する」と考え

るキュービズム（QBism）[16] として知られる考えを好意
的に引用している.

　道具主義の問題点は，測定のときに何が起こるかを考え
るに当たって，測定を行う科学者のことを考慮に入れるこ
とにあるのではない. そのことは反対できないし，おそら
く避けることができない. 問題が起こるのは，まさに私た
ちが，他のすべての事柄と同様に科学者も科学的に理解で
きると望むからである. またまさにそのために，人間（科
学者，観測者，その他誰でも）を自然法則の外に保つから
である. そういうことが説明できないことは定義により明
らかである. 法則が，粒子の軌跡とか波動関数とかともか
く観測する人間と無関係な，非人格的な言葉遣いで表され
ない限り，私たちは人々が自然を観測したり測定をしたり
するときに何が起こるかの科学的な理解に行きつくことを
期待できない.

　進化論でも似たような事情がある. チャールズ・ダーウィ
ンとアルフレッド・ラッセル・ウォレス以前は，進化の
真実性を受け入れた自然学者は一般に進化を生物が人間の
ようなより優れた生物に向かって進化しようとする固有の
傾向として説明した. これは，人間を生物学の法則に組み
入れて生物と物理学にまたがる統一的な見方を退けるもの
であった. ダーウィンとウォレスが成し遂げたことが偉大
なのは，人類のような種が以前の種から進化したことを，
そのような効果・趣旨の自然法則を持ち出すことなくでき
たと示したからである. それ以降の生物学の進歩はこの偉

業がなければ不可能だったであろう.

　道具主義の考え方に従う物理学者の中には, ボルンの規則によって予言される確率は客観的確率であって, 必ずしも人々が測定することとは関係がなくてもよいと主張する人もいる. 例えば, その議論によれば, 粒子が座標 x のまわりの Δx の範囲にいる確率が $|\psi(x)|^2 \Delta x$ であるということは, 単に粒子のいる場所についての陳述であり, 必ずしも私たちが粒子を見てどこで見つけるかについての陳述とは言えないという. 私はこの議論は成り立たないと思う. なぜなら, 粒子は一般に人々が座標を観測するか運動量を観測するかを決めてそれを観測するまでは, 座標も運動量も決まった値をもたないからである. 粒子は決まった位置 x と決まった運動量 p を同時にもつこと ($\Delta x \Delta p < \hbar/2$) もできない, なぜならそんな状態は存在しないからだ. 確率を予言するという以外に, 状態ベクトルに実在性を与えないことで, 道具主義は物理的な系の客観的な時間発展という伝統的かつ古典的考えを捨てている. 物理的な系が, 系のすべての粒子の位置と運動量の値の組でなくヒルベルト空間のベクトルで記述されるという考えは受け入れるとしても, 物理的な系の時間発展についての記述が何もないということは受け入れ難い.

　この異議に対して, 「デコヒーレントな履歴」あるいは「つじつまの合った履歴」と呼ばれるアプローチはある程度答えている. このアプローチは最初はグリフィス[17]によって提案され, オムネス[18]が発展させ, ゲルマンとハ

ートル[19]によって詳しく議論されている．このアプロー
チでは閉じた系（例えば全宇宙）のたどるいろいろな履歴
を定義し，それぞれの確率を与えることができる．この確
率は確率がもつ通常の性質を満たしている．

　履歴は次のように特徴づけられる．最初に規格化され
た状態 Ψ がある．それが初期の時刻 t_0 から次の時刻 t_1
までの時間に依存するシュレーディンガー方程式によっ
て時間発展する．時刻 t_1 で，いくつかの観測可能量 $A_{1\eta}$
の値が $a_{1\eta}$ だけを固定して，系の他の性質については平
均する．続いて時刻 t_2 への時間発展が始まり，時刻 t_2 で
は系は再び別のいくつかの観測量 $A_{2\eta}$ の値 $a_{2\eta}$ を固定し
て，他の性質については平均する．これを続ける．すな
わち，履歴は次のいくつかで定義される．そのいくつか
とは，Ψ，時刻 t_1, t_2 など，観測量の選択 $A_{1\eta}, A_{2\eta}$ など，
その観測量の固定された値 $a_{1\eta}, a_{2\eta}$ などである．これは
実際行われる観測（例えば粒子の軌跡の観測）に対応して
いる．そこでは系の中でいくつかの系の性質のうちのいく
つかが測定され，まわりの熱輻射の場のような他の性質は
無視される．

　私たちの記法を単純化するために，あたかも各々の平均
をとる際にたった一つの観測量，A_1, A_2 などの値だけを
固定するかのように添え字 η を省く．各々の履歴に対し
て状態ベクトルは次のように指定される．

$$\Psi_{a_1 a_2 \cdots a_N} \equiv \Lambda_N(a_N) \exp(-iH(t_N - t_{N-1})/\hbar) \cdots$$
$$\times \exp(-iH(t_3 - t_2)/\hbar)\Lambda_2(a_2)$$
$$\times \exp(-iH(t_2 - t_1)/\hbar)\Lambda_1(a_1)$$
$$\times \exp(-iH(t_1 - t_0)/\hbar)\Psi. \qquad (3.7.9)$$

ここで $\Lambda_1(a_1), \Lambda_2(a_2)$ などは, a_1, a_2 などで指定される制限と矛盾しない, 系のすべての状態への射影演算子の和である. 例えば, r 番目の和は一つの観測量 A_r の値 a_r だけを固定したものだとすると, $\Lambda_r(a_r)$ は射影演算子の和 $\sum_i^{(a_r)} [\Phi_i \Phi_i^\dagger]$ となる. ここで Φ_i は, 固有値 a_r に対応する A_r の固有状態の全体がつくる部分空間の完全正規直交状態であり, 和は完全系 Φ_i のすべてにわたってとる (これは本節の注 19 で引用した本の中でゲルマン-ハートルによって**粗視化** (coarse-graining) と呼ばれている. 射影演算子は 3.3 節で議論した). 以上は

$$\Psi_{a_1 a_2 \cdots a_N} = e^{-iHt_N/\hbar} \Lambda_N(a_N, t_N) \cdots$$
$$\times \Lambda_2(a_2, t_2)\Lambda_1(a_1, t_1)e^{iHt_0/\hbar}\Psi \qquad (3.7.10)$$

と等価である. ここで $\Lambda_r(a_r, t_r)$ は射影演算子の同じ和であるが, ハイゼンベルク描像の演算子

$$\Lambda_r(a_r, t_r) = e^{iHt_r/\hbar} \Lambda_r(a_r) e^{-iHt_r/\hbar} \qquad (3.7.11)$$

である. それぞれの履歴に対してボルンの規則を一般化して, 正の確率

$$P(a_1 a_2 \cdots) \equiv (\Psi_{a_1 a_2 \cdots}, \Psi_{a_1 a_2 \cdots}) \qquad (3.7.12)$$

が対応すると考える.

式 (3.7.12) が確率の普通の性質をもっていることを

示す必要があるが，これは可能な履歴の限られたクラスについてしか正しくない．これらの確率を，一つの観測量の値，例えば a_r の可能なすべてにわたって足し合わせたものが，この観測量が固定されていない場合の履歴の確率に等しいことを示さねばならない．すなわち

$$\sum_{a_r} P(a_1 a_2 \cdots a_{r-1} a_r a_{r+1} \cdots a_{\mathcal{N}})$$

$$= P(a_1 a_2 \cdots a_{r-1} a_{r+1} \cdots a_{\mathcal{N}}). \quad (3.7.13)$$

これは

$a_1' = a_1, a_2' = a_2 \cdots$ でなければ

$$(\Psi_{a_1' a_2' \cdots a_{\mathcal{N}}'}, \Psi_{a_1 a_2 \cdots a_{\mathcal{N}}}) = 0 \quad (3.7.14)$$

という無矛盾の条件が満足されている場合には成り立つ．

証明は次の通りである．式（3.7.12）によると式（3.7.13）の中の和は

$$\sum_{a_r} P(a_1 a_2 \cdots a_{r-1} a_r a_{r+1} \cdots a_{\mathcal{N}})$$

$$= \sum_{a_r} (\Psi_{a_1 a_2 \cdots a_{r-1} a_r a_{r+1} \cdots a_{\mathcal{N}}}, \Psi_{a_1 a_2 \cdots a_{r-1} a_r a_{r+1} \cdots a_{\mathcal{N}}})$$

と書ける．無矛盾のための条件（3.7.14）を使うと，これは

$$\sum_{a_r} P(a_1 a_2 \cdots a_{r-1} a_r a_{r+1} \cdots a_{\mathcal{N}})$$

$$= \left(\sum_{a_r'} \Psi_{a_1 a_2 \cdots a_{r-1} a_r' a_{r+1} \cdots a_{\mathcal{N}}}, \sum_{a_r} \Psi_{a_1 a_2 \cdots a_{r-1} a_r a_{r+1} \cdots a_{\mathcal{N}}} \right)$$

と書ける．しかし完全性の関係（3.3.32）は

$$\sum_{a_r} \Lambda_r(a_r, t_r) = 1$$

であるから

$$\sum_{a_r} \Psi_{a_1 a_2 \cdots a_{r-1} a_r a_{r+1} \cdots a_{\mathcal{N}}} = \Psi_{a_1 a_2 \cdots a_{r-1} a_{r+1} \cdots a_{\mathcal{N}}}$$

である．これから直ちに式（3.7.13）が出てくる．この定理は与えられた形のすべての履歴（与えられた初期状態 Ψ，与えられた時間 $t_1, \cdots, t_{\mathcal{N}}$，与えられた観測量 A_r が各々のこれらの時間に固定されている）の確率の和が 1 であるという重要な結果をもっている．

$$\sum_{a_1 a_2 \cdots a_{\mathcal{N}}} P(a_1 a_2 \cdots a_{\mathcal{N}}) = (\Psi, \Psi) = 1. \quad (3.7.15)$$

無矛盾の条件（3.7.14）を満たす履歴はデコヒーレンスを考慮することで同定される．例えば，太陽のまわりの惑星の運動の履歴は，惑星が見出される有限の空間体積をもつさまざまなセル（小部分）を区別する引数 a をもつ射影演算子の組で特徴づけられる．（有限体積の空間を取り扱う必要がある．位置を正確に測定しようとすると運動量に余計な変化が生じるからである．）所与の履歴について式（3.7.9）あるいは（3.7.10）を求めるために，惑星の軌道に対する摂動を特徴づける他のあらゆる変数（太陽からの輻射や惑星間物質などを記述する変数を含めて）について平均をとる必要がある．これらの摂動によって惑星があるセルから別のセルに移されることはないが，状態

ベクトル（3.7.9）の位相は変更をこうむる．したがって
摂動についての平均をとることによって，無矛盾の条件
（3.7.14）を壊す（状態間の）相関が消える．

　デコヒーレントな履歴という考え方の信奉者の中には，
確率（3.7.12）をさまざまな履歴の客観的な性質と見な
し，必ずしも観測者によって見られる何事かと関係なく，
実際の観測者がいない場合，特に初期宇宙にも適用する．
この見解は私には無理だと思われる．これは単独の測定の
場合に既に述べたのと同じ理由による．履歴が無矛盾の条
件（3.7.13）を満足すべきだという要求は，時刻 t_1, t_2 に
平均をとらない観測量 A_1, A_2 をどのように選ぶかを一意
的には決めてくれない．しかし，ここでの問題は選択が一
意的でないことではなく，むしろ選択が人々によってしか
なされないことである．もちろん，質問に対する答えは，
どんな質問を我々が選択したかによるということは，古典
力学でも量子力学でも同じである．しかし，古典物理では
選択の必要性を避けることができる．なぜなら原理的には
すべてを測定するという選択をすることができるからで
ある．量子力学ではこのように選択を避けることができな
い．なぜなら一般にこれらの選択の多くはお互いに両立し
ないからである．例えば与えられた時間に J_x, または J_y
または J_z の固有値のどれかの平均をとらずにすますこと
ができるが，三つのすべての平均をとらずにおくことはで
きない．なぜなら三つ全部が確定した 0 でない値をとる
状態は存在しないからである．したがってボルンの規則

は，デコヒーレンスと履歴の考え方では人々を自然法則の
中に組み入れることになる．これはどの道具主義の考え方
でも不可避に見える．道具主義の立場に立つどんなアプロ
ーチでも明らかに避けられないことであるが，デコヒーレ
ントな履歴というアプローチでも，ボルンの規則は自然法
則の中に人間を取り込むことになるように見える．

実 在 論

　量子力学のコペンハーゲン解釈および道具主義者の考え
方は欠点があるとして，位置や運動量のような古典的観測
量ではなく，状態ベクトル自身が実在性をもつという考え
方を採用した物理学者もいる．状態ベクトルを，系の物理
的条件の完全な記述を与えるものとして真面目に受けとる
ならば，測定あるいは測定する人を自然法則に組み入れる
ことなく，状態ベクトルの決定論的な時間発展から，確率
がどのように現れるのか理解できるはずである．

　状態ベクトルに実在性をもたせることの一つの困難は，
お互いに完全に離れた二つの系が絡まった（エンタングル
した）状態では，一つの系の状態ベクトルがもう一つの系
に介入することにより，瞬時に変化させられることであ
る．この問題は 12.1 節のエンタングルメントで取り上げ
る．

　実在論的アプローチの別の問題として，ありそうにない
と言う物理学者もいるが，量子力学の「多世界解釈」に必
然的につながるように見えるということがある．この解釈

は，もともと 1957 年にプリンストンに提出した博士論文
の中でヒュー・エベレット[20]（1930-82）が提案したも
のである．この解釈では状態ベクトルは決定論的な時間に
依存するシュレーディンガー方程式に従い続けていて，観
測によって収縮することはない．しかし，測定の対象であ
る系の状態ベクトルの異なる成分は，測定装置と観測者の
状態ベクトルの異なる成分と結びつくようになり，その結
果世界（対象の系と測定装置と観測者を含む系の両方を合
わせた系）の履歴は，異なる観測結果で特徴づけられる経
路に分岐する．量子力学のこの解釈とコペンハーゲン解釈
の違いは，前に述べた測定過程の典型的な例を考察するこ
とで説明できる．シュテルン - ゲルラッハの実験では，コ
ペンハーゲン解釈によれば原子と観測者が何らかの方法
で相互作用すると系はなぜか収縮して原子が J_z の決まっ
た値をとる状態になり，ただ一つの軌跡をたどる．z 方向
は一様な磁場の方向であり，J_z は原子の角運動量の z 成
分である．多世界解釈によれば，原子と観測者から成り立
つ系の状態ベクトルは重ね合わせであり続ける．一つの項
では，観測者が見るのは J_z の一つの値をもった原子であ
り，その軌跡は決まっている．他の項では観測者が見るの
は異なった J_z の値をもち異なった軌跡をたどる．どちら
の解釈も経験と合致しているが，コペンハーゲン解釈は測
定の最中に，量子力学の枠の外にある何かが起こるという
ことに頼っている．一方，多世界解釈は厳密に量子力学に
従うが，宇宙の履歴が考えられないくらい大きな数に次々

と分岐し続けることを想定している.

　同じように, シュレーディンガーの猫の場合は, コペン
ハーゲン解釈によると, 猫が観測されると (定かではない
がもしかしたら猫自身によって) 原子核と猫の状態は, 原
子核がまだ崩壊していなくて猫が生きている状態か, 崩壊
が起こって猫が死んでいる状態かのどちらかにそれぞれの
確率に基づいて収縮する. それに対して, 多世界解釈によ
ると状態ベクトルは二つの項の重ね合わせであり続ける.
一つの項では猫が生きており観測者は生きている猫を見
る. もう一つの項では猫が死んでおり観測者は死んだ猫を
見る. (もちろん, 半減期がすぎた後に猫がまだ生きてい
る項でも, その未来は定かではない.)

　他にも問題はあるが, それに加えて実在論の考え方はボ
ルンの規則を導出するという課題に直面する. 測定が実際
に量子力学で記述されるなら, 測定を繰り返す場合に時間
に依存するシュレーディンガー方程式を適用して, そのよ
うな公式を導けるようでなければならない. これは物理学
の要請を必要な最小限に帰着させたいという, 単なる知的
な整理の問題ではない. ボルンの規則が時間に依存するシ
ュレーディンガー方程式から導けないなら, 何か他のも
の, 何か量子力学の枠の外のものが必要であり, その点で
多世界解釈は道具主義者やコペンハーゲン解釈と同じ不十
分さがあるということになる[21].

　この問題に取り組むためには, 確率の測定される状況を
特定する必要がある. 確率を観測者が観測する事象の頻度

の問題だとすれば，観測者と系が切り離せなくなり，状態
ベクトルの異なる項が観測者の異なる結論を含むと私たち
が考えられるのはいったいいつなのかを，特定しなくては
ならない.

　一つの可能性は，次のような一連の実験が実行される
ことである. 各々の実験は同じ状態ベクトル (3.7.4) か
ら始まり，各々の場合に上に述べたような測定[4]をする.
観測者は測定装置の一部と考える. 各々の測定で世界の履
歴は状態 n の数だけの (c_n は全部 0 でないとして) 多く
の分枝に分裂する. 起こり得る実験結果の列 n_1, n_2 など
のすべてに対し，観測者がそれらの列の一つ一つを観測
する履歴が存在する. 例えば二つの状態だけが可能な系
を考えよう. 二つの状態は状態ベクトルの中で係数 c_1, c_2
つきで現れるとする. どちらの係数も 0 でない限り，こ
れらの状態を区別する測定を 1 回行うと，世界の状態は
二つに枝分かれする. その一つでは観測者にとっては系
は状態 1 であり，他方の一つでは観測者にとっては系は
状態 2 である. N 回の測定を繰り返すと，世界の履歴は
2^N 個に枝分かれする. その中でこの実験の結果のあらゆ
る可能な履歴が起こっているだろう. 比 c_1/c_2 が大きく
ても小さくても，それが 0 または無限大でない限り，実
験結果の列の一つを他のものより起こりやすいとして拾
い出すような理屈は何もない. 量子力学の通常の仮定で

---

〔4〕式 (3.7.4)〜(3.7.6) あたりを見よ.

は観測者が $n_1, n_2, \cdots$ という実験結果の列を見出す確率は $|c_{n_1}|^2 |c_{n_2}|^2 \cdots$ であるが，この考え方ではそれに対応するものは何もない．

確率を測定する別種類の実験も考えられる．N が大きな数であるとする．同じ状態 $\sum_n c_n \Psi_n$ の同じ系のコピーが N 個用意され，まとめた全体の系の状態ベクトルは直積

$$\Psi = \sum_{n_1 n_2 \cdots n_N} c_{n_1} c_{n_2} \cdots c_{n_N} \Psi_{n_1 n_2 \cdots n_N} \quad (3.7.16)$$

であるとする．ここで $\Psi_{n_1 n_2 \cdots n_N}$ は，コピー s のとき系が状態 n_s にある状態である．もし Ψ_n が適当な古典的状態で，デコヒーレンスの後も生き残る種類のものなら，環境の影響は各々の c_{n_s} に位相因子 $\exp(i\varphi_{s,n_s})$ をかけることである．したがって式（3.7.16）は

$$\Psi = \sum_{n_1 n_2 \cdots n_N} c_{n_1} c_{n_2} \cdots c_{n_N}$$

$$\times \exp[i\varphi_{1,n_1} + \cdots + i\varphi_{N,n_N}] \Psi_{n_1 n_2 \cdots n_N} \quad (3.7.17)$$

となる．φ_{s,n_s} はランダムで相関がない．この基底の状態が

$$(\Psi_{n_1' n_2' \cdots n_N'}, \Psi_{n_1 n_2 \cdots n_N}) = \delta_{n_1' n_1} \delta_{n_2' n_2} \cdots \delta_{n_N' n_N}$$

の意味で直交規格化されているとし，また状態（3.7.17）は $\sum_n |c_n|^2 = 1$ と規格化されているとする．このシナリオでは微視的な系が（3.7.17）の状態で準備されてはじめて，この状態を測定装置および観測者と関連させて，観測

者は自分自身が世界の履歴の分枝のうちの一つ，系のコピ
ーの各々がある決まった基底状態，例えば $n_1, n_2, \cdots, n_N$
である分枝にいることに気づく．観測者は，各状態 n に
ついて，その状態にあるコピーの数が N_n であることを
見つけたとしよう．もちろん $\sum_n N_n = N$ である．観測者
は任意の一つのコピーが状態 n にいる確率が $P_n = N_n/N$
であると結論するであろう．

　これは，実際に確率を測るやり方と実質的に同じである
ことに注意しよう．例えば，もし与えられた初期状態の原
子核が一定の時間 t に放射性崩壊する確率を測定しようと
思ったら，大きな数の N 個のこれらの原子核を集めて同
じ初期状態にし，時間 t 後にどれだけが崩壊するかの数を
数えるだろう．崩壊確率はその数を N で割った値である．

　ここでもまた，あらゆる結果が起こり得る．観測者は同
じ部分系の状態として $n_1, n_2, \cdots, n_N$ のあらゆる組み合わ
せを見出すことができる．これは古典力学の状況とそれほ
ど違わない．コインを数回投げて毎回表が出るということ
はあるかもしれない．そのときは，くり返しの回数 N を
十分大きくすれば相対頻度 N_n/N が実際の確率 P_n の良
い近似になると期待すべきである．

　N が大きいという極限をとったとしても，この描像は
量子力学の通常の要請，すなわち P_n が $|c_n|^2$ に近づくと
いう要請を導くだろうか？　もちろん状態ベクトルは何ら
かの種類の解釈上の要請がなければ何も語ってくれない．

シュレーディンガー方程式による決定論的力学との無矛
盾性という問題を引き起こさないように見えて，かつ人間
についての言及を自然法則に持ち込むことのない一つの
要請は，3.3節で記述した「量子力学の第二の要請」であ
る．すなわち，「もし系の状態ベクトルが何らかの観測量
を表すエルミート演算子 A の固有状態で，その固有値が
a なら，系はその観測量に対して a という確定した値をと
る」．ここで関心のある演算子は頻度の演算子 P_n であっ
て，その定義はそれが線形であり，まとめた系の基底状態
について

$$P_n \Psi_{n_1 n_2 \cdots n_N} \equiv (N_n/N) \Psi_{n_1 n_2 \cdots n_N} \qquad (3.7.18)$$

が成り立つことである．ここで N_n は添え字 $n_1, n_2, \cdots,$
n_N の個数のうちで n に等しいものの個数である．状態
(3.7.17) が P_n の固有状態で，その固有値が $|c_n|^2$ であ
ることが証明されれば，私たちの問題はすべて解決した
ことになるが，もちろんこれは正しくない（$|c_n|$ が 0 ま
たは 1 という特別な場合は例外である．この場合は Ψ は
添え字のどれかが n に等しい $\Psi_{n_1, n_2, \cdots, n_N}$ を含まないか，
すべての添え字が n に等しい項に比例するかのどちらか
である）．私たちにできるのは，この固有値の条件が N の
大きい場合に**ほとんど成り立つ**ことを示すことである．具
体的には状態 (3.7.17) について[22]次の式が得られる．

$$\|(P_n - |c_n|^2)\Psi\|^2 = \frac{|c_n|^2(1-|c_n|^2)}{N} \leq \frac{1}{4N}. \qquad (3.7.19)$$

ここで任意の Φ について，$\|\Phi\|$ は $(\Phi, \Phi)^{1/2}$ を表す．

　　証明はこうである．添え字の組 $n_1, n_2, \cdots, n_N$ を一つの添え字 ν で表すのが便利である．また $N_{\nu, n}$ は n と等しくなる添え字 $n_1, n_2, \cdots, n_N$ の数とする．もちろん任意の ν について，$\sum_n N_{\nu, n} = N$ である．この記法では状態 (3.7.17) は

$$\Psi = \sum_{\nu} \left(\prod_n c_n^{N_{\nu, n}} \right) e^{i\varphi_\nu} \Psi_\nu$$

と書ける．また式 (3.7.18) から

$$P_n \Psi = \sum_{\nu} \left(\prod_m c_m^{N_{\nu, m}} \right) e^{i\varphi_\nu} \left(\frac{N_{\nu, n}}{N} \right) \Psi_\nu$$

が得られる．ν についての和をとるかわりに，ここでは独立に N_1, N_2 等について和をとる．ある与えられた値 N_1, N_2 等について $N_{\nu, n} = N_n$ である ν の数は2項係数 $\dfrac{N!}{N_1! N_2! \cdots}$ である．したがって

$$\| (P_n - |c_n|^2) \Psi \|^2$$
$$= \sum_{N_1 N_2 \cdots} \left(\prod_m |c_m|^{2N_m} \right) \left(\frac{N_n}{N} - |c_n|^2 \right)^2 \frac{N!}{N_1! N_2! \cdots}$$

和は $N_1 + N_2 + \cdots = N$ の場合に限られる．2項定理により，

$$\sum_{N_1 N_2 \cdots} \left(\prod_m |c_m|^{2N_m} \right) \frac{N!}{N_1! N_2! \cdots} = \left(\sum_m |c_m|^2 \right)^N$$

であるから

$$\|(P_n - |c_n|^2)\Psi\|^2$$

$$= \left[\frac{1}{N^2} \left(|c_n|^2 \frac{\partial}{\partial |c_n|^2} \right)^2 - \frac{2}{N} \left(|c_n|^4 \frac{\partial}{\partial |c_n|^2} \right) + |c_n|^4 \right]$$

$$\times \left(\sum_m |c_m|^2 \right)^N$$

$$= N(N-1) \left(\frac{|c_n|^4}{N^2} \right) \left(\sum_m |c_m|^2 \right)^{N-2}$$

$$+ N \left(\frac{|c_n|^2}{N^2} \right) \left(\sum_m |c_m|^2 \right)^{N-1} - 2N \left(\frac{|c_n|^4}{N} \right) \left(\sum_m |c_m|^2 \right)^{N-1}$$

$$+ |c_n|^4 \left(\sum_m |c_m|^2 \right)^N.$$

ここで規格化の条件 $\sum_m |c_m|^2 = 1$ を使うと，証明すべき式
（3.7.19）となった.

これをどう考えるべきだろうか. 式（3.7.19）は Ψ_ν
が $N \to \infty$ のときに頻度の演算子 P_n の固有状態に近づく
ことを示したわけではない. なぜなら，これらの状態はい
かなる極限にも接近しないからである. 実際，それが含ま
れるヒルベルト空間のサイズは N に依存する. ハートル
およびファーリ‐ゴールドストーン‐ガットナムは本節
の注22で引用した文献で，$N = \infty$ の場合にヒルベルト
空間を構成する方法を示し[23]，この空間で働く演算子 P_n
が $|c_n|^2$ をもつことを示した. しかしこの構成法を用いる
には，固有値についての通常の解釈の仮定を，有限の個数
N の系に対するヒルベルト空間から $N = \infty$ の場合のヒ
ルベルト空間に拡張しなければならない. それは拡大解釈

のように思える.

　固有状態と固有値についての要請を強くするのがよいか
も知れない. ノルム $\|(A-a)\Psi\|$ が小さいという意味で,
規格化された状態ベクトル Ψ はほとんどエルミート演算
子 A の固有値 a に対応する固有状態であるとすると, Ψ
で表される状態では A で表される観測量の値がほぼ確実
に a に近いものになると考えるわけである. これは厳密
だとはとても言えないが, いずれにせよ. この仮定は何か
が「ほとんど確か」という言い方をしており, 量子力学の
力学的仮定からどのようにして出てくるかは示さずに, 確
率に関する基本仮定を再導入している.

　これらの問題は, 古典物理においての確率の議論を悩
ます問題とそれほど違わないかも知れないが, その他に
も別の困難がある. それは, 上の議論では量子力学的な
ノルム $\|\Psi\| \equiv (\Psi, \Psi)^{1/2}$ を, 物理的な状態が演算子 P_n の固
有値 $|c_n|^2$ に対応する固有ベクトルからどれだけ離れてい
るかの基準にしてボルンの規則を導いていることである.
N が大きい場合に, すべての $\|(A-a)\Psi\|$ が小さくなる
ということが私たちに告げるのは, 固有値が $|c_n|^2$ とはか
なり異なる P_n の固有状態と Ψ とのスカラー積が小さく
なるということである. (具体的には, Φ を P_n の固有ベ
クトルで固有値が $|c_n|^2$ とオーダー $1/\sqrt{N}$ 以上違うものと
すると, そのような, Φ のすべてについて $|(\Phi, \Psi)|^2$ を足
し合わせたものはオーダー $1/N$ 以下であるということで
ある.) ボルンの規則を仮定すれば, このことは観測者が

N_n/N の値として，そのような外れた値を測定する確率が小さくなることを意味している，しかし，ボルンの規則を導くのにそのような仮定をするのは，明らかに循環論法である.

* * * * *

　現在の量子力学の解釈で重大な欠陥のないものはないというのが私の結論である．この見解は多数意見ではない．実のところ，多くの物理学者は自分自身の量子力学の解釈に満足している．しかし物理学者が異なれば解釈も異なる．私の意見では，何かもっと満足の行く他の理論，量子力学はその理論の良い近似に過ぎないというような理論がいつか見つかる可能性を真剣に考えねばならない.

原　注
(1) N. Bohr, *Nature* **121**, 580 (1928). 以下の文献に再録：*Quantum Theory and Measurement*, eds. J. A. Wheeler and W. H. Zurek (Princeton University Press, Princeton, NJ, 1983); *Essays 1958–1962 on Atomic Physics and Human Knowledge* (Interscience Publishers, New York, 1963).
(2) N. Bohr, "Quantum Mechanics and Philosophy — Causality and Complementarity." in *Philosophy in the Mid-Century*, ed. R. Kilbansky (La Nuova Italia Editrice, Florence, 1958), 以下に再録：N. Bohr, *Essays 1958–1962 on Atomic Physics and Human Knowledge* (Interscience Publishers, New York, 1963).
(3) この特徴を共有する，コペンハーゲン解釈の変種もある．そ

のうちのいくつかについては B. S. DeWitt, *Physics Today*,
September, p. 30 (1970) 参照.

(4) この種の理論で最も有名なのはデビッド・ボームのものである.
D. Bohm, *Phys. Rev.* D **85**, 166, 180 (1952).

(5) この型の代表的な理論は G. C. Ghirardi, A. Rimini, and T.
Weber, *Phys. Rev.* D **34**, 270 (1986). 総合報告としては A.
Bassi and G. C. Ghirardi, *Phys. Rep.* **379**, 257 (2003) 参
照.

(6) デコヒーレンスの総合報告は W. H. Zurek, *Rev. Mod.
Phys.* **75**, 715 (2003) 参照.

(7) この意味での理想的な測定, すなわち微視的な系が変化しない測
定は J. A. ホィーラー (1911-2008) によって「量子非測定デモ
リション」測定と呼ばれた. 微視的な系の状態も変化する測定が有
用な場合もある.

(8) 私たちは常に $U_{n'a'. na}$ の他の要素で $a \neq 0$ である場合に行列要
素全体をユニタリーに選ぶことができる. 例えば $a \neq 0$ のとき, 次
のようにとれる.

$$U_{n'a'. na} = \begin{cases} \delta_{n'n} \mathcal{U}^{(n)}_{a'a}, & a' \neq a_{n'} \text{ のとき} \\ 0, & a' = a_{n'} \text{ のとき} \end{cases}$$

ここで部分行列 $\mathcal{U}^{(n)}$ はあらゆる $a \neq 0$ および $\bar{a} \neq 0$ について

$$\delta_{a\bar{a}} = \sum_{a' \neq a_n} \mathcal{U}^{(n)*}_{a'a} \mathcal{U}^{(n)}_{a'\bar{a}}$$

という条件で拘束されている. 部分行列 $\mathcal{U}^{(n)}_{a'a}$ は正方行列であ
る. なぜなら a' は $a' = a_n$ の他のすべての装置の状態を網羅し,
$a = 0$ の他のすべての装置の状態を網羅するからである. こうし
て, これらの条件は単純にすべての部分行列がユニタリーであるこ
とを要求する. また, それらは拘束条件を課されないから, この条
件を満足する任意の数の行列を見つけることができる. 読者はこれ
らの条件が全体の行列 $U_{n'a'. na}$ をユニタリーにすることを確認で
きる.

(9) しばしば引用される例はジョン・フォン・ノイマン (1903-57)
によって与えられた. J. von Neumann, *Mathematical Foun-*

dations of Quantum Mechanics, transl. R. T. Beyer (Princeton University Press, Princeton, NJ, 1955)〔J. v. ノイマン（井上健・広重徹・恒藤敏彦訳）『量子力学の数学的基礎』みすず書房, 1957〕の中にある. 離散的な添え字 n および a の代わりに, 微視的状態と装置の状態は粒子の座標 x とポインターの座標 X で特徴づけられる. ハミルトニアンは $H = \omega x P$ ととってある. ここで, ω はある定数で P はポインターの運動量演算子であり, 交換関係は $[X, P] = i\hbar$ である（また X と P は x および対応する運動量 p と可換である）. $t = 0$ で座標空間の波動関数が $\psi(x, X, 0) = f(x - \xi)g(X)$ であるとすると, 後の時間 t ではこの場合の波動関数は

$$\psi(x, X, t) = f(x - \xi)g(X - x\omega t)$$

となるであろう. f と g が両方とも各々の引数のゼロの値で鋭いピークをもっているとしたら, ポインターの位置 X を観察すれば粒子の位置 ξ がわかるであろう. その不確定性は, f と g のピークを十分鋭くすれば, 好きなように減らせるであろう. しかし, もし幅の広い波束の f から始めたとしたらどんなにピークの鋭い関数 g をもってきても, 残されるポインターはさまざまな X の広い範囲の重ね合わせのままであろう.

(10) W. H. Zurek, *Phys. Rev. D* **24**, 1516 (1981).

(11) デコヒーレンスを抑制して古典的状態の重ね合わせが観察される可能性は, A. J. Leggett, *Contemp. Phys.* **25**, 583 (1984)で論じられている.

(12) E. Joos and H. D. Zeh, *Z. Phys. B: Condensed Matter* **59**, 223 (1985).

(13) 本文中の古典的状態 Ψ_{na} は完全直交規格化基底と仮定する. シュテルン-ゲルラッハの実験のような簡単な場合では, 古典的状態はたしかに完全直交規格化集合である. より複雑な場合には必ずしも正しくない.

(14) E. Schrödinger, *Naturwissenschaften* **48**, 52 (1935).

(15) N. D. Mermin, *Nature* **507**, 421 (2014).

(16) C. A. Fuchs, N. D. Mermin, and R. Schack, *Am. J.*

Phys. **82**, 749 (2014).

(17) R. B. Griffiths, *J. Stat. Phys.* **36**, 219 (1984)．下記も
　　参照：R. B. Griffiths, *Consistent Quantum Theory* (Cam-
　　bridge University Press, Cambridge, 2002).

(18) R. Omnès, *Rev. Mod. Phys.* **64**, 339 (1992)．下記も参
　　照：R. Omnès, *The Interpretation of Quantum Mechan-
　　ics* (Princeton University Press, Princeton, 1994).

(19) M. Gell-Mann and J. B. Hartle, in *Complexity, En-
　　tropy, and the Physics of Information*, ed. W. H. Zurek
　　(Addison-Wesley, Reading, MA, 1990); in *Proceedings of
　　the Third International Symposium on the Foundations
　　of Quantum Mechanics in the Light of New Technology*,
　　ed. S. Kobayashi, H. Ezawa, Y. Murayama, and S. No-
　　mura (Physical Society of Japan, 1990); in *Proceedings of
　　the 25th International Conference on High Energy Phys-
　　ics*, Singapore, August 2-8, 1990, ed. K. K. Phua and
　　Y. Yamaguchi (World Scientific, Singapore, 1990); J. B.
　　Hartle. *Directions in Relativity*, vol. 1, ed. B.-L. Hu,
　　M. P. Ryan, and C. V. Vishveshwars (Cambridge Univer-
　　sity Press, Cambridge, 1993).

(20) H. Everett, *Rev. Mod. Phys.* **29**, 454 (1957)として公
　　表された.

(21) この意見の強い表現としては，A. Kent, *Int. J. Mod.
　　Phys.* A**5**, 1745 (1990)がある.

(22) $\|(P_n - |c_n|^2)\Psi\|^2$ が N の大きいとき 0 となることは J. B.
　　Hartle, *Am. J. Phys.* **36**, 704 (1968)によって与えられた.
　　以下も参照：B. S. Dewitt, in *Battelle Rencontres, 1967
　　Lectures in Mathematics and Physics*, eds. C. DeWitt
　　and J. A. Wheeler (W. A. Benjamin, New York, 1968); N.
　　Graham, in *The Many Worlds Interpretation of Quantum
　　mechanics*, eds. B. S. DeWitt and N. Graham (Princeton
　　University Press, Princeton, NJ, 1973)〔(3.7.19) を具体

的に与えた]；E. Farhi, J. Goldstone, and S. Gutmann, *Ann. Phys.* **192**, 368（1989）; D. Deutsch, *Proc. Roy. Soc.* A**455**, 3129（1999）.
(23) この構成に対する批判については C. M. Caves and R. Schack, *Ann. Phys.* **315**, 123（2005）参照.

問　題

1. 二つの観測可能量 A と B のある系を考える. ハミルトニアンとの交換関係は w が何か実数の定数であるとして $[H, A] = iwB, [H, B] = -iwA$ である. A と B の期待値が時間 $t = 0$ で知られていると仮定しよう. A と B の期待値を時間の関数として与える公式を求めよ.

2. 規格化された初期状態を t_0 で Ψ とし, エネルギーの拡がり ΔE が次の定義で与えられているとする.

$$\Delta E \equiv \sqrt{\langle ((H - \langle H \rangle_\Psi)^2) \rangle_\Psi}$$

非常に短い時間 δt 後に系がまだ状態 Ψ にいる確率 $|(\Psi(\delta t), \Psi)|^2$ を計算せよ. 結果を $\Delta E, \hbar$, および δt で δt の2次まで表せ.

3. ハミルトニアンは線形演算子で

$$H\Psi = g\Phi, \quad H\Phi = g^*\Psi, \quad H\Upsilon_n = 0$$

であると仮定しよう. 但し g は任意の定数 Ψ と Φ は1対の規格化された独立な（しかし必ずしも互いに直交していない）状態ベクトルであり, Υ_n は Ψ と Φ の両方と直交するすべての状態ベクトルを網羅するとする. ハミルトニアンがエルミートであるために Φ と Ψ が満足すべき条件は何か？ さらにこの条件が満足されていたとして, エネルギーの定まった状態を見出し, それに対するエネルギーの値を求めよ.

4. 線形演算子 A が, エルミートではないが, 自分の共役演算子と可換であると仮定しよう. A と $A^\dagger$ の固有値の間の関係

について何が言えるだろうか？　また両者の固有値は等しくない
とするとき A の二つの固有状態のスカラー積について何が言え
るだろうか.

5. 状態ベクトル Ψ と Ψ' がユニタリー演算子の固有ベクト
ルであるとしよう. 各々の固有値はそれぞれ λ と λ' である. Ψ
が Ψ' と直交していないとすると, λ と λ' の満足すべき関係は
何だろうか.

6. 位置と運動量の不確定性の積の極小の値は, 自由粒子波動
関数のガウス型の波束のときに最小値 $\hbar/2$ となることを示せ.

第4章　スピンはめぐる

　波動力学は原子のエネルギー準位の多重性をうまく説明できなかった．特にリチウム，ナトリウム，カリウム等々のアルカリ金属の場合に顕著だった．これらのどの元素の原子も，$Z-1$ 個の内側の電子からなるほぼ不活発な中心部分と，その外側にある一つの「価電子」で構成され，この価電子のエネルギー準位間の遷移が線スペクトルの原因であることは知られていた．外側の電子の感じる静電場はクーロン場ではないから，外場のない場合のそのエネルギー準位は動径方向の量子数 n だけでなく，軌道角運動量の量子数 ℓ にも依存する．しかし，原子が球対称であるから角運動量の z 成分 $\hbar m$ には依存しない（式（2.1.29）を参照せよ）．各々の n, ℓ, m の組に対して，ただ一つのエネルギー準位が存在するはずである．しかし原子のスペクトルを観測すると，実際は s 状態以外はすべて二重に見える．例えば，ナトリウムの D 線は価電子の $3p \to 3s$ の遷移でできるが，分解能が悪くても，波長 5896 Å と 5890 Å の二重項であることがはっきりしていた．そこで，パウリはそのような原子の電子には n, ℓ, m の他に第4の量子数があり，その値は s 状態以外はすべ

て二つの値をとると提案した．しかしこの第 4 の量子数の物理的な意味ははっきりしなかった．

　続いて 1925 年，二人の若い物理学者，サミュエル・ハウトシュミット（1902-78）とゲオルク・ウーレンベック（1900-88）は，エネルギー準位が二重になったのは電子の内部角運動量のためであり，その角運動量の $\mathbf{L}$ 方向の成分（$\mathbf{L} \neq 0$ とする）はただ二つだけの値をとると提案した[1]．電子の軌道が作る弱い磁場とこの内部角運動量との相互作用の結果，s 状態以外のすべての状態が近似的に縮退した二重項に分かれるというのである．角運動量 s の任意の成分は $2s+1$ 個の値をとるから，ℓ に対応する内部角運動量の値 s は 1/2 という意外な値でなければならない．この内部角運動量は電子の**スピン**と呼ばれることになった．

　最初はこの考えは広く疑問視された．2.1 節で見たように，軌道角運動量は $\ell = 1/2$ という整数でない値をとることはできない．さらに心配なことは，もし電子の質量をもつ球が角運動量 $\hbar/2$ をもち，その表面での回転速度が光速より小さいとすると，その半径は $\hbar/2m_e c \simeq 2 \times 10^{-11}$ cm より大きくなければならない．電子の半径がそれほど大きければ観測されないはずはないと思われたが，しばらくして電子のスピンとその軌道運動の結合が水素原子の微細構造，$\ell \neq 0$ の状態の二重項への分裂の説明になることを示した人たちが出てくると[2]，電子のスピンはもっとまともに考えられるようになってきた（これは 4.2 節で

議論する）.

　自転電子模型についてのこうした心配は，量子現象を古
典的な用語で理解しようという願いが残っていたことに由
来する．そうではなくて，私たちはスピン角運動量と軌道
角運動量の存在を共に対称性原理の結果と考えるべきであ
る．3.4〜3.6 節では，対称性原理がエネルギーと運動量
のような保存量の存在を意味する様子を理解した．さらに
もう一つの対称性が非相対論的物理にも相対論的物理にも
ある．空間的な回転の下での不変性である．4.1 節では量
子力学の回転不変性から保存される角運動量 3 元ベクト
ル $\mathbf{J}$ が導かれる様子がわかるだろう．4.2 節では三つの
演算子の交換関係が使われて $\mathbf{J}^2$, J_3 の固有値のスペクト
ルが導かれ，これらの $\mathbf{J}$ の三つの成分すべてが対応する
固有状態に作用する様子がわかる．J_3 の固有値は $\hbar$ の整
数倍または半整数倍になる.

　一般にどんな粒子の角運動量 $\mathbf{J}$ も，既に 2.1 節で議論
した軌道角運動量と，半整数または整数の値をとるスピン
角運動量の和である．また，複数個の粒子の系では，系の
全角運動量は個々の粒子の角運動量の和である．この両方
の理由から 4.3 節では，二つの角運動量の和の $\mathbf{J}^2$, J_3 が
各々の角運動量の対応する固有状態からどのように構成さ
れるかを考える．4.4 節では角運動量の合成（加法）の規
則を応用して，角運動量の固有状態で，演算子を挟んだ行
列要素に関係する公式「ウィグナー – エッカルトの定理」
を導く.

　電子だけでなく，陽子や中性子もスピン 1/2 をもつこ
とがわかった．電子などの粒子のスピンのこの値は相対論
の結果だとよく言われる．これは 1928 年にディラックが
一種の相対論的な波動力学を展開し，その理論では粒子
がスピン 1/2 をもつことが要求されたためである[3]．し
かしディラックの相対論的波動力学は相対論と量子力学
を結合する唯一の方法ではない．1934 年，パウリとワイ
スコップ（1908-2002）はスピン 0 の粒子について相対論
的量子論が構成されることを示した[4]．現代では Z, W 粒
子のように，どう見ても電子と同様に素粒子であるのに，
$j = 1$ であって $j = 1/2$ ではない粒子も見つかっている．
スピンについては，相対論を考慮に入れなければならな
いことは何もないし，相対論についても，素粒子がスピン
1/2 をもつことは何も関係ない．

　やがてわかってきたことだが，粒子のスピンは多数の同
種粒子の波動関数が粒子の座標（スピンを含む）について
対称的であるか反対称的であるかを決定する．これは 4.5
節で議論する．また原子，原子核，気体，結晶でそれがど
のような意味をもつかも議論する．

　角運動量について学んだことを使って，4.6 節と 4.7 節
では他の種類の対称性を考察する．一つはアイソスピンの
対称性のような内部対称性であり，もう一つは空間反転に
ついての対称性である．4.8 節はクーロン・ポテンシャル
の場合に角運動量の性質をもつ二つの異なった 3 元ベク
トルがあって，そのような 3 元ベクトルについて 4.2 節

で導いた性質を使って代数的に水素原子のスペクトルを導けることを示す．この長い章の最後の 4.9 節では，剛体の回転子を議論する．そのエネルギー準位は正確に計算でき，それは分子の回転のスペクトルのよい近似となる．

原　注

(1) S. Goudsmit and G. Uhlenbeck, *Naturwissenschaften* **13**, 953 (1925); *Nature* **117**, 264 (1926).

(2) W. Heisenberg and P. Jordan, *Z. Physik* **37**, 263 (1926); C. G. Darwin, *Proc. Roy. Soc.* A **116**, 227 (1927).

(3) P. A. M. Dirac, *Proc. Roy. Soc.* A **117**, 610 (1928).

(4) W. Pauli and V. F. Weisskopf, *Helv. Phys. Acta* **7**, 709 (1934).

4.1　回　転

回転はデカルト座標 x_i の実線形変換 $x_i \mapsto \sum_j R_{ij} x_j$ であって，スカラー積 $\mathbf{x} \cdot \mathbf{y} = \sum_i x_i y_i$ を不変にするので

$$\sum_i \left(\sum_j R_{ij} x_j \right) \left(\sum_k R_{ik} y_k \right) = \sum_i x_i y_i$$

が成り立つ．i, j, k は値 $1, 2, 3$ をとる．両辺の $x_j y_k$ の係数を等しいとおくと，回転についての基本的条件

$$\sum_i R_{ij} R_{ik} = \delta_{jk} \tag{4.1.1}$$

が出てくる．行列で表すと

$$R^{\mathrm{T}} R = 1 \tag{4.1.2}$$

である. ここで R^{T} は行列 R の転置行列であり, $[R^{\mathrm{T}}]_{ji}$ $= R_{ij}$ が成り立つ. また 1 はここでは単位行列であり, $[1]_{jk} = \delta_{jk}$ である. 式 (4.1.2) を満足する実行列は**直交行列**と言われる.

式 (4.1.2) の行列式をとり, 行列の積の行列式は行列式の積であること, および転置行列の行列式は元の行列の行列式と等しいことを使うと $[\det R]^2 = 1$ となることがわかるから, $\det R$ は $+1$ か -1 である. 行列についての代数学の定理から, $\det R$ が 0 でなければ R には逆行列 R^{-1} が存在して $R^{-1}R = RR^{-1} = 1$ が成り立つ. 式 (4.1.2) に左から R^{-1} をかけると $R^{-1} = R^{\mathrm{T}}$ となる. この逆行列も直交行列であることに注意しよう. $(R^{-1})^{\mathrm{T}}R^{-1} = RR^{\mathrm{T}} = 1$ だからである.

行列の積の転置行列は転置行列の逆順の積であることに注意しよう. すなわち

$$[AB]_{ij}^{\mathrm{T}} = [AB]_{ji} = \sum_k A_{jk}B_{ki}$$
$$= \sum_k B_{ik}^{\mathrm{T}}A_{kj}^{\mathrm{T}} = [B^{\mathrm{T}}A^{\mathrm{T}}]_{ij}.$$

これから特に, 直交行列の積は直交行列であることが出てくる. すなわち, もし $A^{\mathrm{T}}A = 1$ かつ $B^{\mathrm{T}}B = 1$ ならば

$$(AB)^{\mathrm{T}}AB = B^{\mathrm{T}}A^{\mathrm{T}}AB = B^{\mathrm{T}}B = 1$$

である. 実直交行列全体からなる集合は単位行列を含み, これらの行列はすべて逆行列をもち, それらも実直交行列であるから, この集合は群のすべての条件を満足する. この群は $O(3)$ という名前で知られる実直交 3×3 行列の全

体が作る群である.

　式（4.1.2）の条件を満たす, R_{ij} による変換 $x_i \longmapsto \sum_j R_{ij}x_j$ がすべて回転だとは限らない. 既に注意したように, 条件（4.1.2）を満足する R_{ij} について, その行列式は $+1$ か -1 である. $\det R = -1$ の場合の変換は空間の反転である. 一つの簡単な例は変換 $\mathbf{x} \longmapsto -\mathbf{x}$ である. これらの変換は 4.7 節で考察する. $\det R = +1$ の場合が回転であり, ここでは回転を取り扱う. 行列式 1 の行列の積の行列式は 1 であるから, 回転はそれ自身で群をなしている. 回転の群は $O(3)$ の部分群であり, 3 次元の特殊直交群 $SO(3)$ と呼ばれる. ここでも $O(3)$ はこれらが実直交 3×3 行列であることを意味し, S は「スペシャル」の略であり, これらの行列の行列式が 1 であることを意味する.

　他の対称変換と同様に, 回転 R は物理的状態の作るヒルベルト空間でのユニタリー変換 $\Psi \longmapsto U(R)\Psi$ を引き起こす. まず回転 R_1 を行い, 続いて回転 R_2 を行うと, 物理的状態は変換されて $\Psi \longmapsto U(R_2)U(R_1)\Psi$ となるが, 回転 $R_2 R_1$ を行ったことと同じであるから[1]

$$U(R_2)U(R_1) = U(R_2 R_1). \qquad (4.1.3)$$

ベクトル観測量を表す演算子 $\mathbf{V}$ （座標ベクトル $\mathbf{X}$ や運動量ベクトル $\mathbf{P}$ のような）に作用して $U(R)$ は回転

$$U^{-1}(R)V_i U(R) = \sum_j R_{ij}V_j \qquad (4.1.4)$$

を引き起こす.

　回転は，空間反転と異なり，無限小であり得る．この場合

$$R_{ij} = \delta_{ij} + \omega_{ij} + O(\omega^2) \qquad (4.1.5)$$

となる．ω_{ij} は無限小である．条件 (4.1.2) はここでは

$$1 = \big(1 + \omega^{\mathrm{T}} + O(\omega^2)\big)\big(1 + \omega + O(\omega^2)\big)$$
$$= 1 + \omega^{\mathrm{T}} + \omega + O(\omega^2)$$

となるから，$\omega^{\mathrm{T}} = -\omega$ である．すなわち，

$$\omega_{ji} = -\omega_{ij} \qquad (4.1.6)$$

である．そのような無限小の回転では，ユニタリー演算子 $U(R)$ は

$$U(1 + \omega) \rightarrow 1 + \frac{i}{2\hbar} \sum_{ij} \omega_{ij} J_{ij} + O(\omega^2) \qquad (4.1.7)$$

の形をとらねばならない．$J_{ij} = -J_{ji}$ はエルミート演算子の組である．（$1/\hbar$ の因子が定義 (4.1.7) に挿入されたのは，J_{ij} に $\hbar$ の次元，すなわち距離と運動量の積と同じ次元を与えるためである.）

　対称変換の生成子に関していつも成り立つことだが，他の観測量のある対称変換での変換性は，その観測量と対称変換の生成子の交換関係で表現される．例えばベクトル **V** についての変換の規則 (4.1.4) で式 (4.1.7) を用いると

$$\frac{i}{\hbar}[V_k, J_{ij}] = \delta_{ik}V_j - \delta_{jk}V_i \qquad (4.1.8)$$

となる.

さまざまな J_{ij} の変換の規則と，J_{ij} 同士の交換関係を求めることもできる．式 (4.1.3) の応用として，任意の $\omega_{ij} = -\omega_{ji}$ と ω に無関係な任意の回転 R' について

$$U(R'^{-1})U(1+\omega)U(R') = U(R'^{-1}(1+\omega)R')$$
$$= U(1+R'^{-1}\omega R')$$

を得る．すると ω の 1 次について，

$$\sum_{ij} \omega_{ij} U(R'^{-1}) J_{ij} U(R') = \sum_{kl} (R'^{-1}\omega R')_{kl} J_{kl}$$
$$= \sum_{ijkl} R'_{ik} R'_{jl} \omega_{ij} J_{kl}$$

となる．ここで式 (4.1.2) すなわち $R'^{-1} = R'^{\mathrm{T}}$ を使った．次にこの式の両辺で ω_{ij} の係数が等しいとして，演算子 J_{ij} の変換規則

$$U(R'^{-1}) J_{ij} U(R') = \sum_{kl} R'_{ik} R'_{jl} J_{kl} \qquad (4.1.9)$$

が与えられる．つまり，J_{ij} はテンソルである．もう一歩進めて，R' 自身も無限小の回転で，$R' \to 1+\omega'$, $\omega'_{ij} = -\omega'_{ji}$ は無限小であるとすると，ω' の 1 次の近似で，式 (4.1.9) から

$$\frac{i}{2\hbar} \Big[J_{ij}, \sum_{kl} \omega'_{kl} J_{kl} \Big] = \sum_{kl} (\omega'_{ik}\delta_{jl} + \omega'_{jl}\delta_{ik}) J_{kl}$$
$$= \sum_k \omega'_{ik} J_{kj} + \sum_i \omega'_{jl} J_{il}$$

となる．この式の両辺の ω'_{kl} が等しいとすると，J 同士の交換関係

$$\frac{i}{\hbar}[J_{ij}, J_{kl}] = -\delta_{il}J_{kj} + \delta_{ik}J_{lj} + \delta_{jk}J_{il} - \delta_{jl}J_{ik}$$

$$(4.1.10)$$

が得られる.

　ここまでは，任意の次元の空間での回転対称な理論で成り立つ. 3次元では J_{ij} を3成分の演算子 $\mathbf{J}$ で表すのが非常に便利である. その定義は

$$J_1 \equiv J_{23}, \quad J_2 \equiv J_{31}, \quad J_3 \equiv J_{12}$$

である. より簡潔に書けば

$$J_k \equiv \frac{1}{2}\sum_{ij}\epsilon_{ijk}J_{ij}, \quad J_{ij} = \sum_k \epsilon_{ijk}J_k. \quad (4.1.11)$$

である. ϵ_{ijk} は完全反対称な量で，その0でない成分は $\epsilon_{123} = \epsilon_{231} = \epsilon_{312} = +1$ および $\epsilon_{213} = \epsilon_{321} = \epsilon_{132} = -1$ である. 無限小回転のユニタリー演算子（4.1.7）は

$$U(1+\omega) \rightarrow \mathbf{1} + \frac{i}{\hbar}\boldsymbol{\omega}\cdot\mathbf{J} + \mathbf{O}(\omega^2) \quad (4.1.12)$$

の形になる. $\omega_k \equiv \dfrac{1}{2}\sum_{ij}\epsilon_{ijk}\omega_{ij}$ である. この回転は，$\boldsymbol{\omega}$ の方向を回転軸とした無限小角 $|\boldsymbol{\omega}|$ の回転である.

　3元ベクトル $\mathbf{V}$ の特徴となる性質（4.1.8）は，$\mathbf{J}$ で表すと，

$$[J_i, V_j] = i\hbar\sum_k \epsilon_{ijk}V_k \quad (4.1.13)$$

の形になる.（例えば，式（4.1.8）は $[J_1, V_2] = [J_{23}, V_2] = i\hbar V_3$ となる.）また交換関係（4.1.10）は

$$[J_i, J_j] = i\hbar \sum_k \epsilon_{ijk} J_k \qquad (4.1.14)$$

の形をとる．（例えば，式（4.1.10）は $[J_1, J_2] = [J_{23},$ $J_{31}] = -i\hbar J_{21} = i\hbar J_3$ となる．）すなわち **J** 自身が3元ベクトルである．式（4.1.14）は軌道角運動量 **L** が満たす交換関係（2.1.11）と同じ交換関係であるが，ここでは回転対称性についての仮定だけから導かれ，座標や運動量に関する仮定は何も使っていない．この交換関係はこれからの節での角運動量の取り扱いの基礎となる．

　ところで，量 **J** は式（4.1.11）で定義されているが，それがベクトルであることは驚くにはあたらない．ϵ_{ijk} の成分はすべての座標系で同じであり，

$$\epsilon_{ijk} = \sum_{i'j'k'} R_{ii'} R_{jj'} R_{kk'} \epsilon_{i'j'k'} \qquad (4.1.15)$$

の意味でテンソルである．これは右辺は i, j, k について完全反対称であり，ϵ_{ijk} に比例しなければならないからである．行列式の定義によると，比例定数はちょうど $\det R$ でなければならないが，回転については $+1$ である．ϵ_{ijk} と J_{ij} がテンソルであることを知っていれば，式（4.1.11）から J_i が3元ベクトルであることは明らかである．

　さて，この章の序論で提起された点にもどろう．粒子の全角運動量 **J** はその軌道角運動量 **L** と異なるだろうか．もし **J** が回転の真の生成子だとしたら，**任意のベクトル**との交換関係（4.1.13）をもつべきなのは **L** よりも **J** の

方である．2.1節で見たように，直接の計算によって中心
力のポテンシャルの中の粒子の場合，演算子 $\mathbf{L} \equiv \mathbf{X} \times \mathbf{P}$
は交換関係

$$[L_i, L_j] = i\hbar \sum_k \epsilon_{ijk} L_k \qquad (4.1.16)$$

を満足するが，これは $\mathbf{J}$ の満足する交換関係（4.1.14）
と同形である．また $\mathbf{L}$ はベクトルであるから

$$[J_i, L_j] = i\hbar \sum_k \epsilon_{ijk} L_k \qquad (4.1.17)$$

でなければならない．したがって演算子 $\mathbf{S}$ を $\mathbf{S} \equiv \mathbf{J} - \mathbf{L}$
と定義すると

$$\mathbf{J} = \mathbf{L} + \mathbf{S} \qquad (4.1.18)$$

であり，式（4.1.17）から式（4.1.16）を引くと

$$[S_i, L_j] = 0 \qquad (4.1.19)$$

となる．すると式（4.1.19），（4.1.18），（4.1.16），（4.1.
14）より

$$[S_i, S_j] = i\hbar \sum_k \epsilon_{ijk} S_k \qquad (4.1.20)$$

となる．こうして $\mathbf{S}$ は新しい種類の角運動量として振舞
うので，スピンという名前の粒子の内部的な性質と言える
だろう．2.1節では，問題にしている粒子のスピンは実質
的には $\mathbf{S} = 0$ であると考えていたが，電子やその他の粒子
についてはそのように考えることはできない．

　スピン演算子は粒子の位置や運動量からは構成できな
い．実際，それらとは可換である．直接的な計算により

$$\begin{cases} [L_i, X_j] = i\hbar \sum_k \epsilon_{ijk} X_k, \\ [L_i, P_j] = i\hbar \sum_k \epsilon_{ijk} P_k \end{cases} \tag{4.1.21}$$

であるが，式 (4. 1. 13) の特殊な場合として

$$\begin{cases} [J_i, X_j] = i\hbar \sum_k \epsilon_{ijk} X_k, \\ [J_i, P_j] = i\hbar \sum_k \epsilon_{ijk} P_k \end{cases} \tag{4.1.22}$$

である．式 (4. 1. 21) と (4. 1. 22) の差をとると

$$[S_i, X_j] = [S_i, P_j] = 0 \tag{4.1.23}$$

となる．

　多数の粒子を含む系の全角運動量は，個々の粒子の軌道角運動量 $\mathbf{L}_n$ とスピン角運動量 $\mathbf{S}_n$ の総和として定義される（それぞれの粒子は添え字 n, n' で区別される）．

$$\mathbf{J} = \sum_n \mathbf{L}_n + \sum_n \mathbf{S}_n. \tag{4.1.24}$$

それら〔$\mathbf{L}_n$ および $\mathbf{S}_n$〕は異なる粒子に作用するから，$\mathbf{J}$ の交換関係への寄与としては，一般に次の形をとる．

$$[L_{ni}, L_{n'j}] = i\hbar \delta_{nn'} \sum_k \epsilon_{ijk} L_{nk}, \tag{4.1.25}$$

$$[L_{ni}, S_{n'j}] = 0, \tag{4.1.26}$$

$$[S_{ni}, S_{n'j}] = i\hbar \delta_{nn'} \sum_k \epsilon_{ijk} S_{nk}. \tag{4.1.27}$$

したがって $\mathbf{J}$ は式 (4. 1. 14) を満足する．また $\mathbf{L}_n$ は n 番目の粒子の座標にだけ作用するから，

$$\begin{cases} [L_{ni}, X_{n'j}] = i\hbar\delta_{nn'} \sum_k \epsilon_{ijk} X_{nk}, \\ [L_{ni}, P_{n'j}] = i\hbar\delta_{nn'} \sum_k \epsilon_{ijk} P_{nk} \end{cases} \quad (4.1.28)$$

である. 一方,

$$[S_{ni}, X_{n'j}] = [S_{ni}, P_{n'j}] = 0 \quad (4.1.29)$$

である.

　S や **J** の具体的な形がなくても，交換関係だけを用いて，角運動量の演算子が物理的な状態ベクトルにどのように作用するかが一般的に計算できる．次節では **J** についてこれを実行するが，全く同じことが **S** と **L** についても適用できるし，個々の粒子の全角運動量，スピン角運動量，軌道角運動量，についても適用できる.

原　注
(1) 一般的にはこの関係の右辺には位相因子 $\exp[i\alpha(R_1, R_2)]$ が現れてもよい. しかしこれは，ここで関心のある非常に小さな回転については起こらない. この点の詳細については拙著 S. Weinberg, *The Quantum Theory of Fields*, Vol. I (Cambridge University Press, Cambridge, 1995), pp. 52-53 および同書 2.7 節参照.

4.2　角運動量多重項

　それではここで，（4.1.14）の交換関係を満足する任意のエルミート演算子 **J** について，$\mathbf{J}^2$ および J_3 の固有値，およびその固有ベクトルに **J** がどう作用するかを調べ上げよう.

まず，

$$[J_3, (J_1 \pm J_2)] = i\hbar J_2 \pm i(-i\hbar J_1)$$
$$= \pm \hbar(J_1 \pm iJ_2) \qquad (4.2.1)$$

であることに注目しよう．$J_1 \pm iJ_2$ は**昇降（上昇・下降）演算子**として作用する．固有値の条件 $J_3 \Psi^m = \hbar m \Psi^m$（$m$ は任意）を満足する状態ベクトル Ψ^m について

$$J_3(J_1 \pm iJ_2)\Psi^m = (m \pm 1)\hbar(J_1 \pm iJ_2)\Psi^m$$

が成り立つから，$(J_1 \pm iJ_2)\Psi^m$ は 0 とならない限り J_3 の固有状態で，その固有値は $\hbar(m \pm 1)$ である．$\mathbf{J}^2$ は J_3 と可換であるから，Ψ_m を $\mathbf{J}^2$ と J_3 の両方の固有ベクトルと選ぶことができる．また $J_1 \pm iJ_2$ と $\mathbf{J}^2$ は可換であるから，お互いに昇降演算子で結ばれるすべての状態ベクトルは同じ $\mathbf{J}^2$ の固有値をもつ．

さて，このようにして得られる J_3 の固有値には最大と最小がなければならない．なぜなら J_3 の任意の固有値の 2 乗は $\mathbf{J}^2$ の固有値よりも小さいはずだからである．このことは Ψ が J_3 の固有値が a，$\mathbf{J}^2$ の固有値が b であるような任意の規格化された固有状態であるとすると

$$b - a^2 = (\Psi, (\mathbf{J}^2 - J_3^2)\Psi)$$
$$= (\Psi, (J_1^2 + J_2^2)\Psi) \geqq 0$$

だからである．昇降演算子で関係づけられる状態ベクトルのある特定の組に対して，$J_3/\hbar$ の固有値がとり得る最大値を習慣として j と書くことが多い．そこで，この組に対して，$J_3/\hbar$ の固有値の最小値をひとまず j' と書いておこう．J_3 が最大の固有値 $\hbar j$ をとる状態ベクトルを Ψ^j と

すると，それは

$$(J_1 + iJ_2)\Psi^j = 0 \qquad (4.2.2)$$

を満足しなければならない．もしそうでないとすると $(J_1 + iJ_2)\Psi^j$ の J_3 の固有値の方が大きくなるからである．同様に，Ψ^j に $J_1 - iJ_2$ を作用させると J_3 の固有値が $\hbar(j-1)$ になる．もちろん，その状態ベクトルは 0 でないとする．このように続けていくと，最終的には J_3 の固有値が最小の値 $\hbar j'$ となる固有状態 $\Psi^{j'}$ に到達する．それは

$$(J_1 - iJ_2)\Psi^{j'} = 0 \qquad (4.2.3)$$

を満たす．さもなければ $(J_1 - iJ_2)\Psi^{j'}$ は J_3 の固有値がより小さい状態ベクトルとなるからである．Ψ^j から $\Psi^{j'}$ を得るには下降演算子 $J_1 - iJ_2$ を整数回作用させる．したがって $j-j'$ は整数でなければならない．

さらに，J_1 と J_2 の交換関係を用いて

$$\begin{aligned}
(J_1 - iJ_2)(J_1 + iJ_2) &= J_1^2 + J_2^2 + i[J_1, J_2] \\
&= \mathbf{J}^2 - J_3^2 - \hbar J_3, \qquad (4.2.4)
\end{aligned}$$

$$\begin{aligned}
(J_1 + iJ_2)(J_1 - iJ_2) &= J_1^2 + J_2^2 - i[J_1, J_2] \\
&= \mathbf{J}^2 - J_3^2 + \hbar J_3, \qquad (4.2.5)
\end{aligned}$$

を示す．式（4.2.2）によると，演算子（4.2.4）は Ψ^j に作用すると 0 となるから

$$\mathbf{J}^2 \Psi^j = \hbar^2 j(j+1)\Psi^j \qquad (4.2.6)$$

である．他方，式（4.2.3）によると演算子（4.2.5）は $\Psi^{j'}$ に作用すると 0 となるから

$$\mathbf{J}^2 \Psi^{j'} = \hbar^2 j'(j'-1)\Psi^{j'} \qquad (4.2.7)$$

である. しかし, これらの状態はみな $\mathbf{J}^2$ の固有状態で, その固有値は同じであるから $j'(j'-1)=j(j+1)$ である. この2次方程式には j' について二つの解がある. $j' = j+1$ と $j' = -j$ である. j' は $J_3/\hbar$ の最小値であるから最大の数 j より大きくなるはずはない. したがって第一の解は不可能であり, 第二の解

$$j' = -j \qquad (4.2.8)$$

が残る. $j-j'$ は整数でなければならないから j は**整数か半整数**でなければならない. J_3 の固有値は $2j+1$ の異なる値 $\hbar m$ をとる. m は $-j$ から $+j$ まで一つずつすべての値をとる. 対応する固有状態を Ψ_j^m と表す. したがって

$$J_3\Psi_j^m = \hbar m \Psi_j^m, \quad m = -j, -j+1, \cdots, +j \qquad (4.2.9)$$
$$\mathbf{J}^2\Psi_j^m = \hbar^2 j(j+1)\Psi_j^m \qquad (4.2.10)$$

である. これらは以前に軌道角運動量の場合に求めたのと同じである. 一つの大きな違いは, j と m が整数の場合だけではなく半整数になる場合もあることである.

状態ベクトル Ψ_j^m は m が違うと直交する. なぜなら, それらはエルミート演算子 J_3 の異なる固有値の固有状態であるからである. また, それらは適当な定数を乗じて規格化できる. すると

$$(\Psi_j^{m'}, \Psi_j^m) = \delta_{m'm} \qquad (4.2.11)$$

となる. また, $(J_1 \pm iJ_2)\Psi_j^m$ は固有値 $\hbar(m \pm 1)$ を J_3 についてもつから $\Psi_j^{m\pm1}$ に比例する. すなわち

$$(J_1 \pm iJ_2)\Psi_j^m = \alpha^\pm(j,m)\Psi_j^{m\pm1}. \qquad (4.2.12)$$

すると式（4.2.4）より

$$\alpha^-(j,m+1)\alpha^+(j,m) = \hbar^2[j(j+1)-m^2-m]$$

$$(4.2.13)$$

となる．式（4.2.11）の規格化条件を満足するためには

$$|\alpha^\pm(j,m)|^2 = ((J_1 \pm iJ_2)\Psi_j^m, (J_1 \pm iJ_2)\Psi_j^m)$$

$$= \left(\Psi_j^m, (J_1 \mp iJ_2)(J_1 \pm iJ_2)\Psi_j^m\right)$$

が必要である．式（4.2.4）と（4.2.5）から

$$|\alpha^\pm(j,m)|^2 = \hbar^2[j(j+1)-m^2\mp m]. \qquad (4.2.14)$$

係数 $\alpha^-(j,m)$ の位相は好きなように調整できる．状態ベクトル Ψ_j^m に好きな位相因子（絶対値1の複素数）を乗じても式（4.2.11）に影響しないからである．（$\alpha^-(j,j)$ の位相を調整するには Ψ_j^{j-1} に適当な位相因子を乗じる．それから $\alpha^-(j,j-1)$ の位相を調整するために Ψ_j^{j-2} に適当な位相因子を乗じる．等々．）通常は位相を調整してすべての $\alpha^-(j,m)$ を実数で正とする．その場合，式（4.2.13）はすべての $\alpha^+(j,m)$ も実数で正であることを要求する．すると式（4.2.14）からこれらの因子が

$$\alpha^\pm(j,m) = \hbar\sqrt{j(j+1)-m^2\mp m} \qquad (4.2.15)$$

であり，

$$(J_1 \pm iJ_2)\Psi_j^m = \hbar\sqrt{j(j+1)-m^2\mp m}\,\Psi_j^{m\pm1} \qquad (4.2.16)$$

となる．実は 2.2 節での球面関数 Y_ℓ^m の位相は，L_i と ℓ の関係が，ここの J_i と j の関係と同じになるように選択されていた．式（4.2.9）と（4.2.16）によって量子力学の演算子 J_i がどのように Ψ_j^m に作用するかの完全な記述

ができている．群論では（4.2.9）と（4.2.16）は交換関係（4.1.14）の**表現**になっていると言う．（もちろん，状態ベクトル Ψ_j^m は対称性の生成子 J_i で不変な，他のいくつかの力学変数に依存し得る．）

例として，$j=1/2$ の場合を考えよう．ここでは式（4.2.16）は

$$(J_1 \pm iJ_2)\Psi_{1/2}^{\mp 1/2} = \hbar\Psi_{1/2}^{\pm 1/2},$$
$$(J_1 \pm iJ_2)\Psi_{1/2}^{\pm 1/2} = 0$$

となり，またもちろん

$$J_3\Psi_{1/2}^{\pm 1/2} = \pm\frac{\hbar}{2}\Psi_{1/2}^{\pm 1/2}$$

となる．以上の結果は次のように要約できる．

$$(\Psi_{1/2}^{m'}, \mathbf{J}\Psi_{1/2}^{m}) = \frac{\hbar}{2}\boldsymbol{\sigma}_{m'm}. \tag{4.2.17}$$

σ_i は 2×2 行列で，**パウリ行列**という名前で知られる．

$$
\begin{cases}
\sigma_1 = \begin{pmatrix} 0 & 1 \\ 1 & 0 \end{pmatrix}, \quad \sigma_2 = \begin{pmatrix} 0 & -i \\ i & 0 \end{pmatrix}, \\
\sigma_3 = \begin{pmatrix} 1 & 0 \\ 0 & -1 \end{pmatrix}.
\end{cases}
\tag{4.2.18}
$$

式（4.2.16）の簡単な応用がある．これは多くの物理的計算に役立つ．系が，規格化された状態ベクトル Ψ_j^m で表される状態にあることは知っているとして，ある測定によって，それが規格化された別の状態ベクトル Φ_j^m（Ψ_j^m を含む完全直交系には含まれない）の状態に移る確率を知りたいとしよう．Ψ_j^m はお互いに式（4.2.16）で

関係づけられており，Φ_j^m についても同様である.

　量子力学の一般原理によると，この確率は行列要素 $(\Phi_j^m, \Psi_j^m)^{(1)}$ の絶対値の2乗である．式 (4.2.16) を使うと，この行列要素，さらにそれから得られる確率も m に依存しないことを示すことができる．これを確かめるためには，式 (4.2.16) を使って次のような計算をする．

$$\hbar\sqrt{j(j+1) - m^2 \mp m}(\Phi_j^{m\pm 1}, \Psi_j^{m\pm 1})$$
$$= (\Phi_j^{m\pm 1}, (J_1 \pm iJ_2)\Psi_j^m)$$
$$= ((J_1 \pm iJ_2)\Phi_j^{m\pm 1}, \Psi_j^m)$$
$$= \hbar\sqrt{j(j+1) - (m\pm 1)^2 \pm (m\pm 1)}(\Phi_j^m, \Psi_j^m)$$
$$= \hbar\sqrt{j(j+1) - m^2 \mp m}(\Phi_j^m, \Psi_j^m).$$

したがって

$$(\Phi_j^{m\pm 1}, \Psi_j^{m\pm 1}) = (\Phi_j^m, \Psi_j^m). \qquad (4.2.19)$$

これを繰り返せば，(Φ_j^m, Ψ_j^m) が m によらないという結論に導かれる．証明終わり．同じ理由により，A が（ハミルトニアンのような）$\mathbf{J}$ と可換な演算子だとすると，その行列要素 $(\Phi_j^m, A\Psi_j^m)$ は m に依存しない．この小さな定理は 4.4 節で，回転の下でさまざまな変換性を示す演算子の行列要素の m 依存性を計算するのに用いられる．

$$* \quad * \quad * \quad * \quad *$$

　既に見たように，束縛状態のエネルギー準位の角運動量はこれらの準位の多重度を決める．そのような測定の古典的な例は 1922 年のワルター・ゲルラッハ（1889-1979）およびオットー・シュテルン（1888-1969）による実験で

ある[2]．これは既に3.7節で，量子力学の解釈に関連し
て述べた．シュテルン‒ゲルラッハの実験では中性の原
子[3]のビームを，ゆっくりと変動する磁場の中に入射す
る．磁場は

$$\mathbf{B}(\mathbf{x}) = \mathbf{B}_0 + \mathbf{B}_1(\mathbf{x}) \qquad (4.2.20)$$

の形をしている．ここで $\mathbf{B}_0$ は定数であり，変動する項
$\mathbf{B}_1(\mathbf{x})$ は $\mathbf{B}_0$ よりずっと小さい．後に見るように，$\mathbf{B}_0$ の
方向によってこの実験で測定されるものが決まる．この方
向を第3軸としよう．$\mathbf{B}_1(\mathbf{x})$ の正確な形はさほど重要で
はないが，もちろんそれは自由場のマックスウェル方程式

$$\nabla\cdot\mathbf{B}_1 = 0, \quad \nabla\times\mathbf{B}_1 = 0 \qquad (4.2.21)$$

を満足しなければならない．例えば $B_{1i} = \sum_j D_{ij}x_j$ と書
けるであろう．定数行列 D_{ij} は対称行列でトレースレス
（トレースが0）とする．原子の全角運動量は $\mathbf{J}$ とする．
すると原子のハミルトニアンは

$$H = \frac{\mathbf{p}^2}{2m} - \left(\frac{\mu}{\hbar j}\right)\left(J_3|\mathbf{B}_0| + \mathbf{J}\cdot\mathbf{B}_1(\mathbf{x})\right) \qquad (4.2.22)$$

となる．ここで $\mathbf{J}^2 = \hbar^2 j(j+1)$ であり，μ は原子に固有
の量で，原子の磁気能率（磁気モーメント）と言う．本来
のシュテルン‒ゲルラッハの実験では問題の原子は銀であ
り，角運動量は単独の電子のスピンによって $j=1/2$ であ
った（当時は知られていなかった）が，j が任意であると
いう一般的な場合を考えることは容易である．1.5節に説
明したエーレンフェストの議論によれば，位置と運動量の

期待値は運動方程式

$$\frac{d}{dt}\langle \mathbf{x} \rangle = \langle \mathbf{p} \rangle/m, \quad \frac{d}{dt}\langle \mathbf{p} \rangle = \left(\frac{\mu}{\hbar j}\right)\langle \boldsymbol{\nabla}(\mathbf{J}\cdot\mathbf{B}_1(\mathbf{x}))\rangle$$

$$(4.2.23)$$

に従う. $\mathbf{B}_0$ が十分に大きければ, J_3 の固有値が $\hbar\sigma \neq 0$ である状態ベクトルの成分は, 急激に振動する因子 $\exp(i\sigma\mu|\mathbf{B}_0|t/\hbar j)$ によってその時間依存性が支配される. 既に見たことだが J_3 の固有値は $\hbar\sigma$ である. ここで $\sigma = -j, -j+1, \cdots, +j$. また式 (4.2.16) により, J_1 と J_2 の行列要素は J_3 の固有値が $\pm h$ だけ違う固有状態の間でだけ 0 でない値をもつ. したがってこれらの行列要素は $\exp(\pm i\mu|\mathbf{B}_0|t/j)$ に比例し, 短い時間間隔で平均すると 0 となる. したがって粒子の運動方程式 (4.2.23) は $J_3 = \hbar\sigma$ であるとき, 実質的に

$$\frac{d}{dt}\langle \mathbf{x} \rangle = \langle \mathbf{p} \rangle/m, \quad \frac{d}{dt}\langle \mathbf{p} \rangle = \left(\frac{\mu\sigma}{j}\right)\langle \boldsymbol{\nabla}B_{13}(\mathbf{x})\rangle$$

$$(4.2.24)$$

となる. 例えば上記で議論した $B_{1i} = \sum_j D_{ij}x_j$ の場合には, これらの二つの方程式を結合すると $\langle \mathbf{x} \rangle$ についての一つの 2 階微分方程式になる. すなわち,

$$m\frac{d^2}{dt^2}\langle x_i \rangle = \left(\frac{\mu\sigma}{j}\right)D_{3i}.$$

$\mathbf{B}_1$ の形がどうであっても, 可能な軌跡は $2j+1$ 通りであり, 粒子がたどる実際の軌跡の観測から σ の値がわかる.

原　　注

(1) いずれの状態ベクトルも，同じ j と m の値をもつ場合の行列要素だけを考える．なぜなら両方の状態ともエルミート演算子 $\mathbf{J}^2$ と J_3 の固有状態であって，したがって行列要素は両方とも同じでなければ 0 となるからである．

(2) W. Gerlach and O. Stern, *Z. Physik* **9**, 353 (1922).

(3) 中性の原子を用いたのは，一つには偶然の電場によるクーロン力を避けるためであり，一つには磁場の中の荷電粒子の運動によってできるローレンツ力を避けるためである．

4.3　角運動量の合成

　物理的な系が二つ以上の異なる型の角運動量を含むことがよくある．例えば，ヘリウム原子の基底状態では二つの電子があり，各々自分自身のスピンをもっているが，軌道角運動量はもっていない．水素原子の $\ell > 0$ の励起状態では，軌道角運動量とスピン角運動量の両方がある．個々の角運動量の間に相互作用があるために，通常は複数の角運動量は別々には保存しない，すなわち，個々の角運動量はハミルトニアンと可換でない．そのような場合には，各々の角運動量の和で与えられ，ハミルトニアンと**可換**になるような**全角運動量**演算子を導入するのが役に立つ．問題は，全角運動量で指定される状態を，個々の角運動量で記述される状態とどのように関係づけられるかである．

　ここに二つの角運動量演算子のベクトル $\mathbf{J}'$ と $\mathbf{J}''$ があったとしよう．それらはスピン角運動量，軌道角運動量，あるいはスピン角運動量と軌道角運動量の和，のどれであ

ってもよい．それぞれ次の交換関係を満足する．

$$[J_1', J_2'] = i\hbar J_3', \quad [J_2', J_3'] = i\hbar J_1', \quad [J_3', J_1'] = i\hbar J_2',$$
(4.3.1)

$$[J_1'', J_2''] = i\hbar J_3'', \quad [J_2'', J_3''] = i\hbar J_1'', \quad [J_3'', J_1''] = i\hbar J_2''$$
(4.3.2)

しかしお互いは可換であり，

$$[J_i', J_k''] = 0$$
(4.3.3)

であるとする．ここで，二つの独立な角運動量が j' と j'' という値をとり，J_3' と J_3'' のそれぞれが $\hbar m'$ と $\hbar m''$ という値をとるような状態の組を考える[1]．m' と m'' はそれぞれ 1 刻みで $-j'$ から j' までと $-j''$ から j'' までの値をとる．これらの状態の規格化された状態ベクトル $\Psi_{j'j''}^{m'm''}$ は，

$$\mathbf{J}'^2\Psi_{j'j''}^{m'm''} = \hbar^2 j'(j'+1)\Psi_{j'j''}^{m'm''}$$
(4.3.4)

$$J_3'\Psi_{j'j''}^{m'm''} = \hbar m'\Psi_{j'j''}^{m'm''}$$
(4.3.5)

$$(J_1' \pm iJ_2')\Psi_{j'j''}^{m'm''} = \hbar\sqrt{j'(j'+1) - m'^2 \mp m'}\,\Psi_{j'j''}^{m'\pm 1,\, m''}$$
(4.3.6)

$$\mathbf{J}''^2\Psi_{j'j''}^{m'm''} = \hbar^2 j''(j''+1)\Psi_{j'j''}^{m'm''}$$
(4.3.7)

$$J_3''\Psi_{j'j''}^{m'm''} = \hbar m''\Psi_{j'j''}^{m'm''}$$
(4.3.8)

$$(J_1'' \pm iJ_2'')\Psi_{j'j''}^{m'm''} = \hbar\sqrt{j''(j''+1) - m''^2 \mp m''}\,\Psi_{j'j''}^{m',\, m''\pm 1}$$
(4.3.9)

を満足する．ここで全角運動量

$$\mathbf{J} = \mathbf{J}' + \mathbf{J}''$$
(4.3.10)

を導入する．これはまた交換関係（4.1.14）を満足する．

$$[J_1, J_2] = i\hbar J_3, \quad [J_2, J_3] = i\hbar J_1, \quad [J_3, J_1] = i\hbar J_2$$

$$(4.3.11)$$

$\mathbf{J'^2}$ と $\mathbf{J''^2}$ は共に $\mathbf{J'}$ と $\mathbf{J''}$ のすべての成分と可換である.他方,一般にハミルトニアンは $\mathbf{J'} \cdot \mathbf{J''}$ に比例する項のような,$\mathbf{J'}$ あるいは $\mathbf{J''}$ と可換でない相互作用項を含むと考えられる.そこで,そのような相互作用と交換する他の演算子を探さなければならない.

この演算子は通常(必ずというわけではないが)$\mathbf{J'^2}$ と $\mathbf{J''^2}$ を含む.これらはそれぞれ $\mathbf{J'}$ および $\mathbf{J''}$ のいずれとも交換するからである.また,4.1 節で見たように全角運動量 $\mathbf{J}$ はすべての回転不変な演算子と可換である.例えば,

$$\mathbf{J'} \cdot \mathbf{J''} = \frac{1}{2}[\mathbf{J}^2 - \mathbf{J'^2} - \mathbf{J''^2}]$$

であるが,右辺の各々の項は $\mathbf{J}$ と可換である.エネルギーの確定した状態は $\mathbf{J'^2}, J_3', \mathbf{J''^2}, J_3''$ の値が各々 $\hbar^2 j'(j'+1), \hbar m', \hbar^2 j''(j''+1), \hbar m''$ である状態ではなく,$\mathbf{J'^2}, \mathbf{J''^2}, \mathbf{J}^2, J_3$ の値が各々 $\hbar^2 j'(j'+1), \hbar^2 j''(j''+1), \hbar^2 j(j+1), \hbar m$ であるような状態となる.問題は,j' と j'' が与えられたとき,どのような j の値が生じるか,また,与えられた j', j'', j, m に対して,いくつの状態が状態ベクトル $\Psi_{j'j''}^{m'm''}$ をもつ状態から作られるか,それらの状態は状態ベクトル $\Psi_{j'j''}^{m'm''}$ を用いてどう書き表されるかである.

一般的な規則は,各々の j と m に対して正確に 1 個の

状態が存在する．その範囲は，

$$j = |j' - j''|, \ |j' - j''| + 1, \cdots, j' + j'',$$
$$m = j, j - 1, \cdots, -j$$

$$(4.3.12)$$

である．これらの状態の規格化されたベクトル $\Psi^m_{j'j''j}$ は，そのとき（共通の位相因子を別として）以下の方程式で一意的に定義される．

$$\mathbf{J}'^2 \Psi^m_{j'j''j} = \hbar^2 j'(j'+1)\Psi^m_{j'j''j} \qquad (4.3.13)$$

$$\mathbf{J}''^2 \Psi^m_{j'j''j} = \hbar^2 j''(j''+1)\Psi^m_{j'j''j} \qquad (4.3.14)$$

$$\mathbf{J}^2 \Psi^m_{j'j''j} = \hbar^2 j(j+1)\Psi^m_{j'j''j} \qquad (4.3.15)$$

$$J_3 \Psi^m_{j'j''j} = \hbar m \Psi^m_{j'j''j} \qquad (4.3.16)$$

$$(J_1 \pm iJ_2)\Psi^m_{j'j''j} = \hbar\sqrt{j(j+1)-m^2 \mp m}\,\Psi^{m\pm 1}_{j'j''j}$$

$$(4.3.17)$$

これらの状態ベクトルは線形結合

$$\Psi^m_{j'j''j} = \sum_{m'm''} C_{j'j''}(j\,m; m'\,m'')\Psi^{m'm''}_{j'j''} \qquad (4.3.18)$$

で表される．$C_{j'j''}(j\,m; m'\,m'')$ は**クレブシュ‐ゴルダン係数**と呼ばれる定数の組である．もちろん，$J_3 = J_3' + J_3''$ であるから，クレブシュ‐ゴルダン係数が 0 でないのは

$$m = m' + m'' \qquad (4.3.19)$$

の場合に限られる．

　クレブシュ‐ゴルダン係数が 0 でないときの j の値が式（4.3.12）に限られることを証明しよう．まず注意したいのは，$m = m' + m''$ の値は $j' + j''$ と $-j' - j''$ の間にしかないから，j の最大の値は $j' + j''$ である．他方，

$m' = j'$ と $m'' = j''$ である状態は $j \geqq |m| = j' + j''$ であるが, これが成り立つのは $j = j' + j''$ に限られる. さらに $m = j' + j''$ が成り立つための唯一の方法は $m' = j'$ および $m'' = j''$ である. 以上から $j = j' + j''$ と $m = j' + j''$ である状態はただ一つである. また, このことから $j = j' + j''$ と, $j' + j''$ と $-j' - j''$ の間に値をとる任意の m で指定される状態もただ一つに限られる. 適切な位相因子を選ぶと, この状態の状態ベクトルは単に

$$\Psi_{j'j''}^{j'+j''} = \Psi_{j'j''}^{j'j''} \tag{4.3.20}$$

となる. すなわち,

$$C_{j'j''}(j\,m;\,j'\,j'') = \delta_{j,\,j'+j''}\delta_{m,\,j'+j''} \tag{4.3.21}$$

である. 次に, $\Psi_{j'j''}^{m'm''}$ で $m = m' + m'' = j' + j'' - 1$ となる場合を考えよう. 一般にそのような状態ベクトルは二つある. 一つは $m' = j'$ かつ $m'' = j'' - 1$ の場合であり, もう一つは $m' = j' - 1$ かつ $m'' = j''$ の場合である. (唯一の例外は $j' - 1 < -j'$ すなわち $j' = 0$ の場合である. この場合 m' が $j' - 1$ と等しくなることはない. あるいは $j'' - 1 < -j''$ すなわち $j'' = 0$ の場合である. この場合 m'' が $j'' - 1$ と等しくなることはない.) この二つの場合の状態ベクトルの線形結合が $j = j' + j''$ の状態ベクトルである. それは下降演算子 $J_1 - iJ_2$ を状態ベクトル (4.3.20) に作用させて得られる. 因子 (4.2.15) はここでは

$$\sqrt{j(j+1) - j^2 + j} = \sqrt{2j} = \sqrt{2(j' + j'')}$$

であるから,

$$\Psi^{j'+j''-1}_{j'j''\ j'+j''} = (2(j'+j''))^{-1/2}(J_1-iJ_2)\Psi^{j'+j''}_{j'j''\ j'+j''}$$

$$= (2(j'+j''))^{-1/2}(J_1'-iJ_2'+J_1''-iJ_2'')\Psi^{j'+j''}_{j'j''}$$

$$= (j'+j'')^{-1/2}\left(\sqrt{j'}\,\Psi^{j'-1,j''}_{j'j''}+\sqrt{j''}\,\Psi^{j',j''-1}_{j'j''}\right)$$

$$(4.3.22)$$

となる．この他には $j=j'+j''$ かつ $m=j'+j''-1$ と
なる状態ベクトルはない．なぜなら，もし二つあれば
$j=j'+j''$ かつ $m=j'+j''$ となる状態ベクトルが二つあ
るはずだが，既に見た通りそのような状態ベクトルは一つ
しかないからである．したがって，$m=j'+j''-1$ であ
る状態ベクトルが他にあるとすると，$j=j'+j''-1$ とい
う異なる j の値をとる状態だけである．この j の値をも
つ状態ベクトルは状態ベクトル (4.3.22) と直交しなけ
ればならない．なぜならそれは $\mathbf{J}^2$ の異なった値の状態ベ
クトルだからである．したがって，（位相因子の勝手な選
択を別として）正しく規格化されれば次の状態ベクトル
にならねばならない．

$$\Psi^{j'+j''-1}_{j'j''\ j'+j''-1}$$
$$= (j'+j'')^{-1/2}\left(\sqrt{j''}\,\Psi^{j'-1,j''}_{j'j''}-\sqrt{j'}\,\Psi^{j',j''-1}_{j'j''}\right) \quad (4.3.23)$$

すなわち

$$C_{j'j''}(j\,m;j'-1\,j'')$$
$$= \delta_{m,\,j'+j''-1}\left[\sqrt{\frac{j'}{j'+j''}}\,\delta_{j,\,j'+j''}+\sqrt{\frac{j''}{j'+j''}}\,\delta_{j,\,j'+j''-1}\right]$$

$$(4.3.24)$$

および

$$C_{j'j''}(j\,m;j'\,j''-1)$$
$$= \delta_{m,\,j'+j''-1}\left[\sqrt{\frac{j''}{j'+j''}}\delta_{j,\,j'+j''} - \sqrt{\frac{j'}{j'+j''}}\delta_{j,\,j'+j''-1}\right]$$

$$(4.3.25)$$

である.

この作業を続けていく. まず最初にわかることは, m を減らす各段階で一つの新しい状態 $\Psi^m_{j'j''j}$ が現れるが, これは既に構成した状態 ($j = m+1, m+2, \cdots, j'+j''$ に対応する) に下降演算子を作用させてできるすべての状態と直交する. したがって $j = m$ でしかあり得ない.

この手続きは最終的には終わる. なぜなら m' は $-j'$ から $+j'$ の範囲に限られ, m'' は $-j''$ から $+j''$ の範囲に限られるからである. したがって, 与えられた m に対して $m' = m - m''$ は $-j'$ と $m - j''$ の大きい方から, $+j'$ と $m + j''$ の小さい方までの値をとる. $m = j'+j''$ とすると $-j'$ と $m-j''$ の大きい方は $m-j'' = j'$ であり, $+j'$ と $m+j''$ の小さい方は j' であるから, もちろん m' の値は一意的に $m' = j'$ と決まる. $-j'$ と $m-j''$ の大きい方が $m-j''$ であり, $+j'$ と $m+j''$ の小さい方が j' である限り, m の値を一つ小さくするたびに m' の範囲が一つ増えて, j の新しい値が各々の段階で1単位小さくなる. しかし, これが続くのは $m - j'' = -j'$ であるか $m + j'' = j'$ になるまでである. 換言すれば, m が $j''-j'$ と $j'-j''$ の大きい方, すなわち $|j'-j''|$ となるまでである. その後は新しい j の値を得ることができない. した

がって（4.3.12）の範囲に制限される.

検算のために，これらの状態ベクトルの全体の数を数え
てみよう. $j' \geqq j''$ とする. そうすると，式（4.3.12）に
より j の値は $j'-j''$ から $j'+j''$ までであり，各々 $2j+1$
通りの m の値がある. 状態ベクトル $\Psi_{j'j''j}$ の数はした
がって

$$\sum_{j=j'-j''}^{j'+j''} (2j+1) = 2\frac{(j'+j'')(j'+j''+1)}{2}$$

$$-2\frac{(j'-j''-1)(j'-j'')}{2}+2j''+1$$

$$= (2j'+1)(2j''+1) \qquad (4.3.26)$$

となる. これはちょうど，m' と m'' がそれぞれ $2j'+1$
個と $2j''+1$ 個の値をとる状態ベクトル $\Psi_{j'j''}^{m'm''}$ の数で
ある. この結果は j' と j'' について対称的であるから，
$j'' \geqq j'$ の場合も同じ結果になる.

ここで採用した位相の慣例では，クレブシュ‐ゴルダン
係数はすべて実数である. クレブシュ‐ゴルダン係数は，
またもう一つ重要な性質をもっている. その性質は，二つ
の直交規格化状態ベクトルの完全な組の間の変換係数であ
るという役割に由来する. そのことを一般的に見るために
は，状態ベクトルの組が二つあるとしよう. それを Φ_n と
Φ'_a と書き，直交規格化の条件

$$(\Phi_n, \Phi_m) = \delta_{nm}, \quad (\Phi'_a, \Phi'_b) = \delta_{ab}$$

が満足されているとする. また，それらは係数の組 C_{na}
で関係づけられている.

$$\Phi_n = \sum_a C_{na} \Phi'_a \tag{4.3.27}$$

直交規格化の条件から

$$\delta_{nm} = (\Phi_n, \Phi_m)$$

$$= \sum_{ab} C^*_{na} C_{mb} (\Phi'_a, \Phi'_b) = \sum_a C^*_{na} C_{ma} \tag{4.3.28}$$

が必要である. 行列代数の一般的な定理[2]によると, 有限の複素数の正方行列 C_{na} がこの関係を満足するなら

$$\sum_n C^*_{na} C_{nb} = \delta_{ab} \tag{4.3.29}$$

も成り立ち, したがって

$$\Phi'_a = \sum_n C^*_{na} \Phi_n. \tag{4.3.30}$$

実のクレブシュ-ゴルダン係数については式 (4.3.28) および (4.3.29) は

$$\sum_{jm} C_{j'j''}(jm; m'm'') C_{j'j''}(jm; \widetilde{m}'\widetilde{m}'')$$

$$= \delta_{m'\widetilde{m}'} \delta_{m''\widetilde{m}''} \tag{4.3.31}$$

および

$$\sum_{m'm''} C_{j'j''}(jm; m'm'') C_{j'j''}(\widetilde{j}\widetilde{m}; m'm'') = \delta_{j\widetilde{j}} \delta_{m\widetilde{m}} \tag{4.3.32}$$

となる. また式 (4.3.18) は逆に

$$\Psi^{m'm''}_{j'j''} = \sum_{jm} C_{j'j''}(jm; m'm'') \Psi^m_{j'j''j} \tag{4.3.33}$$

となる. クレブシュ‐ゴルダン係数の一部の値を表4.1
に与えてある. 物理的な例として, 水素原子の状態ベ
クトルを考えよう. いま電子のスピン1/2を考慮する.
$\ell = 0$ のとき j の可能な値はもちろん $j = 1/2$ であるが,
$\ell > 0$ の場合には j は二つの値があり得る. すなわち
$j = \ell + 1/2$ と $j = \ell - 1/2$ である. 標準的な記法では水
素原子の状態は $n\ell_j$ と書かれる. ここで軌道角運動量 $\ell =$
$0, 1, 2, 3, 4, \cdots$ は文字 s, p, d, f, g(これ以降はアルファベ
ットの順)で表される. また $\ell \leq n - 1$ であることを思
い出せ. 基底状態 $n = 1$ では $\ell = 0$ であり, j の値は $j =$
$1/2$ に限られる. これを $1s_{1/2}$ と表す. 第一励起状態は
$n = 2$ であり, $\ell = 0$ と $\ell = 1$ がある. $\ell = 0$ の場合は $j =$
$1/2$ となり, $2s_{1/2}$ と表す. $n = 2$ で $\ell = 1$ の場合は $j =$
$1/2$ と $j = 3/2$ があり, それぞれ $2p_{1/2}$ および $2p_{3/2}$ と表
す. 以上から水素原子の状態は $1s_{1/2}, 2p_{3/2}, 2p_{1/2}, 2s_{1/2},$
$3d_{5/2}, 3d_{3/2}, 3p_{3/2}, 3p_{1/2}, 3s_{1/2}$ などである.

　例えば $2p_{3/2}$ 状態で $m = 1/2$ の場合の電子のスピンと
軌道角運動量の第3成分 S_3 や L_3[3] を測定すると, $1/2$
および 0, あるいは $-1/2$ および $+1$ を得る確率は対応す
るクレブシュ‐ゴルダン係数の2乗に等しく, それは表
4.1によると各々 $2/3$ および $1/3$ である.

　L·S に比例する相互作用は, n と ℓ が同じであっても j
が異なる状態を分裂させる. これがいわゆる水素原子の**微
細構造**である. 例えば $2p_{1/2}$ 状態と $2p_{3/2}$ 状態のエネルギ
ーの差は 4.5283×10^{-5} eV である. この効果は j と n の

表 4.1 角運動量の合成についてのクレブシュ – ゴルダン係数の例：j', j'' は各々の角運動量，m', m'' はその第 3 方向の成分，それを合成して角運動量 j，その第 3 成分を m とする．j', j'' の小さい方で 0 でない値に限る．

j'	j''	j	m	m'	m''	$C_{j'j''}(j\,m; m'\,m'')$
$\frac{1}{2}$	$\frac{1}{2}$	1	$+1$	$+\frac{1}{2}$	$+\frac{1}{2}$	1
$\frac{1}{2}$	$\frac{1}{2}$	1	0	$\pm\frac{1}{2}$	$\mp\frac{1}{2}$	$1/\sqrt{2}$
$\frac{1}{2}$	$\frac{1}{2}$	1	-1	$-\frac{1}{2}$	$-\frac{1}{2}$	1
$\frac{1}{2}$	$\frac{1}{2}$	0	0	$\pm\frac{1}{2}$	$\mp\frac{1}{2}$	$\pm 1/\sqrt{2}$
1	$\frac{1}{2}$	$\frac{3}{2}$	$\pm\frac{3}{2}$	± 1	$\pm\frac{1}{2}$	1
1	$\frac{1}{2}$	$\frac{3}{2}$	$\pm\frac{1}{2}$	± 1	$\mp\frac{1}{2}$	$\sqrt{1/3}$
1	$\frac{1}{2}$	$\frac{3}{2}$	$\pm\frac{1}{2}$	0	$\pm\frac{1}{2}$	$\sqrt{2/3}$
1	$\frac{1}{2}$	$\frac{1}{2}$	$\pm\frac{1}{2}$	± 1	$\mp\frac{1}{2}$	$\pm\sqrt{2/3}$
1	$\frac{1}{2}$	$\frac{1}{2}$	$\pm\frac{1}{2}$	0	$\pm\frac{1}{2}$	$\mp\sqrt{1/3}$
1	1	2	± 2	± 1	± 1	1
1	1	2	± 1	± 1	0	$1/\sqrt{2}$
1	1	2	± 1	0	± 1	$1/\sqrt{2}$
1	1	2	0	± 1	∓ 1	$1/\sqrt{6}$
1	1	2	0	0	0	$\sqrt{2/3}$
1	1	1	± 1	± 1	0	$\pm 1/\sqrt{2}$
1	1	1	± 1	0	± 1	$\mp 1/\sqrt{2}$
1	1	1	0	± 1	∓ 1	$\pm 1/\sqrt{2}$
1	1	1	0	0	0	0
1	1	0	0	± 1	∓ 1	$1/\sqrt{3}$
1	1	0	0	0	0	$-1/\sqrt{3}$

値が同じならば ℓ が異なってもエネルギーの差を生じない. しかし, **ラム・シフト**と呼ばれるもっと小さなエネルギーの差の分裂はある. これは主に電子によって光子が放出されたり再吸収されたりすることによって起こる. この $2p_{1/2}$ 状態と $2s_{1/2}$ 状態の差は 4.35152×10^{-6} eV である.

　上記の水素原子のスペクトルの議論では, 陽子の磁気能率を無視していた. これは非常に小さい. なぜなら陽子の質量が大きいために, 電子よりも磁気能率がはるかに小さいからである. ある原子のエネルギー準位に対するその原子核の磁場の効果は**超微細構造**と呼ばれる. 例えば水素原子には二つの $1s$ 状態がある. 陽子と電子のスピンの和である全スピンが1であるか0であるかによって違い, エネルギーの差は 5.87×10^{-6} eV である. これは $n=2$ 状態のラム・シフトと同程度である. 全スピンが1の状態と0の状態の間の輻射遷移は, 水素の電波スペクトルの有名な 21 cm 線である.

　クレブシュ–ゴルダン係数は, 対称または反対称の重要な性質をもつ. すなわち

$$C_{j'j''}(jm; m'm'') = (-1)^{j-j'-j''} C_{j''j'}(jm; m''m').$$

$$\text{(4.3.34)}$$

これを理解するためには, 状態ベクトル $\Psi^m_{j'j''j}$ と $\Psi^m_{j''j'j}$ がまったく同じ状態, すなわち角運動量 $\mathbf{J}'$ と $\mathbf{J}''$ の和 $\mathbf{J}$ が $\mathbf{J}^2 = \hbar^2 j(j+1)$ かつ $J_3 = \hbar m$ という値をもつ状態を表すことに注意しよう. したがって, 定数の因子を除いて同じである. j', j'' を交換し, さらに j'', j' を交換すると元

の状態にならねばならないから，その因子の2乗は1で
なければ ならない．したがって，単なる符号である（$+1$
か -1 のどちらかである）．そのうえ，あらゆる $\Psi_{j''j'}^{jm}$ は
j', j'', j が同じで m だけが異なる場合，お互いに演算子
$J_1 + iJ_2$ または $J_1 - iJ_2$ をかけて関係づけられるが，この
二つの演算子は $\mathbf{J}'$ と $\mathbf{J}''$ の交換について対称的であるか
ら，対称か反対称かという性質は同じであり，どちらであ
るかは j', j'', j だけによって決まる．したがって

$$C_{j'j''}(jm; m'm'') = (\pm 1)_{jj'j''} C_{j''j'}(jm; m''m')$$

である．j と m が最大，すなわち $j = m = j' + j''$ のと
き，式（4.3.21）は符号が $+1$ であることを示す．$m' +$
$m'' = j - 1$ となる状態は二つある．一つは $j = j' + j''$
で，そのクレブシュ–ゴルダン係数は，式（4.3.24）で
見られるように j' と j'' の交換について対称である．も
う一つは $j = j' + j'' - 1$ であり，$j = j' + j''$ かつ $m' +$
$m'' = j - 1$ と直交しなければならない．そのためには，
式（4.3.25）で見られるように j' と j'' の交換について
反対称でなければならない．この議論は m の値を下げて
いっても繰り返されるから，結果として j' と j'' を固定し
た場合，j が一つ減るごとに $(\pm 1)_{jj'j''}$ の符号が変わるこ
とになる．すなわち $(\pm 1)_{jj'j''} = (-1)^{j-j'-j''}$ である．証
明終わり．

　この結果の式（4.3.34）は表4.1に示した数値にも見
てとれる．例えばスピン 1/2 の二つの粒子からできてい
る状態はスピンの3成分について，全スピン s が $s = 1$

$(s - 1/2 - 1/2 = 0)$ であると対称的であり，$s = 0$ $(s - 1/2 - 1/2 = -1)$ であると反対称的である.

　角運動量の合成の特別な例で重要なものがある. 二つの別々の角運動量 j', m' および j'', m'' をもつ状態から, 全角運動量 $j = 0, m = 0$ という回転で不変な状態 Ψ を構成することである. 式 (4.3.12) および (4.3.19) によると, これが可能なのは $j' = j''$ かつ $m' = -m''$ である場合に限られる. したがって回転で不変な状態は

$$\Psi = \sum_{m'} C_{j'm'} \Psi_{j'j'}^{m', -m'}$$

の形をしていなければならない. この状態が回転不変であるためには, 上昇演算子によって消滅させられねばならない.

$$0 = (J_1 + iJ_2)\Psi = (J_1' + iJ_2')\Psi + (J_1'' + iJ_2'')\Psi$$
$$= \sum_{m'} \Big[C_{j'm'} \sqrt{(j' - m')(j' + m' + 1)} \Psi_{j' \, m'+1, \, j'-m'}$$
$$+ C_{j'm'} \sqrt{(j' + m')(j' - m' + 1)} \Psi_{j' \, m', \, j'-m'+1} \Big]$$

この式の括弧 [ ] の中の第2項の総和の変数を m' から $m' + 1$ に変えると, この式は $C_{j'm'} = -C_{j' \, m'+1}$ の要求と等価である. そこで, $C_{j'm'}$ の全体の位相を調節して $C_{j'm'} = (-1)^{j'-m'} N_{j'}$ とする. $N_{j'}$ は実数で正である. すると規格化の条件 (4.3.32) から, $N_{j'} = 1/\sqrt{2j'+1}$ と決まる. したがって (不要な「'」を落として), ここでのクレブシュ−ゴルダン係数は

$$C_{jj}(00; m-m) = \frac{(-1)^{j-m}}{\sqrt{2j+1}} \qquad (4.3.35)$$

となる. 読者はこれが, 表 4.1 の第 4 行および, 最後の
二つの行の結果と同じ位相のとり方であることを検証でき
るであろう.

　特に, この結果を使って二つの異なる単位ベクトル $\widehat{\mathbf{a}}$
と $\widehat{\mathbf{b}}$ の球面調和関数を結合して, $\widehat{\mathbf{a}}$ と $\widehat{\mathbf{b}}$ の関数で回転対
称な関数を作ることができる. したがってその関数は
$\widehat{\mathbf{a}} \cdot \widehat{\mathbf{b}}$ だけの関数である.

$$F_\ell(\widehat{\mathbf{a}} \cdot \widehat{\mathbf{b}}) = \sum_{m=-\ell}^{\ell} (-1)^{\ell-m} Y_\ell^m(\widehat{\mathbf{a}}) Y_\ell^{-m}(\widehat{\mathbf{b}}).$$

$\widehat{\mathbf{b}} = \widehat{\mathbf{z}} \equiv (0, 0, 1)$ および $\widehat{\mathbf{a}} = (\sin\theta\cos\phi,\ \sin\theta\sin\phi,\ \cos\theta)$
という特殊な場合を見ることによって, 関数 F_ℓ を決める
ことができる. 球面調和関数 $Y_\ell^{-m}(\widehat{\mathbf{z}})$ は $m = 0$ でなけれ
ば 0 であり, この場合式 (2.2.18) は

$$Y_\ell^0(\widehat{\mathbf{a}}) = \sqrt{\frac{2\ell+1}{4\pi}} P_\ell(\cos\theta),$$

$$Y_\ell^0(\widehat{\mathbf{b}}) = \sqrt{\frac{2\ell+1}{4\pi}}$$

である. したがって $F_\ell(\cos\theta) = [(2\ell+1)/4\pi] P_\ell(\cos\theta)$
であり, 球面調和関数の加法定理という重要な定理が得ら
れる.

$$P_\ell(\widehat{\mathbf{a}} \cdot \widehat{\mathbf{b}}) = \frac{4\pi}{2\ell+1} \sum_{m=-\ell}^{\ell} (-1)^{\ell-m} Y_\ell^m(\widehat{\mathbf{a}}) Y_\ell^{-m}(\widehat{\mathbf{b}}).$$

$$(4.3.36)$$

　二つの角運動量の値がそれぞれ j', m' および j'', m'' である状態から全角運動量 j, m の状態を構成するためにクレブシュ－ゴルダン係数を使う以外にも，この係数を式 (4.3.35) と一緒に使って，角運動量 0 の状態 Ψ を三つの個々の角運動量をもつ状態 $\Psi_{jj'j''}^{mm'm''}$ から構成することができる：

$$\Psi = \sum_{mm'm''} \begin{pmatrix} j & j' & j'' \\ m & m' & m'' \end{pmatrix} \Psi_{jj'j''}^{mm'm''}. \qquad (4.3.37)$$

ここで係数は

$$\begin{pmatrix} j & j' & j'' \\ m & m' & m'' \end{pmatrix} \equiv \frac{(-1)^{j+m}}{\sqrt{2j+1}} C_{j'j''}(j\ {-m}; m'm'')$$

$$\qquad\qquad (4.3.38)$$

であり，**3j 記号**という．式 (4.3.34) のように j', m' と j'', m'' の入れ替えについて対称あるいは反対称であるだけでなく，j, m と j', m'（あるいは j'', m''）との入れ替えについても対称あるいは反対称であることは驚くことではないだろう．

$$\begin{pmatrix} j & j' & j'' \\ m & m' & m'' \end{pmatrix} = (-1)^{m'-m''+m} \begin{pmatrix} j' & j & j'' \\ m' & m & m'' \end{pmatrix}.$$

$$\qquad\qquad (4.3.39)$$

言い換えれば

$$C_{jj''}(j' - m'; mm'')$$

$$= (-1)^{j-j'-2m'+m''} \sqrt{\frac{2j'+1}{2j+1}} C_{j'j''}(j - m; m'm'').$$

$$(4.3.40)$$

（ここに現れる符号はこのあとどこにも登場しないので，この式を導くことは省略する．）すると直交規格化の条件（4.3.32）より，もう一つの役立つ直交規格化の条件が得られる．

$$\sum_{m'm''} C_{jj''}(j'm'; mm'') C_{\overline{j}j''}(j'm'; \overline{m}m'')$$

$$= \frac{2j'+1}{2j+1} \delta_{j\overline{j}} \delta_{m\overline{m}}. \quad (4.3.41)$$

* * * * *

　角運動量多重項の記述には他の方法もある．ある文脈では役に立ち，素粒子物理学で重要な他の対称群にも拡張できる．式（4.2.17）および（4.1.12）によれば，無限小回転 $1+\omega$ をスピン $1/2$ の状態ベクトル Ψ_m （$m = \pm 1/2$）に作用させると

$$\Psi_m \to \sum_{m'=\pm 1/2} \left(1 + \frac{i}{2} \boldsymbol{\omega} \cdot \boldsymbol{\sigma}\right)_{mm'} \Psi_{m'} \quad (4.3.42)$$

となる．さて，一般の実の $\boldsymbol{\omega}$ について

$$\boldsymbol{\omega} \cdot \boldsymbol{\sigma} = \begin{pmatrix} \omega_3 & \omega_1 - i\omega_2 \\ \omega_1 + i\omega_2 & -\omega_3 \end{pmatrix}$$

である．これはトレースレスの 2×2 のエルミート行列
の最も一般的な形である．したがって式（4.3.42）は最
も一般的な，行列式が 1 の 2×2 無限小ユニタリー変換で
ある．（M が無限小変換であれば $\det(1 + M) = 1 + \mathrm{Tr}\,M$
であることを思い出そう．）そこで，スピン $1/2$ の添え字
に作用する場合には，3 次元の回転群は $SU(2)$ として知
られる群と同じである．それは行列式 1 の 2×2 のユニ
タリー行列の作る群であり，行列式が 1 であることを意
味する特殊（special）の頭文字 S をとって $SU(2)$ と呼ば
れる．少なくとも無限小の回転から積み上げられる回転
については，3 次元の回転群 $SO(3)$ は 2 次元のユニタリ
ー・ユニモジュラー群 $SU(2)$ と同じであることがわかる．
（いくつかの高次の群，例えば $SO(6)$ と $SU(4)$ には類似
の関係があるが，一般の次元にはそのような関係はない.）

　より一般的には，N 個のスピン $1/2$ の角運動量を結合
する状態ベクトル $\Psi_{m_1 \cdots m_N}$ で各々の m_i が $\pm 1/2$ であれ
ば，$SU(2)$ の下でテンソルとして変換される．

$$\Psi_{m_1 \cdots m_N} \to \sum_{m_1' \cdots m_N'} U_{m_1 m_1'} \cdots U_{m_N m_N'} \Psi_{m_1' \cdots m_N'}. \quad (4.3.43)$$

U はユニタリーな 2×2 行列で行列式は 1 である．一般
に，そのようなテンソルからは添え字のより少ないテンソ
ルを導くことができる．U の行列式が 1 であるという条
件は

$$\sum_{m_1' m_2'} U_{m_1' m_1} U_{m_2' m_2} \epsilon_{m_1' m_2'} = \epsilon_{m_1 m_2} \quad (4.3.44)$$

を意味することに注意する.

$$\epsilon_{\frac{1}{2},-\frac{1}{2}} = -\epsilon_{-\frac{1}{2},\frac{1}{2}} = 1, \quad \epsilon_{\frac{1}{2}\frac{1}{2}} = \epsilon_{-\frac{1}{2},-\frac{1}{2}} = 0 \quad (4.3.45)$$

である. このことから, 一般のテンソル $\Psi_{m_1\cdots m_N}$ に $\epsilon_{m_r m_s}$ をかけて m_r と m_s について加え合わせると（ここで r と s は 1 から N までの任意の二つの異なる整数である), 添え字の二つ減ったテンソルを作ることができる. この方法で添え字の少ない自明でないテンソルを作ることができないという意味で既約である, 唯一の種類のテンソルは完全に対称なテンソルであり, それに対して m_r と m_s についての和が 0 となる.

　このことを角運動量の言葉で語ってみよう. 角運動量の合成の規則によって, 状態ベクトル $\Psi_{m_1\cdots m_N}$ はさまざまな全角運動量の状態ベクトルの和として表すことができることに注意しよう. 全角運動量が $N/2$ というのもその中の一つである. 表 4.1 の第 4 行から, テンソル (4.3.45) は本質的に二つの角運動量 1/2 を結合して角運動量 0 を得るためのクレブシュ – ゴルダン係数である:

$$\epsilon_{m_1 m_2} = \sqrt{2} C_{\frac{1}{2}\frac{1}{2}}(00; m_1 m_2). \quad (4.3.46)$$

したがって $\Psi_{m_1\cdots m_N}$ に $\epsilon_{m_r m_s}$ をかけて m_r と m_s について加え合わせると, $N-2$ 個のスピン 1/2 の角運動量を結合した状態ベクトルを得ることができ, それは $N/2$ より小さいさまざまな全角運動量の状態ベクトルの和として表される. したがって状態ベクトル $\Psi_{m_1\cdots m_{2j}}$ から角運動量

j だけをとり出すためには，状態ベクトルは $m_1 \cdots m_{2j}$ について対称化されねばならない．この対称化された状態ベクトルの独立な成分は，$m = +1/2$ である添え字の個数 n と $m = -1/2$ である添え字の個数 $2j - n$ で完全に決まる．したがって，独立な成分の個数は 0 と $2j$ までの整数の個数 $2j + 1$ である．したがってスピン j の状態ベクトルは単に $2j$ 個のスピン $1/2$ の対称化された組合せで記述される．例えば全角運動量が 1 となる多重項は三つの状態

$$\Psi_{\frac{1}{2},\frac{1}{2}}, \quad \Psi_{\frac{1}{2},-\frac{1}{2}} + \Psi_{-\frac{1}{2},\frac{1}{2}}, \quad \Psi_{-\frac{1}{2},-\frac{1}{2}}$$

から成り立っている．これが（規格化の係数を別として）表 4.1 の最初の 3 行である．

　このもう一つの定式化を用いて，角運動量の合成の規則を作り上げることもできる．スピン j_1 とスピン j_2 を合成しようとすると，この定式化では $\Psi_{m_1 \cdots m_{2j_1}; m_1' \cdots m_{2j_2}'}$ を考えることになる．これは m についても m' についても対称的であるが，m と m' の間には何の対称性もない．これに M 個の $\epsilon_{m_r, m_s'}$ の因子をかけて添え字について和をとると，m の添え字は M 個少なく m' の添え字も M 個少ないテンソルを作ることができる．さらに残った添え字について対称化すると，角運動量が $2j_1 + 2j_2 - 2M$ しか記述しないテンソルが得られる．ここで，M は $2j_1$ と $2j_2$ のうちの小さい方よりも小さい任意の値が可能である．したがって角運動量 j_1 と j_2 を合成すると $j = j_1 + j_2 - M, 0 \leqq M \leqq \min\{2j_1, 2j_2\}$，言い換えれば

$|j_1 - j_2| \leqq j \leqq j_1 + j_2$ が得られる．これは以前に昇降演算子を使って求めたのと同じ結果である．

原　注

(1) もちろん，ここでの j' は前節で臨時に定義した値とは無関係である．

(2) 行列の記法では，関係 $\sum_a C_{na}^* C_{ma} = \delta_{nm}$ は $CC^\dagger = 1$ と書かれる．ここで任意の行列 A, B の積 AB はその成分が $(AB)_{mn} \equiv \sum_a A_{ma} B_{an}$ となる行列であり，行列 $C^\dagger$ は行列要素 $C_{an}^\dagger = (C_{na})^*$ となる行列である．また 1 は $1_{mn} = \delta_{nm}$ を満たす単位行列である．行列の積の行列式は各々の行列の行列式の積であり，$C^\dagger$ の行列式は C の行列式の複素共役である．したがってここでは $|\det C|^2 = 1$ である．$\det C \neq 0$ だから C は逆行列をもち，この場合 $C^\dagger$ である．したがってここで $C^\dagger C = 1$ でもある．この式の ab 成分を考えると $\sum_n C_{na}^* C_{nb} = \delta_{ab}$.

(3) これは，例えばシュテルン‐ゲルラッハの実験で行われる．第 3 成分に強い磁場をかける．5.2 節で見るように，$\mathbf{L}$ と $\mathbf{S}$ は原子の磁場の中での寄与が違うので，原子と磁場の相互作用のエネルギーは $m = m_\ell + m_s$ が同じであっても m_ℓ と m_s の値によって異なるのである．この相互作用のエネルギーが原子のスピンと軌道角運動量の間の相互作用と比べて大きければ，(m_ℓ と m_s の異なる値を結ぶ）磁場の第 1, 2 成分の行列要素が急激に振動し，相互作用のエネルギーに寄与しないだろう．したがって，もし磁場の第 3 成分が値をもって弱い，一様でない項が磁場にあれば，原子は m_ℓ および／または m_s の異なる値について異なる軌跡をたどるであろう．

4.4　ウィグナー‐エッカルトの定理

角運動量への代数的なアプローチの利点の一つに，さま

ざまな演算子の行列要素の形が，その演算子と回転の生成
子との交換関係を知れば推定できることがある．その交
換関係は，対応する観測量の回転に伴う変換性から出て
くる．$2j+1$ 個の演算子 O_j^m の組，$m = j, j-1, \cdots, -j$，
がスピン j をもつとは，回転の生成子とこれらの演算子
の交換関係が，その生成する角運動量 j をもつ状態 Ψ_j^m
に作用した結果の式（4.2.9）（4.2.16）と同じ形

$$[J_3, O_j^m] = \hbar m O_j^m, \tag{4.4.1}$$

$$[J_1 \pm iJ_2, O_j^m] = \hbar\sqrt{j(j+1) - m^2 \mp m}\, O_j^{m \pm 1} \tag{4.4.2}$$

をしていることである．これらの条件は

$$[\mathbf{J}, O_j^m] = \hbar \sum_{m'} \mathbf{J}_{m'm}^{(j)} O_j^{m'} \tag{4.4.3}$$

とまとめられる．$\mathbf{J}_{m'm}^{(j)}$ は角運動量のスピン j の表現

$$\begin{cases} [J_3^{(j)}]_{m'm} \equiv m\delta_{m'm}, \\ [J_1^{(j)}]_{m'm} \pm i[J_2^{(j)}]_{m'm} \equiv \sqrt{j(j+1) - m^2 \mp m}\,\delta_{m', m\pm 1} \end{cases} \tag{4.4.4}$$

である．例えば，スカラー演算子 S は $\mathbf{J}$ のすべての成分
と可換な演算子であり，その演算子に $j = m = 0$ を割り当
てれば当然（4.4.1），（4.4.2）すなわち（4.4.3）と一致
する．$\mathbf{J}_{m'm}^{(0)} = 0$ だからである．また，式（4.1.13）によ
れば，ベクトル演算子 $\mathbf{V}$ は交換関係

$$[J_i, V_j] = i\hbar \sum_k \epsilon_{ijk} V_k \tag{4.4.5}$$

を満足する演算子である．このベクトルの**球座標**の成分を

次の量で定義できる.

$$V^{+1} \equiv -\frac{V_1 + iV_2}{\sqrt{2}}, \quad V^{-1} \equiv \frac{V_1 - iV_2}{\sqrt{2}}, \quad V^0 \equiv V_3$$

$$(4.4.6)$$

すると交換関係 (4.4.5) を使って

$$[J_3, V^m] = \hbar m V^m \qquad (4.4.7)$$

および

$$[J_1 \pm iJ_2, V^m] = \hbar \sqrt{2 - m^2 \mp m} \, V^{m \pm 1} \qquad (4.4.8)$$

を示すことができる. したがって V^m は $j = 1$ の演算子 V_1^m を形成する. 球面調和関数 $Y_l^m(\hat{\mathbf{x}})$ はそのような演算子 V_1^m の特殊な場合である. $\hat{\mathbf{x}}$ は演算子として取り扱う. 実際, 任意の演算子 **V** について, ℓ 次の多項式 $|\mathbf{V}|^\ell Y_\ell^m(\hat{V})$ は O_j^m の型の演算子である. 但し, $j = \ell$ である.

ここでウィグナー[1]とカール・エッカルト[2] (1902-73) による基本的で一般的な結果を証明しよう. これはウィグナー−エッカルトの定理と呼ばれており,

$$(\Phi_{j'}^{m''}, O_j^m \Psi_{j'}^{m'}) = C_{jj'}(j''m''; mm')(\Phi \| O \| \Psi) \quad (4.4.9)$$

である. $C_{jj'}(j''m''; mm')$ は 4.3 節で紹介したクレブシュ−ゴルダン係数であり, $(\Phi \| O \| \Psi)$ は**換算行列要素**と呼ばれる係数で第 3 成分 m, m', m'' 以外の量だけに依存する.

この結果を証明するために, スピン j の一般的な演算子 O_j^m を考えよう. 角運動量の演算子をかけると, 状態ベクトル $\Omega_{jj'}^{mm'} \equiv O_j^m \Psi_{j'}^{m'}$ は

$$J_i \Omega_{jj'}^{mm'} = [J_i, O_j^m] \Psi_{j'}^{m'} + O_j^m J_i \Psi_{j'}^{m'}$$

$$= \hbar \sum_{m''} [J_i^{(j)}]_{m''m} \Omega_{jj'}^{m''m'} + \hbar \sum_{m''} [J_i^{(j')}]_{m''m'} \Omega_{jj'}^{mm''}$$

(4. 4. 10)

となる. 言い換えれば J_i は, $\Omega_{jj'}^{mm'}$ はスピンが j と j' で
あり, その第3成分が m と m' である二つの粒子から構
成されている状態ベクトルであるかのように $\Omega_{jj'}^{mm'}$ に作
用する. したがって

$$O_j^m \Psi_{j'}^{m'} = \sum_{j''m''} C_{jj'}(j''m''; mm') \Omega_{jj'j''}^{m''}$$ (4. 4. 11)

である. ここで $\Omega_{jj'j''}^{m''}$ は角運動量 j'' で, その第3成分が
m'' の状態ベクトルである. 式 (4.2.19) を状態ベクト
ル Φ と Ω に適用すると, 求めたい結果 (4.4.9) が得ら
れる[1].

　この結果からベクトル演算子についてのすぐにわかる
応用がある. すべてのベクトル演算子の, 角運動量の決ま
った状態ベクトルによる行列要素はどれも平行である. つ
まり, 任意のベクトル $\mathbf{V}$ と $\mathbf{W}$ について, $(\Phi\|W\|\Psi)$ が
0 とならない限り,

---

[1] $\mathbf{J}^2, J^3$ はともにエルミート演算子だから
$$(\Phi_{j''}^{m''}, \mathbf{J}^2 \Omega_{jj'\hat{j}}^{\widehat{m}}) = \hat{j}(\hat{j}+1)(\Phi_{j''}^{m''}, \Omega_{jj'\hat{j}}^{\widehat{m}})$$
$$= j''(j''+1)(\Phi_{j''}^{m''}, \Omega_{jj'\hat{j}}^{\widehat{m}}),$$
$$\{\hat{j}(\hat{j}+1) - j''(j''+1)\}(\Phi_{j''}^{m''}, \Omega_{jj'\hat{j}}^{\widehat{m}}) = 0.$$
したがって $\hat{j} \neq j''$ ならば $(\Phi_{j''}^{m''}, \Omega_{jj'\hat{j}}^{\widehat{m}}) = 0$. 同じように
$\widehat{m} \neq m''$ ならば $(\Phi_{j''}^{m''}, \Omega_{jj'\hat{j}}^{\widehat{m}}) = 0$ となる.

$$(\Phi_{j''}^{m''}, V_1^m \Psi_{j'}^{m'}) = \frac{(\Phi \| V \| \Psi)}{(\Phi \| W \| \Psi)}(\Phi_{j''}^{m''}, W_1^m \Psi_{j'}^{m'})$$

$$(4.4.12)$$

が成り立つ．これはベクトルの球面座標の成分について成り立つから，直交座標系の成分についても成り立つ[2].

$$(\Phi_{j''}^{m''}, V_i \Psi_{j'}^{m'}) = \frac{(\Phi \| V \| \Psi)}{(\Phi \| W \| \Psi)}(\Phi_{j''}^{m''}, W_i \Psi_{j'}^{m'}) \quad (4.4.13)$$

特に，$\mathbf{J}$ 自身もベクトルであるから，

$$(\Phi_{j'}^{m''}, V_i \Psi_{j'}^{m'}) \propto (\Phi_{j'}^{m''}, J_i \Psi_{j'}^{m'}) \qquad (4.4.14)$$

である．この最後の結果を $j'' = j'$ の場合に限ったのは，$\mathbf{J}$ は $\mathbf{J}^2$ と可換であることから，換算行列要素 $(\Phi \| J \| \Psi)$ は Φ と Ψ の角運動量が異なれば 0 となるからである．しかし，全角運動量が異なる状態の間のベクトル演算子の行

---

[2] 式 (4.4.12) の表記について，ここでの表記法は少しまぎらわしいので注意しておこう．(4.4.12) の中の V_1^m, W_1^m の下付きの添え字 1 は $j = 1$ の意味で，(4.4.3) の中の一般的な j の場合の演算 O_j^m 記法を $\mathbf{V}, \mathbf{W}$ の成分を表すのに使っている．$\mathbf{V}, \mathbf{W}$ は 3 次元空間のベクトル（式 (4.4.5) を満たす）なので $j = 1$ になる．

式 (4.4.5) の V_i の下付き 添え字は $\mathbf{V}$ の成分（3 次元空間だから $i = 1, 2, 3$）であり，(4.4.6) の V^{+1}, V^0, V^1 が (4.4.12) の $V_1^m, m = +1, 0, -1$ である．(4.4.13), (4.4.14) では (4.4.5) と同じ記法を使っている．

(4.4.12) はもっと一般に，$j = 1$ の場合（すなわち 3 次元空間のベクトル）だけでなく，一般の j の場合の V_j^m, W_j^m（ただし V と W の j を同じにする必要がある）についても成り立つ．これは (4.4.9) よりほぼ自明．$j \neq 1$ の場合は 3 次元空間のベクトルではないので，平行という表現は使えない．

列要素が一般的に 0 となるのではない．これは角運動量
演算子自身についての一般的規則である．

　後に式（4.4.14）を 5.2 節のゼーマン効果の取り扱い
に使う．この式はしばしば「物理的」に，任意のベクトル
の角運動量に直交する成分が，系の **J** のまわりの回転に
よって平均化されて 0 となると議論されるが，ウィグナ
ー‐エッカルトの定理がなければ，この基本的に古典的な
説明に量子力学的な補正の加わる可能性は否定できないだ
ろう．

　ウィグナー‐エッカルトの定理のさらなる応用として，
最も普通の光子放出遷移が従う選択則を導こう．1.4 節で
見たように，ハイゼンベルクは振動する電荷による輻射の
古典的な公式（1.4.5）を使って，原子がある状態から別
の状態に遷移する確率を推定した．この式を荷電粒子の数
が任意の場合に一般化し，荷電粒子の（重心系での）位置
の演算子を $\mathbf{X}_n$，電荷を e_n とすると，原子の始状態 a か
ら終状態 b への単位時間あたりの遷移確率（遷移率）は

$$\Gamma(a \to b) = \frac{4(E_a - E_b)^3}{3c^3 \hbar^4} |(b|\mathbf{D}|a)|^2 \quad (4.4.15)$$

となる．ここで **D** は双極子演算子

$$\mathbf{D} = \sum_n e_n \mathbf{X}_n \quad (4.4.16)$$

である．この公式の量子力学的な導出は 11.7 節で行うで
あろう．そこで示されるように，式（4.4.15）は輻射の
遷移率を与える．（$(b|\mathbf{X}_n|a)$ は n 番目の粒子の重心系での

座標の行列要素であると定義される. 運動量保存のデル
タ関数は省略した.) 放出された光子の波長 $hc/(E_a - E_b)$
は原子の寸法よりもはるかに大きいと近似している. ここ
で興味があるのは, $(b|\mathbf{D}|a)$ が 0 でない場合である.

演算子 $\mathbf{D}$ は 3 元ベクトルであるから, 式 (4.4.6) の
通り, その成分は $j = 1$ 多重項の演算子 D^m の線形結合
で書ける.

$$\begin{cases} D_1 = \dfrac{1}{\sqrt{2}}(-D^{+1} + D^{-1}), \\ D_2 = \dfrac{i}{\sqrt{2}}(D^{+1} + D^{-1}), \\ D_3 = D^0. \end{cases} \quad (4.4.17)$$

演算子 D^m の行列要素の m, および始状態と終状態の角
運動量の量子数 j_a, m_a と j_b, m_b への依存性はクレブシ
ュ‐ゴルダン係数で与えられる.

$$(b|D^m|a) \propto C_{j_a 1}(j_b m_b; m_a m). \quad (4.4.18)$$

比例係数は m, m_a, m_b に依存しない. したがって遷移率
(4.4.15) は角運動量の量子数が

$$|j_a - j_b| \leqq 1, \quad j_a + j_b \geqq 1, \quad |m_a - m_b| \leqq 1 \quad (4.4.19)$$

を満足しなければ 0 となる. それに加えて, 4.7 節に与え
られるパリティの選択則がある.

選択則が満足されており, 遷移率がよい近似で式 (4.4.
15) で与えられている場合には, これは電気双極子遷移
あるいは E1 遷移と呼ばれる. もちろん, 原子の遷移のど
れもがこの選択則を満足するわけではない. この選択則が
満足されていない場合で光子の遷移が可能な場合もある

が，その率は原子の寸法を光子の波長で割った分だけ抑制される．そのような遷移は 11.7 節で議論される．

しばしば起こることであるが，角運動量 j' の原子あるいは分子あるいは素粒子が偏極していない場合，すなわち $-j'$ と j' の間のすべての m' が同等に起こり得る場合には，状態 $\Psi_{j'}^{m'}$ の演算子 O_j^m の期待値を求めるためには m' についての和を求めなければならなくなる．ウィグナー－エッカルトの定理はこのとき期待値を与える．

$$\langle O_j^m \rangle = \frac{1}{2j'+1} \sum_{m'} (\Psi_{j'}^{m'}, O_j^m \Psi_{j'}^{m'})$$

$$= \frac{1}{2j'+1} \sum_{m'} C_{jj'}(j'm'; mm')(\Psi\|O\|\Psi) \quad (4.4.20)$$

直交規格化の条件 (4.3.41) の中で $\bar{j} = \bar{m} = 0$ とし，明らかな関係 $C_{0j''}(j'm'; 0m'') = \delta_{j'j''}\delta_{m'm''}$ を使うと

$$\sum_{m'} C_{jj'}(j'm'; mm') = (2j'+1)\delta_{j0}\delta_{m0}. \quad (4.4.21)$$

したがって偏極していない系では $j = m = 0$ の演算子以外は演算子 O_j^m の期待値はどれも 0 となる．5.9 節で見るように，これは電気的に中性な原子や分子の間の長距離力について重要な意味をもつ．

原　注
(1) E.P. Wigner, *Gruppentheorie* (Vieweg und Sohn, Braunschweig, 1931).
(2) C. Eckart, *Rev. Mod. Phys.* **2**, 305 (1930).

4.5　ボソンとフェルミオン

　私たちが知る限り，宇宙のどの電子も他のすべての電子と同一である．ただ違うのは，それぞれの位置（または運動量）とスピンの第3成分である．同じことは他の知られている素粒子，光子，クォーク等についても言える．そのような区別できない粒子では，物理的状態の位置とスピンの添え字を書く順序は区別できない．言えることは，状態ベクトル $\Phi_{\mathbf{x}_1, m_1; \mathbf{x}_2, m_2; \cdots}$ では，一つの電子の位置が $\mathbf{x}_1$ でスピンの第3成分が $\hbar m_1$ であり，別の一つの電子の位置が $\mathbf{x}_2$ でスピンの第3成分が $\hbar m_2$ であり，…ということだけである．第一の電子の座標が $\mathbf{x}_1$ でスピンの第3成分が $\hbar m_1$ であり，第二の電子の座標が $\mathbf{x}_2$ でスピンの第3成分が $\hbar m_2$ だというわけではないのである．したがって，例えば状態ベクトル $\Phi_{\mathbf{x}_2, m_2; \mathbf{x}_1, m_1; \cdots}$ は状態ベクトル $\Phi_{\mathbf{x}_1, m_1; \mathbf{x}_2, m_2; \cdots}$ とまったく同じ物理状態を表さなければならない．これらの状態ベクトルが同じだというのではなく，位相因子[1]の分は違っていてもよい．その位相因子を仮に α と呼ぶ．

$$\Phi_{\mathbf{x}_2, m_2; \mathbf{x}_1, m_1; \cdots} = \alpha \Phi_{\mathbf{x}_1, m_1; \mathbf{x}_2, m_2; \cdots}. \qquad (4.5.1)$$

α は運動量やスピンには依存しないので，

$$\Phi_{\mathbf{x}_1, m_1; \mathbf{x}_2, m_2; \cdots} = \alpha \Phi_{\mathbf{x}_2, m_2; \mathbf{x}_1, m_1; \cdots}. \qquad (4.5.2)$$

も成り立つ．式（4.5.1）を式（4.5.2）の右辺に代入すると

$$\Phi_{\mathbf{x}_1, m_1; \mathbf{x}_2, m_2; \cdots} = \alpha^2 \Phi_{\mathbf{x}_1, m_1; \mathbf{x}_2, m_2; \cdots}$$

となるから

$$\alpha^2 = 1 \qquad\qquad (4.5.3)$$

である．この議論は素粒子であるかどうかにかかわらず，任意の型の粒子に適用される．$\alpha = +1$ の粒子はサティエンドラ・ボース（1894-1974）に因んで**ボソン**，$\alpha = -1$ の粒子はエンリコ・フェルミ（1901-54）に因んで**フェルミオン**と呼ばれる．

　量子力学において特殊相対論の最も重要な結果の一つが，半整数スピンの粒子はすべてフェルミオンであり，整数スピンの粒子はすべてボソンであることである[2]．したがって電子とクォークはスピンが 1/2 であって，フェルミオンである．重い W 粒子および Z 粒子はベータ崩壊という放射性の過程で基本的な役割を果たすが，スピン 1 であってボソンである．（光子のように質量をもたない粒子のスピンについてはいささか注意を要する．当面の目的のためには，光子の運動の方向に対するスピン角運動量の成分は $\pm\hbar$ だけの値をとり，その値は電磁波の左右の偏光に対応することだけを注意しておこう．光子はボソンである．）

　二つの同じ複合粒子の対を交換することは，その構成要素のすべてを交換することであるから，その符号の因子は個々の構成要素の符号の因子の積である．これから，**偶数個のフェルミオンと任意の個数のボソンからできた複合粒子はボソン，奇数個のフェルミオンと任意の個数のボソンからできた複合粒子はフェルミオン**であることが導かれ

る．したがって，陽子と中性子は共に3個のクォークからできているのでフェルミオンである．水素原子は陽子と電子でできているのでボソンである．この規則は角運動量の合成の特徴，すなわち半整数の角運動量を奇数個合成すると半整数スピンとなり，半整数の角運動量を偶数個合成する，あるいは任意の整数の角運動量を合成すると整数スピンとなることと符合する．整数スピンの粒子だけの集まりはフェルミオンにはなれない．なぜなら整数スピンの粒子の集まりの角運動量は整数であり，ボソンであるはずだからである．ボソンとフェルミオンの区別が殊に重要なのは，系のハミルトニアンが良い近似で個々の粒子に別々に作用して

$$H\Phi_{\xi_1\xi_2\cdots} = \int d\xi_1' H_{\xi_1', \xi_1} \Phi_{\xi_1'\xi_2\cdots}$$
$$+ \int d\xi_2' H_{\xi_2', \xi_2} \Phi_{\xi_1\xi_2'\cdots} + \cdots \quad (4.5.4)$$

となる場合である．$H_{\xi', \xi}$ は有効1粒子ハミルトニアンの1粒子状態間の行列要素

$$H_{\xi', \xi} \equiv (\Phi_{\xi'}, H^{有効}\Phi_\xi) \quad (4.5.5)$$

である．（ξ は1粒子の運動量とスピンの z 成分を表し，ξ についての積分は運動量ベクトルの積分とスピンの z 成分についての和を含むと了解する．）原子物理学ではこの近似を**ハートレー近似**という[3]．どの粒子の運動もそれ以外の粒子の作るポテンシャルの働きで決まるとし，そのポテンシャルへの粒子からの反作用は無視できると考えら

第4章　スピンはめぐる

れるような多体系では良い近似になっている．ハミルトニ
アンが（4.5.4）の形をとるとき，状態 Ψ は，その波動
関数が1粒子の波動関数の積

$$(\Phi_{\xi_1, \xi_2 \cdots}, \Psi) = \psi_1(\xi_1)\psi_2(\xi_2)\cdots \qquad (4.5.6)$$

であればハミルトニアンの固有状態である．ここで，ψ_a
は1粒子のハミルトニアンの固有関数

$$\int d\xi' H_{\xi, \xi'}\psi_a(\xi') = E_a\psi_a(\xi) \qquad (4.5.7)$$

である．この場合,

$$(\Phi_{\xi_1, \xi_2 \cdots}, H\Psi) = \int d\xi_1' H^*_{\xi_1', \xi_1}\psi_1(\xi_1')\psi_2(\xi_2)\cdots$$
$$+ \int d\xi_2' H^*_{\xi_2', \xi_2}\psi_1(\xi_1)\psi_2(\xi_2')\cdots + \cdots$$

である．1粒子のハミルトニアンのエルミート性を使うと
$H^*_{\xi', \xi} = H_{\xi, \xi'}$ であるから，式（4.5.7）より

$$(\Phi_{\xi_1, \xi_2 \cdots}, H\Psi) = (E_1 + E_2 + \cdots)(\Phi_{\xi_1, \xi_2 \cdots}, \Psi)$$

であり，Ψ は H の固有状態でそのエネルギーは $E_1 +$
$E_2 + \cdots$ である．つまり，

$$H\Psi = (E_1 + E_2 + \cdots)\Psi. \qquad (4.5.8)$$

しかし同種粒子については，式（4.5.6）は $\Phi_{\xi_1, \xi_2 \cdots}$ が
ボソンかフェルミオンかに応じて，ξ について各々対称的
または反対称的でなければならぬという要求と矛盾する．
この場合は式（4.5.6）の代わりに，波動関数を対称化ま
たは反対称化しなければならない．すなわち

$$(\Phi_{\xi_1, \xi_2, \cdots}, \Psi) = \sum_P \delta_P \psi_1(\xi_{P1}) \psi_2(\xi_{P2}) \cdots. \qquad (4.5.9)$$

ここで和はすべての置換（順列）$1, 2, \cdots \mapsto P1, P2, \cdots$ について行い，フェルミオンであれば偶置換なら $\delta_P = +1$，奇置換なら $\delta_P = -1$ であり，ボソンであればすべての置換について $\delta_P = 1$ である．波動関数 (4.5.6) のエネルギーについての前述の議論はこの総和の各々の項に適用され，したがってまったく同じ議論によって，Ψ もまた H の固有値 $E_1 + E_2 + \cdots$ の固有ベクトルである．

　例えば 2 粒子状態については二つの置換だけしかない．恒等置換 $1, 2 \mapsto 1, 2$ と奇置換 $1, 2 \mapsto 2, 1$ である．したがって

$$(\Phi_{\xi_1, \xi_2}, \Psi) = \psi_1(\xi_1)\psi_2(\xi_2) \pm \psi_1(\xi_2)\psi_2(\xi_1)$$

である．符号はボソンならプラス，フェルミオンならマイナスである．フェルミオンについては，一般の場合の波動関数は**スレーター行列式**と呼ばれる行列式である[4]．

$$(\Phi_{\xi_1, \xi_2, \cdots}, \Psi) = \begin{vmatrix} \psi_1(\xi_1) & \psi_1(\xi_2) & \psi_1(\xi_3) & \cdots \\ \psi_2(\xi_1) & \psi_2(\xi_2) & \psi_2(\xi_3) & \cdots \\ \psi_3(\xi_1) & \psi_3(\xi_2) & \psi_3(\xi_3) & \cdots \\ \cdots & \cdots & \cdots & \cdots \end{vmatrix}.$$

$$(4.5.10)$$

ボソンの場合，波動関数は行列式の代わりに**パーマネント**と言う．これは行列式に似ているが，行列式の符号マイナスをすべて符号プラスにとった和である．

　フェルミオンについては，ψ_a の任意のどれかが同じだ
と，式（4. 5. 10）の形の状態ベクトルを作ることができ
ない．なぜなら，行列式の二つの行が一致して状態ベクト
ルが 0 となってしまうからである．このことを**パウリの
排他原理**[5]という．対照的に，ボソンについては巨視的
な数の ψ_a でさえ同じ状態があり得る．これを**ボース‐ア
インシュタイン凝縮**という[6]．液体 ^{4}He の独特の性質は
ボース‐アインシュタイン凝縮と解釈されるが，この場合
の波動関数は，1 粒子の波動関数の対称化された和として
近似的に表すことができない．ごく最近になって，原子の
気体でのボース‐アインシュタイン凝縮が観測された[7]．
そこではこの近似が適切である．

　二つのフェルミオンからできている水素原子のようなボ
ソンであっても，排他原理はボソンには適用されない．し
かしそのようなボソン的な束縛状態の集まりでも，排他原
理の痕跡はある．ボソンが二つのフェルミオンからできて
いてその座標が ξ と η であり，波動関数が $\phi(\xi, \eta)$ である
場合を考えよう．（ξ と η はどちらも運動量と，スピンの
z 成分を含む．）そのような同種のボソンの気体は束縛状
態の波動関数の積で与えられるが，フェルミオンの変数に
ついて反対称化されており，行列式

$$\begin{vmatrix} \phi(\xi_1, \eta_1) & \phi(\xi_1, \eta_2) & \phi(\xi_1, \eta_3) & \cdots \\ \phi(\xi_2, \eta_1) & \phi(\xi_2, \eta_2) & \phi(\xi_2, \eta_3) & \cdots \\ \phi(\xi_3, \eta_1) & \phi(\xi_3, \eta_2) & \phi(\xi_3, \eta_3) & \cdots \\ \cdots & \cdots & \cdots & \cdots \end{vmatrix}$$

に等しい. これらの見分けのつかないボソンが同一の状態
にある数には制限がない.

　排他原理の最初の大成功は, 元素の周期律の説明であ
った. 既述の通り, 多電子原子の中の各々の電子は, 原子
核と他の複数の電子によって生じるポテンシャル $V(r)$ の
中で運動していると近似的に考えてよい. このポテンシ
ャルは原子核からの距離 r だけで決まる中心力に非常に
近いが, $1/r$ に比例する単純なクーロン・ポテンシャルで
はない. その振舞いはその代わり, 原子核の近くでは (原
子核の電荷は $+Ze$ とする) $-Ze^2/r$ であり, 原子の外側
では $-e^2/r$ である. 外側では原子核の電荷は $Z-1$ 個の
電子の負の電荷で遮蔽されてしまう. ポテンシャルは中
心力のポテンシャルなので, 私たちはそれでも個々の電
子の波動関数 $\psi_a(\xi)$ を軌道角運動量 ℓ と主量子数 n で指
定することができる. これらの n, ℓ 各々に許される状態
の数は $2(2\ell+1)$ である. (余分な 2 の因子は電子のスピ
ンに由来する.) 整数 n はクーロン場のときと同じように
$\ell+1$ に動径波動関数の節の数を加えた値で定義される.
しかしポテンシャルはクーロン・ポテンシャルではない
から, ℓ が違って n が同じ状態のエネルギーはもはや正確
に同じにはならない. そうではなくて, ℓ が大きいとエネ
ルギーが大きくなる傾向がある. なぜなら波動関数は原
点の近くで r^ℓ に比例するが, その結果大きな ℓ をもつ電
子は, $r|V(r)|$ が最大になる原子核の近くに滞在する時間
が短くなるからである. Z の大きな原子核では, 大きな ℓ

の一電子状態が，大きな n だが ℓ の小さい状態よりも高いエネルギーをもつことも起こり得る．

　パウリの排他原理が教えるのは，二つの電子は同じ波動関数 $\psi_a(\xi)$ をもてないから，考えている原子の中の電子の数が多くなればなるほど，次々とより高いエネルギーをもつ電子状態を電子が満たしていくことである．もちろん，電子数が増えればポテンシャル $V(r)$ は変化し，それによって E_a の値も変わり，その順序が変わることもある．詳しい計算によれば，一電子状態は（時には例外もあるが）次の順序（リストの下に行くほどエネルギーは高くなる）で満たされていく．

$$1s,$$
$$2s, 2p,$$
$$3s, 3p,$$
$$4s, 3d, 4p, \tag{4.5.11}$$
$$5s, 4d, 5p,$$
$$6s, 4f, 5d, 6p,$$
$$7s, 5f, 7p, \cdots$$

ここで s, p, d, f は伝統的な $\ell = 0, 1, 2, 3$ を表す記号である．リストの同じ行にある一電子状態は近似的にエネルギーが同じであるが，左から右に行くにしたがっていくらか増える傾向がある．

　スピンを勘定に入れると，(4.5.11) の各々の行に示されるエネルギー準位の全状態数は，$2, 2+6 = 8, 2+6 = 8, 2+6+10 = 18, 2+10+6 = 18, 2+14+10+6 = 32$ 等

である. 最初の二つの元素, 水素とヘリウムは $Z=1$ および $Z=2$ であり, (4.5.11) の一行目の (最も深い) エネルギー準位にある. 次のリチウムからネオンまでの8つの元素は, 二行目のエネルギー準位にも電子をもつ. ナトリウムからアルゴンまでの8つの元素は一行目と二行目のエネルギー準位だけでなく, 三行目のエネルギー準位にも電子をもつ. 以下同様である.

さて, 元素の化学的な性質は一般に最も高いエネルギー準位にある電子の数で決まる. それ以外の電子はきつく束縛されているが, 最も高いエネルギー準位にある電子は比較的自由だからである (後述の通り, 重要な例外もある). 電子が (4.5.11) の上の方の行まで一杯に詰まっていて, それ以外に電子をもたないような原子から成る元素は特に化学的に安定である. このような元素は**希ガス**と呼ばれる. すなわち $Z=2$ のヘリウム, $Z=2+8=10$ のネオン, $Z=2+8+8=18$ のアルゴン, $Z=2+8+8+18+18=54$ のキセノン, $Z=2+8+8+18+18=54$ のキセノン, $Z=2+8+8+18+18+32=86$ のラドンである. 希ガスに比べて少しだけ電子の数が多かったり少なかったりする元素の場合は, 化学的性質はほぼその過不足の数で決まる. その値を**原子価**と呼び, 電子が多い場合は余計な分のプラス, 少ない場合は不足の分をマイナスと数える. 一つあるいはそれ以上の電子を得たり失ったりした原子がクーロン引力で結びついてできる安定な化合物は, 一般的にそれぞれの原子価の和が

ゼロとなる元素の組合せから作られる．一番エネルギー
の高い準位にいる電子が一つだけだとすると，その電子
は離脱しやすいのでそのような元素は原子価 +1 の化学
的に活性な金属として振舞う．（金属の特徴は，固体を
形成しその中で電子が個々の原子から離れて自由に移
動することである．そのために金属は熱伝導率と電気伝
導率が高い．）そのような元素は**アルカリ金属**と呼ばれ，
$Z = 2 + 1 = 3$ のリチウム，$Z = 2 + 8 + 1 = 11$ のナトリ
ウム，$Z = 2 + 8 + 8 + 1 = 19$ のカリウムなどが含まれる．
同じように，最高エネルギーの準位で 1 個だけ電子の数
が**不足**している場合には，原子は強く 1 個の電子を引き
付ける傾向がある．したがってそれは化学反応しやすい
非金属であり，原子価は −1 である．アルカリ金属と特に
安定な化合物を作れる．そのような元素を**ハロゲン**と呼
び，$Z = 2 + 8 - 1 = 9$ のフッ素，$Z = 2 + 8 + 8 - 1 = 17$
の塩素，$Z = 2 + 8 + 8 + 18 - 1 = 35$ の臭素などが含まれ
る．2 個だけ希ガスよりも電子の多い元素も，化学反応し
やすいがアルカリ金属ほどではない．これらは**アルカリ
土類**と言い，原子価は +2 で $Z = 2 + 2 = 4$ のベリリウム，
$Z = 2 + 8 + 2 = 12$ のマグネシウム，$Z = 18 + 2 = 20$ のカ
ルシウムなどが含まれる．同様に電子の数が希ガスより 2
個少ない元素も，化学反応しやすいがハロゲンほどではな
い．これには $Z = 10 - 2 = 8$ の酸素，$Z = 18 - 2 = 16$ の
硫黄などが含まれる．
　エネルギー準位の第 6 行に $4f$ 状態が含まれ，エネルギ

一準位の第 7 行に $5f$ 状態が含まれることから，元素の周
期表にはっきりした特徴が示される．詳細な計算によると
$4f$ 軌道の平均半径は $6s$ 軌道の平均半径より小さく，$5f$
軌道の平均半径は $7s$ 軌道の平均半径より小さい．したが
って $4f$ あるいは $5f$ を占める電子は，原子内の最高のエ
ネルギー準位にいるにもかかわらず，それらの電子の個
数は原子の化学的性質にあまり影響しない．したがって，
最高エネルギーの電子が $4f$ 状態にある $2(2 \cdot 3 + 1) = 14$
個の元素は化学的にはかなり似ており，同様に最高エネ
ルギーの電子が $5f$ である 14 個の元素も同様である．前
者の元素は**希土類**または**ランタノイド**と呼ばれ，その原
子番号は $2 + 8 + 8 + 18 + 18 + 2 + 1 = 57$（ランタン）[8]か
ら $2 + 8 + 8 + 18 + 18 + 2 + 14 = 70$（イッテルビウム）ま
でである．原子価 +1 の後者の元素は**アクチノイド**と呼ば
れ，その原子番号は $2 + 8 + 8 + 18 + 18 + 32 + 2 + 1 = 89$
（アクチニウム）から $2 + 8 + 8 + 18 + 18 + 32 + 2 + 14 =$
102（ノーベリウム）までである[3]．ノーベリウムをはる
かに超えると，化学的性質を問うことの実際的な意味がな

---

[3] 本書では $Z = 57$ ランタンから $Z = 70$ イッテルビウムま
　　での 14 種類の元素をランタノイドあるいは希土類と呼び，
　　$Z = 81$ アクチニウムから $Z = 102$ までの 14 種類の元素をア
　　クチノイドと呼んでいるが，$Z = 57$ ランタンから $Z = 71$ ルテ
　　ニウムまでの 15 種類の元素をランタノイドと呼び，ランタノ
　　イドに $Z = 21$ スカンジウムと $Z = 39$ イットリウムを加えた 17
　　種類の元素を希土類と呼び，アクチノイドは $Z = 103$ ローレン
　　シウムを含めた 15 種類の元素とするのが標準的である．

くなる．そのように Z の大きな場合は陽子の間のクーロ
ン反発力のために原子核が不安定になり，原子は化学反応
を起こすほど十分に長くは保たれないからである．

　同じような殻構造は原子核でも見られる[9]．いくつか
の陽子あるいは中性子があれば閉じた殻を作るかを表した
「魔法の数」（magic number）がある．この数は陽子また
は中性子をさらに1個加えるための束縛エネルギーが異
常に小さいという事実でわかる．このようにして観測され
た魔法の数は

$$2,\quad 8,\quad 20,\quad 28,\quad 50,\quad 82,\quad 126 \qquad (4.5.12)$$

である．例えば ^{4}He は二重に魔法の数を含む．というの
は陽子が2個，中性子が2個だからである．またその結
果として，それより陽子1個だけとか中性子1個だけ多
い安定な原子核は存在しない．それが初期宇宙の原子核反
応で ^{4}He よりも重い複雑な原子核がなかなかできなかっ
た理由の一つである．^{16}O や ^{40}Ca のような，二重に魔法
の数を含む他の原子核は，追加の陽子や中性子を束縛する
ことはできるが，本質的に隣接する他の原子核よりは束縛
エネルギーは大幅に小さい．その結果，星の中で，酸素や
カルシウムの同位体は隣接する原子核に比べて多種類作ら
れる．

　原子核の魔法の数の説明は希ガスの原子番号 $Z =$
2, 10, 18 などの説明と似ているが，もちろんポテンシャ
ルは非常に異なっている．原子核の中で，核子がある共通
のポテンシャル $V(r)$ の中で運動していると仮定してよい

とすると，ポテンシャルは原点で **x** について解析的でな
ければならない．原子の場合と違って，原点はなんら特別
な点ではないからである．したがって $r \to 0$ のときポテ
ンシャルは定数と r^2 のオーダーの項との和でなければな
らない．この条件を満足する簡単なポテンシャルは調和振
動子のポテンシャル，$V(r) \propto V_0 + m_N \omega^2 r^2 / 2$ である．ω
はある一定の振動数である．2.5 節で見たように，このポ
テンシャルの中の粒子の，最初の二，三のエネルギー準位
（エネルギーは零点エネルギー $V_0 + 3\hbar/2$ を基準とする）
と，これらの準位の縮退度は次の通りである．

$$
\begin{array}{ccc}
\text{エネルギー} & \text{状　態} & \text{縮退度} \\
0 & s & 2 \\
\hbar\omega & p & 6 \\
2\hbar\omega & s, d & 12 \\
3\hbar\omega & p, f & 20 \\
\cdots & \cdots & \cdots
\end{array}
\tag{4.5.13}
$$

この縮退度には原子核の核子の二つのスピン状態を勘定
に入れるために，余分の因子 2 を含めてある．陽子はフ
ェルミオンであり，お互いにすべて同一である．したが
って，原子核の中で最低のエネルギー準位を占める陽子
の数は 2 である；$\hbar\omega$ までのすべての準位を占める数は
$2+6=8$ である；$2\hbar\omega$ までのすべての準位を占める数は
$2+6+12=20$ である．等々．もちろん同じことは中性子
についても成り立つ．

　これで最初の 3 個の魔法の数までは説明がつく．しか

し，そのままだと次の魔法の数は $2+6+12+20=40$ と
いうことになるが，実際はそうではない．一番軽い原子核
を超えたすべての原子核については，単純な調和ポテンシ
ャルからの避けられないずれだけでなく，スピン軌道結
合を勘定に入れなければならない．4.3節で議論したよう
に，それは ℓ を決めたときの $2(2\ell+1)$ 個の状態を，全1
粒子角運動量が $j=\ell+1/2$ である $2\ell+2$ 個の状態と，全
1粒子角運動量が $j=\ell-1/2$ である 2ℓ の状態に分裂させ
る．スピン軌道結合は f 状態の $j=7/2$ のエネルギーを
$3\hbar\omega$ の準位の他の状態よりも小さくすることがわかった．
$f_{7/2}$ 状態の縮退度は8である．したがって20の次の魔法
の数は $20+8=28$ となる．同様の考察でもっと高い魔法
の数も説明できる．

ボソンとフェルミオンの区別は統計力学での物理的状態
の数え方に深く影響する．統計力学の一般原理によると，
熱平衡にある任意の系が，ある状態をとる確率[4]はどれ
も，線形に保存する量，すなわち部分系が互いに相互作用
していても部分系全体についての和が保存しているような
保存量の指数関数に比例する．こうした保存量としては全
エネルギー[10] E，全粒子数 N（厳密にいえば，クォーク

---

〔4〕状態の確率というのは，「マクロには熱平衡にある系はミクロ
に見るといろいろな異なる状態にある可能性があるが，そのう
ちのある一つの状態（可能な状態のうちのどれでもよく，これ
が「任意の状態」という言葉の意味）にある確率」を言ってい
る．

とか電子とかの種類ごとの粒子数からその反粒子を引いたもの）がある．この指数関数的な確率分布を**グランドカノニカル集合**と言う．ここでは単原子気体[5]のような系を考える．その場合には，全エネルギーは，n で表示される1粒子状態のエネルギー E_n と，その状態 n にいる同種の粒子の数 N_n の積を足し合わせたものである．すると，任意に与えられた N_n の組が熱平衡にある系での確率は

$$P(N_1, N_2, \cdots) \propto \exp\left(-\frac{E}{k_\mathrm{B}T} + \frac{\mu N}{k_\mathrm{B}T}\right)$$
$$= \exp\left(-\sum_n N_n(E_n - \mu)/k_\mathrm{B}T\right)$$

$$(4.5.14)$$

となる．$N = \sum_n N_n$ と $E = \sum_n N_n E_n$ は全粒子数および全エネルギーである．k_B はボルツマン定数，T と μ は系の状態を記述するパラメーターであり，それぞれ**温度**と**化学ポテンシャル**と呼ばれる．

　ここまで，区別できる粒子か区別できない粒子かの違いはない．区別できない粒子がボソンかフェルミオンかという違いが入りこんでくるのは，熱力学的な平均を計算するために状態について足し合わせるときである．区別できる粒子のときには，各々の粒子がとり得るすべての状態につ

---

〔5〕He ガスのように，分子を作れない原子が単独で飛び回っているガス（酸素ガス，二酸化炭素ガスなど分子が飛び回っている場合は考えていない）．要するに，粒子の集まりでなく，単独の粒子が飛び回っているガスを考える．

いて足し合わせる.区別できない粒子のときには,その代わりに各1粒子状態についてその状態を占めることのできる粒子の数すべてにわたって加え合わせる[6].するとボソンについては,n番目の状態にある粒子の数の平均は

$$\overline{N}_n = \frac{\displaystyle\sum_{N_n=0}^{\infty} N_n \exp(N_n(E_n-\mu)/k_BT)}{\displaystyle\sum_{N_n=0}^{\infty} \exp(N_n(E_n-\mu)/k_BT)}$$

$$= \frac{1}{\exp((E_n-\mu)/k_BT)-1} \tag{4.5.15}$$

となる.(n以外の$m \neq n$の状態にある粒子の数N_mについての和は分子と分母で打ち消し合う.)これは**ボース-アインシュタイン統計**の場合である.

例えば,光子の数は輻射の過程では保存されないから,光子については$\mu=0$としなければならない.1.1節で見たように振動数νと$\nu+d\nu$の間には$8\pi\nu^2 d\nu/c^3$だけの1光子状態があり,各々$\hbar\nu$のエネルギーをもつから,νと$\nu+d\nu$の間には単位体積あたりのエネルギーが$8\pi h\nu^3 \overline{N} d\nu/c^3$ある.これは直ちにプランクの黒体公式(1.1.5)を導く.

フェルミオンについては$\overline{N}_n$の計算は正確にボソンと同じである.違いはパウリの排他原理により,N_nにつ

---

[6] 粒子が区別できる(distinguishable)か区別できない(indistinguishable)かの違いは重要である.野球のボールやパチンコ球のような古典的な粒子は区別できるが,光子,電子,陽子等のミクロな粒子は区別できない.

いての和で，N_n は 0 と 1 という値しかとらないことである．したがって

$$\overline{N}_n = \frac{\exp(-(E_n-\mu)/k_BT)}{1+\exp(-(E_n-\mu)/k_BT)}$$

$$= \frac{1}{\exp((E_n-\mu)/k_BT)+1} \qquad (4.5.16)$$

となる．パウリの原理から要求される通り，$\overline{N}_n \leqq 1$ であ
ることに注意しよう．これは**フェルミ–ディラック統計**の
場合である．

　温度が十分小さいときには平均の占有数（4.5.16）は

$$\overline{N}_n = \begin{cases} 1, & E_n < \mu \\ 0, & E_n > \mu \end{cases} \qquad (4.5.17)$$

で十分良い近似になる．運動量空間での面 $E_n = \mu$ は粒子
が詰まっている状態が占める領域の境界を表し，**フェルミ
面**と呼ばれる．フェルミ面の存在は白色矮星の中の電子や
中性子星の中性子に対して重要な役割を果たす．

　パウリ原理はまた，結晶の中の電子の力学について重要
な意味をもつ．3.5 節で見たように，結晶の中では許され
る電子のエネルギーはいくつかのはっきりした帯（バン
ド）を成す．それぞれのバンドが，そのバンド内のすべて
の状態が電子で完全に埋まっているか，あるいはすべて空
っぽである結晶は絶縁体である．このときは電子の状態は
電場に反応できない．なぜなら，これらの状態はパウリ原
理によりすっかり固定されているからである．あるバンド
ではその中のかなりの数の状態が電子で満たされており，

同時にかなりの数の状態は満たされていないという結晶は
金属であり，電気伝導も熱伝導も良い．なぜなら，この場
合にはパウリ原理は電場によって電子が他の状態に移るこ
とを妨げないからである．あるバンドはほとんど満たされ
ているかほとんど空っぽであり，それ以外のバンドはすべ
て完全に満たされているか完全に空っぽである場合には，
この結晶は半導体である．絶対零度では純粋な半導体は絶
縁体であるが，不純物を加えて，ほとんど空なバンドに電
子を加えたり，ほとんど満たされているバンドから電子を
取り除いたりして導体にすることができる．

　ボソンの式（4.5.15）とフェルミオンの式（4.5.16）
との区別は，指数 $\exp((E_n - \mu)/k_\mathrm{B}T)$ が 1 よりずっと大
きいときには消滅する．この場合は単に

$$\overline{N}_n = \exp(-(E_n - \mu)/k_\mathrm{B}T) \qquad (4.5.18)$$

となる．これはお馴染みのマックスウェル – ボルツマン統
計である．

原　注

(1) 式（4.5.3）を導くにあたって，α は粒子の種類だけに依存し，
粒子の運動量やスピンに依存しないことは重要である．これは，対
称性の考察から出てくる．すなわち，α が運動量やスピンに依存す
ることは，座標系の回転や運動する座標系への変換に関する対称
性と矛盾するからである．2 次元では奇妙な可能性がある．すなわ
ち，α は粒子がその位置または運動量が決まるまでの経路に依存す
る可能性である．これは空間が 3 次元以上の場合には起こらない．
(2) この結果が最初に摂動論の文脈で提示されたのは M. Fierz,
Helv. Phys. Acta **12**, 3 (1939) と W. Pauli, *Phys. Rev*

58, 716 (1940)である．摂動論によらない証明は公理論的場
の理論の中で G. Lüders and B. Zumino, *Phys. Rev.* **110**,
1450 (1958)および N. Burgoyne, *Nuovo Cimento* **8**, 807
(1958)によって与えられた．R. F. Streater and A. S. Wight-
man, *PCT, Spin & Statistics, and All That* (Benjamin,
New York, 1968)も参照．

(3) D. R. Hartree, *Proc. Camb. Phil. Soc.* **24**, 111 (1928).
(4) J. C. Slater, *Phys. Rev.* **34**, 1293 (1929).
(5) W. Pauli, *Z. Physik* **31**, 763 (1925).
(6) アインシュタインへの手紙の中でボースは，光子のように粒
子の数の確定しないボソンの理論を記述した．アインシュタイ
ンはそれを自分で英語からドイツ語に翻訳し，S. N. Bose, *Z.
Physik* **26**, 178 (1924)として公表した．アインシュタインはそ
れから数の確定したボソンの気体について研究して A. Einstein,
Sitzungsber. Preuss. Akad. Wiss. 3 (1925)として公表した．
(7) M. H. Anderson, J. R. Ensher, M. R. Matthews, C. E.
Wieman, and E. A. Cornell, *Science* **269**, 198 (1995).
(8) ランタノイドは，エネルギー準位を満たしていくための式
(4.5.11) の中の順序の規則に対して散発的に見られる例外の一つ
である．57 番目の電子は $5d$ 状態にあって，$4f$ 状態にはない．し
かしその次の希土（セリウム）では二つの電子は共に $4f$ にあって
$5d$ にはない．このパターンは残りのすべての希土について成り立
つ．同様な例外はアクチノイドでも起こる．
(9) M. Goeppert-Mayer and J. H. D. Jensen, *Elementary
Theory of Nuclear Shell Structure* (Wiley, New York,
1955).
(10) 一定に保たれてはいるが，全運動量は保存量に含まれないのが
普通である．座標系を選んで全運動量を 0 とできるからである．

4.6　内部対称性

ここまで，時空の座標に作用する対称性の変換を考えて

きた. 他にも時空の座標には作用せず, 粒子の性質のみに
作用する重要な対称変換がある. これは非常に大きな主題
であるが, ここでは簡単な紹介だけに留める.

　話の始まりは 1932 年の中性子の発見である. 中性子の
質量が陽子の質量とほとんど等しいことは当初から注目さ
れていた. すなわち, 中性子の質量が 939.565 MeV/c^2,
陽子の質量が 938.272 MeV/c^2 である. これは「荷電対
称性」, すなわち, 任意の状態に作用して中性子を陽子に
し, 陽子を中性子にする変換に対する対称性が存在するこ
とを示唆する. 中性子と陽子の質量は正確に同じではない
から, 明らかにこれは厳密な対称性ではない. 陽子は電荷
をもっているが中性子はもっていないから, この対称性は
電磁相互作用がもつ対称性ではあり得ない. しかし少なく
とも, 原子核の中で中性子と陽子を結びつけ, 中性子と陽
子の質量にも大きな影響を及ぼすと思われる強い核力に
は, この対称性があるだろうと考えることは妥当だと思わ
れた.

　この荷電対称性は複合的な原子核にとって重要な意味
をもつ. 軽い原子核ではクーロン力は主要でないので, Z
個の陽子と N 個の中性子からできた原子核の各々のエネ
ルギー準位は, N 個の陽子と Z 個の中性子からできた原
子核のエネルギー準位と合っていて, 同じエネルギーとス
ピンとなるはずである. これは実験的にも裏付けられた.
例えば ^{3}H のスピン 1/2 の基底状態はエネルギーが ^{3}He
のスピン 1/2 の基底状態と非常に近くて, ^{3}H が電子とほ

とんど無質量[7]の反ニュートリノを放出して ^{3}He に崩壊
するのを許すぎりぎりのエネルギー差しかない．同様に，
^{12}B のスピン 1 の基底状態は ^{12}N のスピン 1 の基底状態
と合致している．

　荷電対称性は二つの中性子の間の強い核力と二つの陽
子の間の強い核力が等しいことを要求するが，陽子と中性
子の間の力については何も要求していない．最初は中性子
と陽子の間の力だけが測定可能だった．直接的には水素を
標的とした中性子の散乱から，間接的には重陽子の性質か
らである．中性子同士の力が直接的に測定されなかったの
は明らかな理由による．中性子の標的は存在しないし，二
つの中性子の束縛状態もないからである．陽子と陽子の力
は測定可能だったが，低エネルギーでは陽子間のクーロン
斥力が陽子同士が近付くことを妨げていたから，力はほと
んど純粋に電磁気力だけだった．1936 年までには陽子を
加速して核力の効果を測定するだけの高エネルギーにす
ることができるようになり，この力が陽子と中性子の間の
力と似ていることがわかった．より正確に言うと，この実
験での陽子のエネルギーはまだ小さくて，散乱の角運動量
は $\ell = 0$ であった．（低エネルギーであることと ℓ の小さ
いことの関係は 7.6 節で説明する．）陽子はフェルミオン
であるので反対称なスピン状態でなければならず，したが

---

〔7〕ニュートリノの質量は最初は 0 と考えられたが，今ではわず
　　かながら正であることがわかった．

って全スピンは0となる. 中性子と陽子の散乱実験から, $\ell=0$ で全スピン0の状態である陽子と中性子の間に働く力を分離することは可能であった. それには重陽子の性質から得られる, $\ell=0$ で全スピン1の状態での力を差し引けばよい. その結果, $\ell=0$ で全スピン0での中性子・陽子の力と陽子・陽子の力は強さも力の到達範囲も似ているということだった[1].

このことは明らかに, 陽子と中性子の間に荷電対称性を超えた対称性を必要としていた. 正しい対称性の変換は次のように書かれた[2].

$$\binom{\mathrm{p}}{\mathrm{n}} \mapsto u\binom{\mathrm{p}}{\mathrm{n}} \tag{4.6.1}$$

ここで u は一般の 2×2 のユニタリー行列で, 行列式は1である. 4.3節の終わりに見たように, これは3次元の回転群と同じであり, 座標や運動量やスピンの添え字の代わりに p や n の名前（ラベル）に作用する. 2重項 (p, n) を変換するときは普通の回転のスピン1/2の2重項のように変換する. これらは**アイソスピン**変換と呼ばれる.

これらの変換が量子力学の理論の対称性となるためには, 行列式が1の 2×2 のユニタリー行列 u に対して, ユニタリー演算子 $U(u)$ が存在しなければならない. これらの変換はエルミート演算子 T_a $(a=1,2,3)$ によって生成される. その意味は, 一般形

$$u = 1 + \frac{i}{2}\begin{pmatrix} \epsilon_3 & \epsilon_1 - i\epsilon_2 \\ \epsilon_1 + i\epsilon_2 & -\epsilon_3 \end{pmatrix}$$

(ϵ_a は無限小) で表される 1 に近いアイソスピン変換 u に対して，演算子 $U(u)$ は

$$U \to 1 + i\sum_a \epsilon_a T_a \tag{4.6.2}$$

の形をしているということである．アイソスピン群の構造は回転群の構造と同じだから，生成子は普通の角運動量と同じ交換関係 (4.1.14) を満足する (スピンの場合と異なり $\hbar$ はない)．したがって

$$[T_a, T_b] = i\sum_c \epsilon_{abc} T_c \tag{4.6.3}$$

である．これらの生成子の陽子や中性子の状態に対する作用は，式 (4.2.17) を導いたときと同様にして導ける．

$$(T_1 + iT_2)\Psi_{\mathrm{p}} = 0, \ (T_1 - iT_2)\Psi_{\mathrm{p}} = \Psi_{\mathrm{n}}, \ T_3\Psi_{\mathrm{p}} = \frac{1}{2}\Psi_{\mathrm{p}},$$

$$(T_1 + iT_2)\Psi_{\mathrm{n}} = \Psi_{\mathrm{p}}, \ (T_1 - iT_2)\Psi_{\mathrm{n}} = 0, \ T_3\Psi_{\mathrm{n}} = -\frac{1}{2}\Psi_{\mathrm{n}}$$

$$\tag{4.6.4}$$

ここで，核子 1 個の状態の電荷は $(1/2 + T_3)e$ であることに注意しよう．したがって A 個の核子からできている状態の電荷は

$$Q = \left(\frac{A}{2} + T_3\right)e \tag{4.6.5}$$

である．これは明らかにアイソスピン不変性が電磁気相互作用で破れていることを示している．

アイソスピン不変性は原子核の構造に対して荷電対称性を超える意味を含んでいる．軽い原子核のエネルギー準位

の各々は，原子量 A を同じくする $2t+1$ 種類の原子核の
エネルギー準位が作る一つの多重項のメンバーでなければ
ばならない．（ここで t は整数あるいは半整数で，スピン
の場合の j に対応するアイソスピンでの値である．）A は
共通であり，T_3 の値は $-t$ から $+t$ までの範囲を間隔1で
とるので，原子番号 Z は $\frac{A}{2}-t$ から $\frac{A}{2}+t$ までの範囲の
値をとることになる．これらの原子核の状態はすべて同
じスピンをもち，ほぼ同じエネルギーをもつ．例えば ^{12}B
と ^{12}N の基底状態は同じスピン（$j=1$）とほぼ同じエネ
ルギーをもつが，それだけでなく ^{12}C の励起状態で同じ
スピンとエネルギーをもつものがある．このことは，この
三つの原子核のエネルギー準位が $t=1$ のアイソスピン多
重項を作っていることを示している．（^{12}C の $t=1$ 状態
は基底状態ではない．基底状態は 15 MeV$/c^2$ だけ $t=1$
の励起状態よりも低く，スピンも $j=1$ でなく $j=0$ であ
る．）

　アイソスピン不変性は原子核だけでなく，強い核力を
感じるすべての粒子がアイソスピンの多重項を形成する
ことを要求する．そこで，例を挙げてみよう．1947 年に
N＋N → N＋N＋π のような反応で電荷 $+e$ と $-e$ をも
つ2種類の不安定な荷電粒子 $\pi^{\pm}$ が発見された．（ここで
N は中性子あるいは陽子のどちらかである．）これらの
「パイオン」の核子数は $A=0$ であり，式 (4.6.5) によ
れば，π^+ と π^- がもつ T_3 は各々 $T_3=+1$ と $T_3=-1$ で

ある．そうするとアイソスピンの対称性により，パイオン
は $2t+1$ 個の，質量のほぼ等しい粒子（$t \geqq 1$）の多重項
の一部でなければならない．特に，$T_3 = 0$ をもつ中性の
粒子 π^0 が存在するはずである．実際そのような中性の粒
子が間もなく見つかった．しかし2倍の電荷をもつパイ
オンは見つからなかった．したがってパイオンは3重項
を形成し，$t=1$ である．

これらの粒子の崩壊はまったく違う．$\pi^{\pm}$ は（原子核の
ベータ崩壊のときと同じように）弱い相互作用によって，
陽電子や電子の重い仲間である $\mu^{\pm}$ と，ニュートリノま
たは反ニュートリノに崩壊する．一方 π^0 は電磁相互作
用で2個の光子に崩壊する．しかし，アイソスピン不変
性は強い核力が支配的などのような過程でも守られる．
例えば，核子とパイオンが作る四つの不安定な状態の多
重項 $\Delta^{++}, \Delta^+, \Delta^0, \Delta^-$ があるが，すべての Δ がスピン
3/2 で質量は約 $1240 \, \text{MeV}/c^2$ である．これらの状態は約
$120 \, \text{MeV}/c^2$ という，エネルギーの大きな不確定性を示
す．したがって不確定性原理により，非常に急激に崩壊し
なければならない．これは崩壊が弱い相互作用や電磁的
相互作用によるものではなく，アイソスピン不変性を守
る強い相互作用によることを示している．Δ は一つの核
子を含む状態に崩壊するから $A=1$ であり，式（4.6.5）
によればその T_3 は各々 3/2, 1/2, $-1/2$, $-3/2$ に等しい．
これは明らかに $t=3/2$ のアイソスピン多重項である．
$T_3 = m$ の Δ が $T_3 = m'$ の π と $T_3 = m''$ の核子に崩壊す

るための振幅 M はクレブシュ–ゴルダン係数に比例する:

$$M(m, m', m'') = M_0 C_{1\frac{1}{2}}\left(\frac{3}{2}m; m'm''\right).$$

ここで M_0 は電荷によらない.崩壊率はもちろんこの振幅の2乗に比例する.表4.1の5番目,6番目,7番目の行を見ると,これらの崩壊率の比は

$$\Gamma(\Delta^{++} \to \pi^+ + \mathrm{p}) = \Gamma(\Delta^- \to \pi^- + \mathrm{n}) \equiv \Gamma_0,$$

$$\Gamma(\Delta^+ \to \pi^+ + \mathrm{n}) = \Gamma(\Delta^0 \to \pi^- + \mathrm{p}) = \frac{1}{3}\Gamma_0,$$

$$\Gamma(\Delta^+ \to \pi^0 + \mathrm{p}) = \Gamma(\Delta^0 \to \pi^0 + \mathrm{n}) = \frac{2}{3}\Gamma_0$$

となることがわかる.これはすべて実験とよく合っている[3].

1947年にいくつかの新しい粒子が発見され,電荷とアイソスピンの関係の式(4.6.5)は明らかに変更が必要になった.例えば,核子同士の衝突によって(現在の名前を使うと)ハイペロンと呼ばれるいくつかのスピン1/2の粒子が発生することがわかった.質量 $1115\,\mathrm{GeV}/c^2$ の中性の粒子 Λ_0,質量 $1189\,\mathrm{GeV}/c^2$, $1192\,\mathrm{GeV}/c^2$, $1197\,\mathrm{GeV}/c^2$ をもつ三つ組の粒子 $\Sigma^+, \Sigma^0, \Sigma^-$ などである.これらのハイペロンは,質量 $494\,\mathrm{GeV}/c^2$,および $498\,\mathrm{GeV}/c^2$ をもつ2重項のスピン0粒子 $\mathrm{K}^+, \mathrm{K}^0$ を常に伴っていた.(上付きの添え字は,e を単位として表した粒子の電荷である.)核子数 A(反粒子があれば粒子の数マ

イナス反粒子の数）は自然界では完全に保存されていると考えることができたが，ハイペロンは核子とパイオンに崩壊することが観測された．そこで，この保存則をバリオン数 B（核子とハイペロンの数マイナスそれらの反粒子の数）という量に拡張する必要が生じた．しかし単に式（4.6.5）の中の A を B に置き換えるだけでは不十分である．Λ^0 は他の粒子との多重項の一員ではないので $t = 0$，したがって $T_3 = 0$ でなければならないが，式（4.6.5）の中の A をバリオン数 $B = 1$ と置き換えると，公式からは Λ^0 の電荷が $e/2$ になってしまう．同様の問題は Σ と K についても発生する．そこで式（4.6.5）を

$$Q = \left(\frac{B+S}{2} + T_3 \right) e \qquad (4.6.6)$$

と置き換えることが提案された[4]．S はストレンジネスと呼ばれる量で，核子やパイオンのような普通の粒子では 0 に等しく，Λ や Σ では -1，K では $+1$ に等しくとる．このように決めると電荷が決まる．Λ と Σ は $B + S = 0$ なので，$Q = T_3 e$ である．一方 K は $B + S = 1$ なので $Q = (T_3 + 1/2)e$ である．強い相互作用でストレンジネスが保存されるとすれば，核子-核子の衝突でのハイペロンの生成では，全ストレンジネスを 0 に保つために K 粒子の生成を伴う．

他にも奇妙な（すなわちストレンジネスの 0 でない）粒子が見つかった．質量が $1315\,\mathrm{GeV}/c^2$，$1322\,\mathrm{GeV}/c^2$ である 2 重項の粒子 Ξ^0，Ξ^- や，K^+，K^0 の反粒子 $\overline{\mathrm{K}}^-$，$\overline{\mathrm{K}}^0$

である．正しい電荷を得るためには Ξ のストレンジネス
は -2，$\overline{\mathrm{K}}$ のストレンジネスは -1 としなければならな
い．ハイペロンや K あるいは $\overline{\mathrm{K}}$ が核子やパイオンに崩
壊するときにはストレンジネスは保存されないが，これ
らの崩壊は強い核力よりもずっと弱い種類の相互作用に
よって起こる．（奇妙な粒子の典型的な寿命は 10^{-8} から
10^{-10} 秒までほどであり，強い相互作用の典型的な寿命，
$\hbar/(1\,\mathrm{GeV}) = 6.6 \times 10^{-25}$ に比べて途方もなく長い．）し
たがってストレンジネスはその崩壊を起こす弱い相互作用
では保存されないが，強い相互作用（および電磁気的相互
作用）では保存される．

　このような，電荷，バリオン数，ストレンジネスについ
ての近似的あるいは厳密な保存則はいずれも対称性の一般
論を使って言い表すことができる．例えば，

$$U(\alpha) \equiv \exp(i\alpha Q) \tag{4.6.7}$$

というユニタリー演算子を作ってみよう．ここで Q はエ
ルミート演算子で，任意の状態に作用してその状態に含ま
れる粒子の全電荷 q を与える．また α は任意の実数であ
る．電荷 q の任意の状態に作用すると，演算子 $U(\alpha)$ は位
相因子 $\exp(i\alpha q)$ を与えるものとする．遷移振幅がこの対
称性で不変であるのは，電荷の保存される場合，かつその
場合だけである．したがってハミルトニアン H が

$$U^{-1}(\alpha)HU(\alpha) = H \tag{4.6.8}$$

を満たす場合に限られる．この対称性の群は $U(1)$，すな
わち 1×1 のユニタリー行列（もちろん位相因子にすぎな

い）の積で作られる群である．質量数とストレンジネスの
保存は，同様に他の $U(1)$ 対称性の下での不変性で表される．

これらの $U(1)$ 対称性はアイソスピンの $SU(2)$ とは完
全に分離している．その意味は，それらの生成子がアイソ
スピンの生成子 T_a と可換だということである．そこで，
この二つの対称性を合わせた対称性で，これらのアイソ
スピン多重項のいくつかをまとめて扱えるものがあるの
ではないかという問いが生じた．勝利を収めた対称性は
$SU(3)$，すなわち行列式が 1 のすべての 3×3 ユニタリー
行列の群であった．アイソスピン不変性の $SU(2)$ 変換は
この群の部分群になる[5]．そこではアイソスピンの生成
子 T_a は

$$\begin{pmatrix} t_a & 0 \\ 0 & 0 \end{pmatrix}$$

の形の 3×3 エルミート行列で表される．t_a は 2×2 のト
レースレスなエルミート行列で，$SU(2)$ の生成子を表す．
またこの群にはハイパーチャージと言われる生成子

$$Y \equiv B + S$$

をもつ $U(1)$ の部分群もある．これはトレースレスなエル
ミート行列

$$\begin{pmatrix} 1/3 & 0 & 0 \\ 0 & 1/3 & 0 \\ 0 & 0 & -2/3 \end{pmatrix}$$

で表される．4.3節の終わりの部分で，普通の回転群の場合にテンソルの定式化を使って粒子の多重項を表すことができることを示した．しかし，ここでは一つ違いがある．一般に N 次元のユニタリー行列の群では，粒子の多重項はテンソル $\Psi^{n_1 n_2 \cdots}_{m_1 m_2 \cdots}$ を形成し（ここで m と n は 1 から N の範囲の値をとる），その変換性は

$$\Psi^{n_1 n_2 \cdots}_{m_1 m_2 \cdots}$$
$$\mapsto \sum_{m'_1 m'_2 \cdots} \sum_{n'_1 n'_2 \cdots} u_{m'_1 m_1} u_{m'_2 m_2} \cdots u^*_{n'_1 n_1} u^*_{n'_2 n_2} \cdots \Psi^{n'_1 n'_2 \cdots}_{m'_1 m'_2 \cdots}$$

である．2次元のとき，かつそのときに限り，添え字2個の定数のテンソル（4.3.45）がある．（この定数テンソルを使って）上記のテンソルの上付きの添え字と縮約すると，それを下付きの添え字に変換することができるから，2次元では上付きの添え字と下付きの添え字を区別する必要がない．$N=3$ については上付きの添え字と下付きの添え字を区別する必要がある．それでも上付きまたは下付きの添え字の両方について，完全に対称な既約テンソルだけを考えればよい．なぜならこの場合には，定数の反対称テンソル $\epsilon_{m_1 m_2 m_3}$ が存在して，完全に対称でない場合には二つの上付きの添え字を一つの下付きの添え字に変換するか，二つの下付きの添え字を一つの上付の添え字にするかできるからである．さらに既約なテンソルについてはトレースレスの条件

$$\Psi^{r n_2 \cdots}_{r m_2 \cdots} = 0$$

を課さねばならない．そうでない場合には上付きの添え

字が一つ少なく，下付きの添え字が一つ少ないテンソル $\Psi^{rn_2\cdots}_{rm_2\cdots}$ を分離することができるであろう．たとえば，核子，Λ,Σ,Ξ は $j=1/2$ の 8 重項にまとめられる．その状態はトレースレスなテンソル Ψ^n_m であって 8 個の独立な成分がある．同様に，$\pi, K, \overline{K}$ および 8 番目のスピン 0 の粒子 η は別の 8 重項を形成するが，$j=0$ である．さらに，スピン 3/2 の粒子の多重項で 10 個のメンバーをもつものがあるが，これは前述の Δ を含み，対称テンソル $\Psi_{m_1 m_2 m_3}$ に対応する．

　異なる種類に属する粒子は区別可能であるから，物理的状態ベクトルの添え字をどういう順序で並べるかはいくつかの流儀がある．例えば，いくつかの陽子といくつかの電子を含む状態ではつねに陽子を先に挙げ，電子はあとにする．陽子と電子の交換に対して状態ベクトルを反対称にする必要はない．しかし異なる粒子であっても，それらのすべてが何かしらの内部対称性の群の同じ多重項に属し（陽子と中性子がアイソスピン対称性の $t=1/2$ の多重項に属している場合のように），かつこれらがすべてボソンあるいはフェルミオンである場合には，粒子のもつすべてのラベルを同時に交換したとき，状態ベクトルはボソンであるかフェルミオンであるかに応じて対称か反対称的になっていなくてはならない．粒子のもつすべてのラベルとは，粒子の軌道の量子数（位置，運動量，軌道角運動量の第 3 成分 m）およびスピンの第 3 成分および内部対称性の群の量子数である．

例えば，陽子–中性子状態

$$\Psi_\pm = \int d\xi_1 \int d\xi_2\, \psi_\pm(\xi_1, \xi_2)\Phi_{\mathrm{p}.\xi_1;\mathrm{n}.\xi_2}$$

を考えよう．ξ_1, ξ_2 は二つの核子の軌道およびスピンの量子数である．$\int d\xi$ は運動量（または位置）についての積分とスピンの第3成分についての和を含む．波動関数 $\psi_\pm$ は対称的か反対称的かのどちらかである．すなわち

$$\psi_\pm(\xi_1, \xi_2) = \pm\psi_\pm(\xi_2, \xi_1).$$

この状態にアイソスピンの上昇演算子を作用させると，2陽子状態

$$(T_1 + iT_2)\Psi_\pm = \int d\xi_1 \int d\xi_2\, \psi_\pm(\xi_1, \xi_2)\Phi_{\mathrm{p}.\xi_1;\mathrm{p}.\xi_2}$$

ができる．陽子は互いに区別不可能なフェルミオンであるから，2個の陽子の状態は ξ_1, ξ_2 の交換について反対称的である．したがって $(T_1 + iT_2)\Psi_+ = 0$ であるが，$(T_1 + iT_2)\Psi_- \neq 0$ である．したがって Ψ_+ のアイソスピンは 0，Ψ_- のアイソスピンは 1 である．式（4.3.34）によれば，アイソスピン 0 とアイソスピン 1 の状態は，アイソスピンの第3成分の入れ換えに関してそれぞれ奇と偶である．したがって，スピンと軌道量子数について対称あるいは反対称の状態は，それぞれアイソスピンの第3成分に関しては反対称あるいは対称になる．そうすればどちらの場合も，すべての量子数の入れ換えについて反対称的になる．例えば，二つの核子の s 波の状態は全スピン

1 で全アイソスピン 0 である（重陽子の場合）か，または
全スピン 0 で全アイソスピン 1（2 個の陽子または 2 個の
中性子の低エネルギー散乱の場合）であるかのどちらかで
ある．

* * * * *

群 $SU(3)$ には別の使い道がある．内部対称性としてで
はなく，3 次元の調和振動子のハミルトニアンの力学的対
称性としてである．2.5 節で述べたように，このハミルト
ニアンは

$$H = \hbar\omega\left[\sum_{i=1}^{3} a_i^\dagger a_i + \frac{3}{2}\right] \qquad (4.6.9)$$

である．ここで，a_i と $a_i^\dagger$ は上昇演算子および下降演算子
であり，交換関係

$$[a_i, a_j^\dagger] = \delta_{ij}, \quad [a_i, a_j] = [a_i^\dagger, a_j^\dagger] = 0 \qquad (4.6.10)$$

を満足する．ハミルトニアンと交換関係は明らかに次の変
換で不変である：

$$a_i \mapsto \sum_j u_{ij}a_j, \quad a_i^\dagger \mapsto \sum_j u_{ij}^* a_j^\dagger. \qquad (4.6.11)$$

ここで，u_{ij} はユニタリー行列であり，$\sum_j u_{ij}u_{kj}^* = \delta_{ik}$ で
ある．この群は $U(3)$，3×3 のユニタリー行列の群であ
る．エネルギー $(N+3/2)\hbar\omega$ の縮退した状態は次の形を
している．

$$a_{i_1}^\dagger a_{i_2}^\dagger \cdots a_{i_N}^\dagger \Psi_0$$

ここで，Ψ_0 はエネルギー $3\hbar\omega/2$ の基底状態である．変換（4.6.11）によってこの状態は対称テンソルとして変換する．すなわち

$$a_{i_1}^{\dagger} a_{i_2}^{\dagger} \cdots a_{i_N}^{\dagger} \Psi_0$$
$$\mapsto \sum_{j_1 j_2 \cdots j_N} u_{i_1 j_1}^* u_{i_2 j_2}^* \cdots u_{i_N j_N}^* a_{j_1}^{\dagger} a_{j_2}^{\dagger} \cdots a_{j_N}^{\dagger} \Psi_0. \quad (4.6.12)$$

2.5節で求めた，エネルギー $(N+3/2)\hbar\omega$ の独立な状態の数 $(N+1)(N+2)/2$ はまた3次元の N 階の対称テンソルの独立な成分の数でもある．

特殊な例として，$u_{ij} = \delta_{ij} e^{-i\varphi}$（$\varphi$ は実数）の場合には変換（4.6.11）は

$$\begin{cases} a_i \mapsto \exp(iH\varphi/\hbar\omega) a_i \exp(-iH\varphi/\hbar\omega) \\ a_i^{\dagger} \mapsto \exp(iH\varphi/\hbar\omega) a_i^{\dagger} \exp(-iH\varphi/\hbar\omega) \end{cases} \quad (4.6.13)$$

と同じである．したがってこの場合の対称性は何も新しくなくて，時間の並進の不変性である．3次元の調和振動子に特別な新しい対称性は $\det u = 1$ である対称性で，群 $SU(3)$ を形成する．

無限小の変換は

$$u_{ij} = \delta_{ij} + \epsilon_{ij} \quad (4.6.14)$$

と書ける．ここで，ϵ_{ij} は無限小の反エルミート行列で $\epsilon_{ij}^* = -\epsilon_{ji}$ を満足する．$SU(3)$ ではこれらの行列はトレースレスでもある．これらの無限小変換は，調和振動子の状態がつくるヒルベルト空間上に対応するユニタリー変換を引き起こす：

$$U(1+\epsilon) = 1 + \sum_{ij} \epsilon_{ij} X_{ij}. \qquad (4.6.15)$$

ここで $X_{ij}^{\dagger} = X_{ji}$ はハミルトニアンと可換な対称性の生成子である．これらの対称性の生成子は2.5節で述べた演算子 $a_i a_j^{\dagger}$ に比例する．

原　注

(1) M. A. Tuve, N. Heydenberg, and L. R. Hafstad, *Phys. Rev.* **50**, 806 (1936).

(2) B. Cassen and E. U. Condon, *Phys. Rev.* **50**, 846 (1936); G. Breit and E. Feenberg, *Phys. Rev.* **50**, 850 (1936).

(3) H. L. Anderson, E. Fermi, R. Martin, and D. E. Nagle, *Phys. Rev.* **91**, 151 (1953); J. Orear, C. H. Tsao, J. J. Lord, and A. B. Weaver, *Phys. Rev.* **95**, 624A (1954).

(4) M. Gell-Mann, *Phys. Rev.* **92**, 833 (1953); T. Nakano and K. Nishijima, *Prog. Theor. Phys.* (*Kyoto*) **10**, 582 (1953).

(5) M. Gell-Mann, Cal. Tech. Synchrotron Laboratory Report CTSL-20 (1961), unpublished. Y. Ne'eman, *Nucl. Phys.* **26**, 222 (1961). これらは他の $SU(3)$ 対称性の論文と共に M. Gell-Mann and Y. Ne'eman, *The Eightfold Way* (Benjamin, New York, 1964) に収録してある．

4.7 反　転

4.1節では，粒子（名前を n とする）の座標演算子の空間反転の変換 $\mathbf{X}_n \mapsto -\mathbf{X}_n$ は回転ではなくて，まったく異なった対称変換であることを見た．したがって空間反転

は回転不変性だけから導かれる結果を超えた結果をもたらす.

空間反転の下で不変な量子理論ではユニタリーな「パリティ」演算子 P が存在して次の性質をもつと考えられる.

$$\mathsf{P}^{-1}\mathbf{X}_n\mathsf{P} = -\mathbf{X}_n. \qquad (4.7.1)$$

広い範囲の理論で,運動量演算子 $\mathbf{P}_n$ は $\mathbf{P}_n = (im_n/\hbar)[H, \mathbf{X}_n]$ と表される.したがってハミルトニアン H が P と可換なら,

$$\mathsf{P}^{-1}\mathbf{P}_n\mathsf{P} = -\mathbf{P}_n \qquad (4.7.2)$$

も成り立つ.この変換は,これまでに考察したような種類のハミルトニアン,例えば

$$H = \sum_n \frac{\mathbf{P}_n^2}{2m_n} + V$$

を不変に保つ.ここで V は距離 $|\mathbf{X}_n - \mathbf{X}_m|$ のみに依存する.

式(4.7.1)と(4.7.2)の結果として,演算子 P は軌道角運動量 $\mathbf{L} = \sum_n \mathbf{X}_n \times \mathbf{P}_n$ と可換である.角運動量の交換関係との一貫性から,パリティ演算子はまた $\mathbf{J}$ や $\mathbf{S}$ とも可換であることが要求される.

水素原子のような中心力ポテンシャルの中の1粒子の系では,式(4.7.1)より,$\Phi_{\mathbf{x}}$ が固有値 $\mathbf{x}$ の $\mathbf{X}$ の固有状態なら,$\mathsf{P}\Phi_{\mathbf{x}}$ は固有値 $-\mathbf{x}$ の $\mathbf{X}$ の固有状態であることが導かれる.(P は S_3 と可換であるから,この状態はまた S_3 の固有状態で,固有値は状態 $\Phi_{\mathbf{x}}$ と同じである.し

たがって当分の間スピンの添え字ははっきり書く必要がないので省略する.) したがって位相の分は別として (それについては後述)

$$\mathsf{P}\Phi_{\mathbf{x}} = \Phi_{-\mathbf{x}} \qquad (4.7.3)$$

が成り立つ. 角運動量 $\hbar\ell$ をもち, その第3成分は $\hbar m$ である状態 Ψ_ℓ^m と $\Phi_{\mathbf{x}}$ (すなわち, 座標空間の波動関数) のスカラー積は球面関数に比例する.

$$(\Phi_{\mathbf{x}}, \Psi_\ell^m) = R(|\mathbf{x}|) Y_\ell^m(\hat{\mathbf{x}}). \qquad (4.7.4)$$

反転の性質 $Y_\ell^m(-\hat{\mathbf{x}}) = (-1)^\ell Y_\ell^m(\hat{\mathbf{x}})$ は

$$(\Phi_{-\mathbf{x}}, \Psi_\ell^m) = (-1)^\ell (\Phi_{\mathbf{x}}, \Psi_\ell^m)$$

を与える. 演算子 $\mathsf{P}^{-1}\mathsf{P} = 1$ を左辺のスカラー積に挿入し, 式 (4.7.3) と P のユニタリー性を使うと

$$(\Phi_{\mathbf{x}}, \mathsf{P}\Psi_\ell^m) = (-1)^\ell (\Phi_{\mathbf{x}}, \Psi_\ell^m)$$

となるから,

$$\mathsf{P}\Psi_\ell^m = (-1)^\ell \Psi_\ell^m \qquad (4.7.5)$$

となる.

　これによって, ラム・シフトやスピン軌道結合のような複雑な効果が含まれても, 水素原子の j の確定した状態では ℓ も確定していて, $\ell = j \pm 1/2$ の状態の混じった状態にはならないことが理解できる. 例えば, これらの効果を全部勘定に入れても, 水素原子の $n = 2$ で $j = 1/2$ の状態は純粋な $2s_{1/2}$ と $2p_{1/2}$ だとなぜ言えるだろうか? 水素原子のハミルトニアンは (スピンの効果と相対論的補正を含めて) 空間反転で不変であるから, エネルギーの確定した1粒子状態に空間反転を作用すると, 同じエネ

ルギーの別の状態ベクトルになる．与えられた $\mathbf{J}^2$, $\mathbf{J}_z$ と
n の値をもつ状態の間の縮退を破るだけの十分な摂動が
あっても，エネルギーの確定した状態ベクトルの空間反
転の結果は同じ状態ベクトルに比例したものでなければ
ならない．そのことは，もしエネルギーの確定した状態が
$\ell = j + 1/2$ と $\ell = j - 1/2$ のような，ℓ の奇数と偶数の状
態の混合だったらあり得ないのである．

　原子物理学の空間反転の対称性は，原子の最も普通の
輻射遷移の選択則にすぐに応用できる．4.4 節に注意し
たように，放出される光子の波長が原子の寸法よりはる
かに大きいという近似では，遷移率は電気双極子能率
$\mathbf{D} = \sum_n e_n \mathbf{X}_n$ の始状態と終状態の行列要素の 2 乗に比例
する．式（4.7.1）よりただちに $\mathbf{P}^{-1}\mathbf{D}\mathbf{P} = -\mathbf{D}$ となる．
始状態 Ψ_a と終状態 Ψ_b がパリティ演算子の固有状態でそ
の固有値が各々 π_a と π_b であるとすると

$$\pi_a \pi_b (\Psi_b, \mathbf{D}\Psi_a) = -(\Psi_b, \mathbf{D}\Psi_a)$$

となるから，遷移率の行列要素は

$$\pi_a \pi_b = -1 \tag{4.7.6}$$

でなければ 0 となる．前述の場合では，遷移が電子 1 個
だけに関係するときは $\pi_a = (-1)^{\ell_a}$ および $\pi_b = (-1)^{\ell_b}$ で
ある．ここで ℓ_a と ℓ_b は電子の始状態と終状態の軌道角運
動量である．したがってこの場合の選択則は，ただ ℓ が偶
数から奇数へ，または奇数から偶数へ変わるということで
ある．例えば，電気双極子の近似では水素原子の $3p \to 2p$

の輻射遷移は角運動量の保存則からは許されるが，パリティの選択則により禁止される．式（4.7.6）は任意の数の荷電粒子を含む状態の間の遷移についても適用される．

ここで，（4.7.3）や（4.7.5）のような変換則の中に余計な位相因子が入り得るという問題に戻ろう．すべての状態に同じ位相因子がかかるのであれば影響がない．ユニタリー演算子 P の位相を定義しなおせば除去できるからである．しかし，位相因子が状態の中の粒子の性質に依存するというやや厄介な可能性があって，遷移によって新しい粒子が生成されたり消滅したりする場合には，そのことが重要な結果をもたらすだろう．粒子が互いに遠く離れているときには，演算子 P はそれぞれの粒子に別々に作用すると考えてよいだろう．さらに P がハミルトニアンと可換なら，粒子が互いに出合ったときにも各々の粒子に別々に作用し続けるだろう．したがって多粒子状態の変換での余分な位相因子は個々の粒子の位相 η_a の積

$$\mathsf{P}\Phi_{\mathbf{x}_1,\sigma_1;\mathbf{x}_2,\sigma_2;\cdots} = \eta_1\eta_2\cdots\Phi_{-\mathbf{x}_1,\sigma_1;-\mathbf{x}_2,\sigma_2;\cdots} \qquad (4.7.7)$$

となる．ここで σ はスピンの第 3 成分であり，位相因子 η_n は粒子の種類 n だけに依存する．この因子は固有パリティと呼ばれる量で，粒子のもう一つの属性である．演算子 P^2 はすべての座標，運動量，スピンと可換である．それはある種の内部対称性であり得るが，もしそれが $U(1)$ 演算子で式（4.6.7）のように $\exp(i\alpha A)$（A は何らかの保存されるエルミート演算子）の形をしていたら，$\exp(-i\alpha A/2)$ もまた内部対称性であるだろう．そうする

と新しい反転演算子を $P' \equiv P \exp(-i\alpha A/2)$ と定義すれ
ば, それについては $P'^2 = 1$ となる. 「'」を落として, P
は $P^2 = 1$ が成り立つように選んだと考えることにする.
この場合, 式 (4.7.7) の中の η_n は $+1$ か -1 かに限ら
れる.

　このような変換則を使用する典型的な例としては, 重
水素の核と電子の代わりに負の電荷をもつスピン0の粒
子 π^- とで構成される中間子原子の $1s$ 状態の崩壊がある.
観測によると, π^- は急激に重水素原子の原子核に吸収さ
れ, 中性子の対ができる[1]. 中性子はフェルミオンなの
で, 2中性子の系はスピンと座標の両方の交換について
反対称でなければならない. したがって全スピンが1（ス
ピンについて対称的）で角運動量が奇数か, 全スピンが
0（スピンについて反対称的）で角運動量が偶数かのどち
らかである. しかし重水素の原子核はスピン1であるこ
とが知られていて, $1s$ 状態の d-π^- 原子の全角運動量は
1である. ところが2中性子の系で全スピンが0かつ角運
動量が偶数なら, 全角運動量が1とはなり得ない. した
がって結論は, 2中性子の終状態の軌道角運動量は奇数で
あり, 固有パリティは $-\eta_n^2$ ということになる. 以上から
$\eta_d \eta_{\pi^-} = -\eta_n^2$ となる. 重水素の原子核は陽子と中性子の s
状態と d 状態の混合物だとわかっているので $\eta_d = \eta_p \eta_n$ で
ある. したがって $\eta_p \eta_\pi = -\eta_n$ となる. 空間反転の演算子
P が独立な反転の演算子が作るアイソスピン多重項の一部
とは思えないので, P は前節のアイソスピン対称性と可換

だと考えられる[2]. そうすると $\eta_p = \eta_n$ であり, π^- の固有パリティ η_π は -1 となる. アイソスピン不変性によれば, その反粒子 π^+ も, その中性の仲間 π^0 も固有パリティが負であるとわかる.

　自然が空間反転の変換の下で不変であることは, 当然のことだと受け止められてきた. ところが 1950 年代にこの対称性原理は重大な問題に直面した. 宇宙線において二つの似たような質量の荷電粒子が発見された. 一つは ϑ^+ で, $\pi^+ + \pi^0$ に崩壊した. もう一つは τ^+ で, $\pi^+ + \pi^+ + \pi^-$ に崩壊した ($\pi^+ + \pi^0 + \pi^0$ にも崩壊した). τ 崩壊の終状態の π の角運動量を調べたところ, これらの π は軌道角運動量をもっていなかった. したがって π のパリティが奇でスピン 0 であるから, τ^+ もまたパリティが奇でスピン 0 でなければならない. 他方, 終状態が二つのパイオンであるから, もし ϑ^+ が τ^+ のようにスピン 0 だったら, パリティは偶となるだろう. したがって ϑ^+ と τ^+ は同じ粒子ではあり得ない. しかし測定が進歩するにつれて ϑ^+ と τ^+ の質量と平均寿命のいずれもが区別がつかないことがわかってきた. 何らかの対称性があってこの二つの質量が同じになるということは考えられるが, さまざまの崩壊のしかたがあるのに, どうして平均寿命まで同じであり得るだろうか. ところが 1956 年に李政道と楊振寧[3]は, ϑ^+ と τ^+ は実のところ同じ粒子 (今では K^+ と呼ばれる) であり, 空間反転についての対称性は電磁的および強い相互作用では守られるが, 粒子の崩壊を起こす,

はるかに弱い相互作用では守られないのだという説を提唱した.（この相互作用の弱さは K^+ 粒子の寿命が長いことで示される. それは 1.238×10^{-8} 秒であり, 特徴的な時間規模の $\hbar/m_K c^2 = 1.3 \times 10^{-24}$ 秒と比べてはるかに長い.）李と楊はさらに, 空間反転の下の不変性は素粒子のすべての弱い相互作用（原子核のベータ崩壊を含む）でひどく破れていると示唆し, それを確かめる実験を提案した. 間もなく彼らの正しいことが確かめられた[4].

　　強い相互作用と電磁相互作用のハミルトニアンと可換な反転対称性は他にも二つある. 一つは荷電共役である. 任意の状態に作用する保存される演算子 C で, 単純にすべての粒子を反粒子に変換する. 粒子の性質に応じて符号の因子がつくことはある[5]. もう一つは時間反転である. すなわち保存される演算子 T で, 時間に依存するシュレーディンガー方程式で時間の方向を逆転させる. 3.6 節で見たように T は反ユニタリーで反線形である. 弱い相互作用で P が守られていないことを示したのと同じ実験が, これらの相互作用で PT の下の不変性が守られていないことを示した. その後の実験によって CP の破れも明らかになった[6]. しかしいかなる場の量子論でも CPT の下の不変性は守られている. 私たちの知る限り[7], CPT は正確に保存する. したがって PT と CP の破れは直ちにまた C と T の下での不変性の破れを意味した. したがって CPT だけが, 自然界で厳密に不変な唯一の反転である.

原　注

(1) W. Chinowsky and J. Steinberger, *Phys. Rev.* **95**, 1561 (1954).

(2) アイソスピンの保存に頼らなくても、つねに演算子 P を選んで $\eta_{\mathrm{p}} = \eta_{\mathrm{n}} = 1$ とすることができる。必要があれば演算子 P に電荷やバリオン数のような保存量の適当な線形結合を乗じて -1 の因子を吸収するのである。

(3) T.-D. Lee and C.-N. Yang, *Phys. Rev.* **104**, 254 (1956).

(4) C. S. Wu, E. Ambler, R. W. Hayward, D. D. Hoppes, and R. P. Hudson, *Phys. Rev.* **105**, 1413 (1957); R. Garwin, L. Lederman, and M. Weinrich, *Phys. Rev.* **105**, 1415 (1957); J. I. Friedman and V. L. Telegdi, *Phys. Rev.* **105**, 1681 (1957).

(5) 3.6 節の注 1 で述べたように、ディラックは自分の波動方程式の負のエネルギーの解を次のように解釈した。それは負のエネルギーの波動関数であり、通常は全部が満たされている。したがってパウリの排他原理により、正のエネルギーの電子がこの負のエネルギーの状態に落ち込むことはできない。彼は、負エネルギー状態のこの海の中の時たまの満たされてない状態、すなわち空孔（ホール）を反電子、すなわち正のエネルギーと正の電荷をもつとして知られる粒子だと解釈した。ディラックの反粒子の解釈は支持できない。一つには今では電荷をもつボソンの素粒子 W^+ にははっきりした反粒子 W^- があり、排他原理はボソンには適用されないからである。今日かなり一般的に理解されていることには、ディラック方程式の解は、ディラックの考えたようなシュレーディンガー方程式のような確率振幅の相対論的な一般化ではない。そうではなくて、正のエネルギーの解は量子化された電子場 $\psi(x)$ のさまざまな電子の状態 Ψ_1 と真空 Ψ_0 の間の行列要素 $(\Psi_0, \psi(x)\Psi_1)$ であり、一方、負エネルギーの解は真空とさまざまの陽電子状態との電子場の行列要素 $(C\Psi_1, \psi(x)\Psi_0)$ である。

(6) J. H. Christensen, J. W. Cronin, V. L. Fitch, and R.

Turlay, *Phys. Rev. Lett.* **13**, 138 (1964).

(7) G. Lüders, *Kon. Danske Vid. Selskab Mat.-Fys. Medd.* **28**, 5 (1954); *Ann. Phys.* **2**, 1 (1957); W. Pauli, *Nuovo Cimento* **6**, 204 (1957).

4.8 水素原子のスペクトルの代数的解法

1.4節に述べたように,パウリは 1926 年にハイゼンベルクの行列力学を用いて水素原子のエネルギー準位とその縮退の最初の導出を与えた[1].この導出は**力学的対称性**を活用した素晴らしい例の一つである.この対称変換の生成子はいずれもハミルトニアンと可換なだけでなく,それらの間の交換関係は,純粋に代数的な手段だけでエネルギー準位が計算できるような形でハミルトニアンに依存している.

パウリの導出は**ルンゲ–レンツ・ベクトル**[2]という天体力学でよく知られている工夫に基づいている.ポテンシャル $V(r) = -Ze^2/r$ の中では,このベクトルは(本来のルンゲ–レンツ・ベクトルはこれに質量 m をかけた量であるが)

$$\mathbf{R} = -\frac{Ze^2\mathbf{x}}{r} + \frac{1}{2m}(\mathbf{p}\times\mathbf{L} - \mathbf{L}\times\mathbf{p}) \qquad (4.8.1)$$

である.ここで $\mathbf{L}$ はいつものように角運動量 $\mathbf{L} \equiv \mathbf{x}\times\mathbf{p}$ である.古典力学的には $\mathbf{p}\times\mathbf{L}$ と $-\mathbf{L}\times\mathbf{p}$ の間には何の違いもないが,式 (4.8.1) を量子力学的に導入する際には,これらの演算子の平均という形をとった.なぜならこ

の平均がエルミート演算子となり，したがって $\mathbf{R}$ もエルミートで，

$$\mathbf{R}^\dagger = \mathbf{R} \tag{4.8.2}$$

となるからである．古典力学では $\mathbf{R}$ は保存される．また，その結果として（クーロン・ポテンシャルと調和振動子のポテンシャルに独特の特徴だが）軌道が閉曲線になる．この古典力学的な結果に対応して，量子力学では $\mathbf{R}$ はハミルトニアンと可換，すなわち

$$[H, \mathbf{R}] = 0 \tag{4.8.3}$$

である．ここで H はクーロン・ポテンシャルのときのハミルトニアン

$$H = \frac{\mathbf{p}^2}{2m} - \frac{Ze^2}{r} \tag{4.8.4}$$

である．交換関係 $[L_i, p_j] = i\hbar \sum_k \epsilon_{ijk} p_k$ を使って，式 (4.8.1) を

$$\mathbf{R} = -\frac{Ze^2 \mathbf{x}}{r} + \frac{1}{m}\mathbf{p} \times \mathbf{L} - \frac{i\hbar}{m}\mathbf{p} \tag{4.8.5}$$

と書き直すと便利である．

　角運動量ベクトルは式 (4.8.5) の各々の三つの項と直交する．したがって

$$\mathbf{L} \cdot \mathbf{R} = \mathbf{R} \cdot \mathbf{L} = 0 \tag{4.8.6}$$

である．$\mathbf{R}$ の 2 乗を計算するために，$\mathbf{x}$, $\mathbf{p}$, $\mathbf{L}$ の互いの間の交換関係から容易に導かれる次の公式が必要である．

$$\mathbf{x} \cdot (\mathbf{p} \times \mathbf{L}) = \mathbf{L}^2, \quad (\mathbf{p} \times \mathbf{L}) \cdot \mathbf{x} = \mathbf{L}^2 + 2i\hbar \mathbf{p} \cdot \mathbf{x},$$

$$(\mathbf{p} \times \mathbf{L})^2 = \mathbf{p}^2 \mathbf{L}^2, \quad \mathbf{p} \cdot (\mathbf{p} \times \mathbf{L}) = 0,$$

$$(\mathbf{p} \times \mathbf{L}) \cdot \mathbf{p} = 2i\hbar \mathbf{p}^2$$

単純な計算により

$$\mathbf{R}^2 = Z^2 e^4 + \left(\frac{2H}{m}\right)(\mathbf{L}^2 + \hbar^2) \tag{4.8.7}$$

が得られる[8]. したがって $\mathbf{R}^2$ の固有値が見つけられれ
ばエネルギー準位がわかる.

　このために, $\mathbf{R}$ の各成分同士の交換関係を計算する必
要がある. またもや単純だが退屈な計算により

$$[R_i, R_j] = -\frac{2i}{m}\hbar \sum_k \epsilon_{ijk} H L_k \tag{4.8.8}$$

が得られる. また $\mathbf{R}$ がベクトルであるということからた
だちに

$$[L_i, R_j] = i\hbar \sum_k \epsilon_{ijk} R_k \tag{4.8.9}$$

である. したがって, 演算子 $\mathbf{L}$ と $\mathbf{R}/\sqrt{-H}$ は閉じた代数
を構成する. この代数の性質は線形結合

$$\mathbf{A}_\pm \equiv \frac{1}{2}\left[\mathbf{L} \pm \sqrt{\frac{m}{-2H}}\mathbf{R}\right] \tag{4.8.10}$$

を導入するとよくわかる. 交換関係 (4.8.8) および

---

[8] $\mathbf{p} \cdot \dfrac{\mathbf{x}}{r} - \dfrac{\mathbf{x}}{r} \cdot \mathbf{p} = -2i\hbar \dfrac{1}{r}$ を使う. この式を導くにあたって
は $\mathbf{p}$ と r の交換関係が 0 でないことに留意する必要がある.

(4.8.9) と通常の $\mathbf{L}$ の交換関係から

$$[A_{\pm i}, A_{\pm j}] = i\hbar \sum_k \epsilon_{ijk} A_{\pm k}, \quad [A_{\pm i}, A_{\mp j}] = 0$$

$$(4.8.11)$$

が得られる．したがって，ここでの対称性は二つの独立な
3次元回転群の直積で構成されることがわかる．これは群
$SO(3) \otimes SO(3)$ と呼ばれる．

さて，普通の回転群の議論から，（$\mathbf{A}_\pm$ がエルミートだ
とすると）$\mathbf{A}_\pm^2$ の許される値は $\hbar^2 a_\pm (a_\pm + 1)$ の形をし
ていることがわかる．ここで $a_\pm$ は一般にはそれぞれ独
立な正の整数（0を含む）または半整数である．すなわ
ち $0, 1/2, 1, 3/2, \cdots$ である．しかしここでは特別な条件
(4.8.6) がある．それから，式 (4.8.10) も考慮すると

$$\mathbf{A}_\pm^2 = \frac{1}{4}\left[\mathbf{L}^2 + \left(\frac{m}{-2H}\right)\mathbf{R}^2\right] \qquad (4.8.12)$$

となる．したがってこの場合は $a_+ = a_-$ である．a をこ
の共通の値とし，E は対応する H の固有値とする．する
と式 (4.8.7) を使って

$$\begin{aligned}
\hbar^2 a(a+1) &= \frac{1}{4}\left[\mathbf{L}^2 + \left(\frac{m}{-2E}\right)\mathbf{R}^2\right] \\
&= \frac{1}{4}\left[\mathbf{L}^2 + \left(\frac{m}{-2E}\right)Z^2 e^4 - (\mathbf{L}^2 + \hbar^2)\right] \\
&= \left(\frac{m}{-8E}\right)Z^2 e^4 - \frac{\hbar^2}{4}
\end{aligned}$$

となるので，

$$\left(\frac{m}{-8E}\right)Z^2e^4 = \hbar^2\left(a(a+1)+\frac{1}{4}\right) = \frac{\hbar^2}{4}(2a+1)^2$$

(4.8.13)

となる. 主量子数を

$$n = 2a+1 = 1, 2, 3, \cdots \qquad (4.8.14)$$

と定義でき, 式 (4.8.13) を使うとエネルギーの式

$$E = -\frac{Z^2e^4m}{2\hbar^2n^2} \qquad (4.8.15)$$

を得る. これは, 前に述べた水素原子のエネルギー準位に他ならない. 1913 年のボーアによる計算は 1.2 節に述べたし, シュレーディンガー方程式を使った導出は 2.3 節に述べた.

　負のエネルギーの解, すなわち束縛状態だけが得られたことに注意しよう. もちろん $E > 0$ の束縛されない状態もあって, その場合は電子は原子核に散乱される. これらの状態が私たちの計算に顔を出さなかったのは, H が正の固有値をもつ状態に作用させると, 式 (4.8.10) で与えられる演算子 $\mathbf{A}_\pm$ はもはやエルミートでなくなり, $\mathbf{A}_\pm^2$ の許される値は $\hbar^2a_\pm(a_\pm+1)$ の形をしている (ここで $a_\pm$ は整数または半整数) ものだけだという, 4.2 節のお馴染みの結果が成り立たなくなるからである. (数学的には次のように言える. 交換関係を積として $\mathbf{L}$ と $\mathbf{R}$ からつくられる代数はコンパクトではない. すなわち, これら $\mathbf{L}$ と $\mathbf{R}$ は, 群を記述するパラメーターがコンパクト空間を形成しないような対称群の生成子だということである.

生成子によって結ばれる状態の集まりが連続体をなすというのは，このような非コンパクト群のよく知られた特徴である．上の議論で，E の許される正の値が連続的なのはこのためである．)

　これらの代数的な結果を使って，エネルギーの許される値だけでなく，各々のエネルギー準位の縮退度も求めることができる．普通の角運動量のように，演算子 $A_{\pm 3}$ の固有値は $2a+1$ 個の値 $-a, -a+1, \cdots, a$ だけをとり得る．したがって与えられた n について $(2a+1)^2 = n^2$ 個の状態がある．これは 2.3 節で求められた縮退度と同じである．

　この縮退度には美しい幾何学的な解釈がある．以前に，演算子 $\mathbf{A}_{\pm}$ は二つの独立な 3 次元回転群，すなわち $SO(3) \otimes SO(3)$ の生成子であることを注意した．それらはまた 4 次元の回転群の生成子と見なすことができる．4 次元の回転群は $SO(3) \otimes SO(3)$ と同等で $SO(4)$ と表される．式（4.1.10）で見たように，任意の次元の回転群の生成子は $J_{\alpha\beta} = -J_{\beta\alpha}$ を満たす演算子で，次の交換関係を満足する．

$$\frac{i}{\hbar}[J_{\alpha\beta}, J_{\gamma\delta}] = -\delta_{\alpha\delta}J_{\gamma\beta} + \delta_{\alpha\gamma}J_{\delta\beta} + \delta_{\beta\gamma}J_{\alpha\delta} - \delta_{\beta\delta}J_{\alpha\gamma},$$

$$(4.8.16)$$

α と β は座標の添え字である．4 次元の場合には α と β は 1 から 4 までの値をとる．以前と同じように，$i, j,$ は 1 から 3 までだけをとるとし，式（4.1.11）のように

$J_{ij} \equiv \sum_k \epsilon_{ijk} L_k$ とする．すると $\delta = \beta = 4$ の場合の交換関係は

$$[J_{i4}, J_{j4}] = -i\hbar J_{ji} = i\hbar \sum_k \epsilon_{ijk} L_k \qquad (4.8.17)$$

となり，これは

$$R_i = \sqrt{\frac{-2H}{m}} J_{i4} \qquad (4.8.18)$$

とすれば式（4.8.8）と同じである．式（4.8.16）の交換関係の残りは L_i と R_j の間の交換関係（4.8.9）および通常の L_i と L_j の間の交換関係である．式（4.8.10）の演算子で書けば

$$J_{ij} = \sum_k \epsilon_{ijk}(\mathbf{A}_{+k} + \mathbf{A}_{-k}), \quad J_{k4} = \mathbf{A}_{+k} - \mathbf{A}_{-k}$$

$$(4.8.19)$$

となる．与えられたエネルギーをもつ水素原子の状態は4次元の回転群の下での変換によって分類される．

$a_+ = a_-$ という条件は，これらの状態を4次元の対称でトレースレスなテンソルとして変換する状態に制限する．4次元の r 階の対称テンソルの独立な成分の数は $\dfrac{(3+r)!}{3!\,r!}$ である．一方，$r \geqq 2$ でトレースレスという条件は，$r-2$ 個の添え字をもつ対称テンソルが0であることを要求しているが，そのような対称成分の独立な数は $\dfrac{(1+r)!}{3!\,(r-2)!}$ であるので，4次元で対称でトレースレスなテンソルの独立な成分の数は

$$\frac{(3+r)!}{3!r!} - \frac{(1+r)!}{3!(r-2)!} = (r+1)^2$$

となる．主量子数 n の状態を $r=n-1$ 階の 4 次元対称でトレースレス・テンソルとして変換する状態と同定すれば，これは先に求めた縮退度と一致する．例えば $n=1$ は 4 次元のスカラーとして振舞う．$n=2$ は 4 次元ベクトル v_α として振舞う．そのうち v_i は三つの p 状態であり，v_4 は s 状態である．$n=3$ は対称でトレースレスなテンソル $t_{\alpha\beta}$ の成分として振舞う．そのうち t_{ij} のトレースレスな部分は 5 つの d として振舞い，$t_{i4}=t_{4i}$ は三つの p 状態として振舞い，$\sum_i t_{ii} = -t_{44}$ は一つの s 状態である．与えられた同じエネルギーをもつが ℓ の値が異なる状態にまたがる演算子の行列要素の間の関係は，その演算子の 4 次元の回転での変換性を知っていれば，4 次元回転での不変性を用いてわかる．

原　　注

(1) W. Pauli, *Z. Physik* **36**, 336 (1926).
(2) 重力場の中の運動への応用については S. Weinberg, *Gravitation and Cosmology* (Wiley, New York, 1972) の 9.5 節を参照.

4.9 剛体の回転子

さて，すべての粒子の相互の位置は固定されていて，全体が任意の軸のまわりに自由に回転することだけ許され

るような系の例を取り上げよう．文字通りこのことが成り
立つ系は実際には存在しないが，非常に低いエネルギー
の励起しか起こらないような状態におかれた分子に対し
ては，良い近似で成り立つ．分子の中の電子を高い状態に
励起するためのエネルギーは原子の場合に近くて，およ
そ $e^4 m_e/\hbar^2$ であり，5.6 節で示すように，分子の中の原
子核の位置の振動を励起するために要するエネルギーはも
っと小さくおよそ $(m_e/m_N)^{1/2} \times e^4 m_e/\hbar^2$ である．ここ
で m_N は典型的な原子核の質量である．この節で後に示
すが，分子の回転モードへの励起エネルギーはさらに小さ
く，およそ $(m_e/m_N) \times e^4 m_e/\hbar^2$ である．核は動かない
として，得られる電子の波動関数から計算されたポテンシ
ャルが最小になる点に核が固定されていると考えて，分子
の回転のスペクトルを求めることができる[9]．

　まず第一に，古典物理学での剛体回転子の取り扱いを思
い出そう．剛体の粒子の位置を

$$x_{ni}(t) = \sum_a R_{ia}(t) x_{na}^0 \qquad (4.9.1)$$

とする．ここで n は個々の粒子のラベルを表す．i は，実
験室で固定された座標軸によって定まる座標 1, 2, 3, をと
る．a は物体に固定した座標軸での座標で値 x, y, z をと

----

[9] 5.6 節，ボルン - オッペンハイマー近似を参照．ここでポテン
シャルと呼んでいるのは，(5.6.13) あるいは (5.6.18) に
現れる $\mathcal{E}_a(X)$（正確に言えばその最低レベルのもの：(5.6.18)
の下の説明を見よ）．

る. x_{na}^0 は物体に固定した座標系での粒子の位置で, 時間
に依存しない. $R_{ia}(t)$ だけが力学変数であり, 通常の回
転の条件 (4.1.2) を満足する, 時間に依存する回転であ
る.

$$(R^{\mathrm{T}}R)_{ba} = \sum_i R_{ib}(t)R_{ia}(t) = \delta_{ab}. \qquad (4.9.2)$$

これから,

$$(RR^{\mathrm{T}})_{ij} = \sum_a R_{ia}(t)R_{ja}(t) = \delta_{ij} \qquad (4.9.3)$$

も出てくる. するとこの系の回転のエネルギーは

$$H = \frac{1}{2}\sum_{ni} m_n \dot{x}_{ni}^2 = \frac{1}{2}\sum_{niab} m_n \dot{R}_{ia}\dot{R}_{ib}x_{na}^0 x_{nb}^0 \quad (4.9.4)$$

となる. ここで m_n は n 番目の粒子の質量である. 定数
の行列

$$N_{ab} \equiv \sum_n m_n x_{na}^0 x_{nb}^0 \qquad (4.9.5)$$

を導入すると便利である. そうすると式 (4.9.4) は

$$H = \frac{1}{2}\sum_{iab} \dot{R}_{ia}\dot{R}_{ib}N_{ab} = \frac{1}{2}\mathrm{Tr}(\dot{R}N\dot{R}^{\mathrm{T}}) \qquad (4.9.6)$$

となる.

R は条件 $R^{\mathrm{T}}R = 1$ を満たすから, その時間微分は
$\dot{R}^{\mathrm{T}}R + R^{\mathrm{T}}\dot{R} = 0$ を満たす. したがって $\dot{R}^{\mathrm{T}}R$ は反対称
行列であり, ある Ω_c があって

$$(\dot{R}^{\mathrm{T}}R)_{ab} = \sum_i \dot{R}_{ia}R_{ib} = \sum_c \epsilon_{abc}\Omega_c \qquad (4.9.7)$$

と書ける.（固定した回転軸のまわりの回転 Ω_c はその軸に平行で，その大きさは回転率である.）式（4.9.3）と併せてこれから $\dot{R}$ の式

$$\dot{R}_{ia} = \sum_{cd} R_{ic}\epsilon_{acd}\Omega_d \tag{4.9.8}$$

が求められる．これを使うと回転のエネルギー（4.9.6）は

$$H = \frac{1}{2}\sum_{iabcdef} R_{ic}R_{ie}\epsilon_{acd}\epsilon_{bef}\Omega_d\Omega_f N_{ab}$$

$$= \frac{1}{2}\sum_{abcdf} \epsilon_{acd}\epsilon_{bcf}\Omega_d\Omega_f N_{ab}$$

と書ける．これは恒等式

$$\sum_c \epsilon_{acd}\epsilon_{bcf} = \delta_{ab}\delta_{df} - \delta_{af}\delta_{bd} \tag{4.9.9}$$

を使うとさらに簡単にできて，

$$H = \frac{1}{2}\left(\sum_a \Omega_a^2 \mathrm{Tr}N - \sum_{ab}\Omega_a\Omega_b N_{ab}\right) \tag{4.9.10}$$

となる．そこで，**慣性モーメント・テンソル**

$$I_{ab} \equiv \delta_{ab}\mathrm{Tr}N - N_{ab} \tag{4.9.11}$$

を導入し，回転のエネルギーを

$$H = \frac{1}{2}\sum_{ab}\Omega_a\Omega_b I_{ab} \tag{4.9.12}$$

と書く．

回転エネルギー（4.9.12）はまた角運動量ベクトルを使って表される．実験室に固定された座標系での角運動量

の成分は

$$J_i \equiv \sum_{njk} \epsilon_{ijk} x_{nj} \dot{x}_{nk} m_n \qquad (4.9.13)$$

と定義される. 式 (4.9.1), (4.9.5), (4.9.8) を使うとこれは

$$J_i = \sum_{jkab} \epsilon_{ijk} R_{ja} \dot{R}_{kb} N_{ab} = \sum_{jkab} \epsilon_{ijk} \epsilon_{bcd} R_{ja} R_{kc} \Omega_d N_{ab}$$

となる. 回転系に固定された軸に沿った角運動量 $\mathcal{J}_e$ の成分についての式はもっと簡単である:

$$\mathcal{J}_e \equiv \sum_i R_{ie} J_i. \qquad (4.9.14)$$

和 $\sum_{ijk} \epsilon_{ijk} R_{ie} R_{ja} R_{kc}$ は e, a, c について完全に反対称であるので ϵ_{eac} に比例する. 比例定数は単に R の行列式であり, 回転については (反転の場合と異なり) 1 である. すなわち

$$\sum_{ijk} \epsilon_{ijk} R_{ie} R_{ja} R_{kc} = \epsilon_{eac} \qquad (4.9.15)$$

である. 恒等式 (4.9.9) をまた使うと, これから

$$\mathcal{J}_a = \sum_b I_{ab} \Omega_b \qquad (4.9.16)$$

となる. 一般の場合, I_{ab} には逆が存在し, 回転のエネルギー (4.9.12) は次のように書かれるであろう.

$$H = \frac{1}{2} \sum_{ab} \mathcal{J}_a \mathcal{J}_b I_{ab}^{-1}. \qquad (4.9.17)$$

I_{ab} は実対称行列なので，それを対角行列にする基底を見つけることができる．その結果，対角成分が I_x, I_y, I_z となったとしよう．すると式（4.9.17）は

$$H = \frac{1}{2I_x}\mathcal{J}_x^2 + \frac{1}{2I_y}\mathcal{J}_y^2 + \frac{1}{2I_z}\mathcal{J}_z^2 \qquad (4.9.18)$$

の形になる．この節の終わりでは I_{ab} の固有値の一つが 0 だという特別な場合にもどる．

　量子力学に移るに当たって，特定の回転 R の成分 R_{ia} を固有値とするエルミート演算子の組 $\widehat{R}_{ia}$ を導入する．（これは点粒子に対して位置の演算子を導入するのに似ている．その固有値は個々の位置である．以後この節で「＾」の付いた量は演算子であって c 数ではないことを示す．）これらの成分はお互いに可換であり（その時間微分とは可換でないが），拘束条件（4.9.2）と（4.9.3）を満足する．演算子 $\widehat{x}_{ni}$ は個々の粒子の位置を表す式（4.9.1）の量子力学版である．すなわち

$$\widehat{x}_{ni}(t) = \sum_a \widehat{R}_{ia}(t)x_{na}^0. \qquad (4.9.19)$$

理想的な剛体回転子では x_{na}^0 は固定された c 数である．（分子については x_{na}^0 は演算子であるが，テンソル N_{ab} および I_{ab} は依然として c 数である．それは，分子の与えられた電子の状態および振動の状態で式（4.9.5）の和の期待値をとることで計算される．）通常通り，角運動量ベクトルを

$$\widehat{J}_i \equiv \sum_{njk} \epsilon_{ijk} \widehat{x}_{nj} \dot{\widehat{x}}_{nk} m_n \qquad (4.9.20)$$

と定義でき，通常の交換関係

$$[\widehat{J}_i, \widehat{J}_j] = i\hbar \sum_k \epsilon_{ijk} \widehat{J}_k \qquad (4.9.21)$$

を満たす．ここでもまた回転子に固定された基底での角運動量の成分

$$\widehat{\mathcal{J}}_a = \sum_i \widehat{R}_{ia} \widehat{J}_i \qquad (4.9.22)$$

を定義できる．古典論の場合と同じように考えて，ハミルトニアン演算子を式（4.9.17）と同じような

$$\widehat{H} = \frac{1}{2} \sum_{ab} \widehat{\mathcal{J}}_a \widehat{\mathcal{J}}_b I_{ab}^{-1} \qquad (4.9.23)$$

と書ける．

エネルギーの固有値を求めるために，演算子 $\widehat{\mathcal{J}}_a$ の交換関係が必要である．まず実験室系での軸の回転に対して演算子 $\widehat{R}_{ia}$ はテンソルとして変換せず，三つの3元ベクトルとして変換することに注意しよう．

$$[\widehat{J}_i, \widehat{R}_{ja}] = i\hbar \sum_k \epsilon_{ijk} \widehat{R}_{ka}. \qquad (4.9.24)$$

（ちなみにこのことは，定義（4.9.22）の中で演算子の順序について心配する必要のなかった理由を示している．$i = j$ のときには $\widehat{J}_i$ と $\widehat{R}_{ja}$ は可換なのである．）式（4.9.21）と（4.9.24）から $\widehat{\mathcal{J}}_a$ は，回転については

$$[\widehat{J}_i, \widehat{\mathcal{J}}_a] = 0 \qquad (4.9.25)$$

の意味でスカラーであることがわかるから

$$[\widehat{\mathcal{J}}_a, \widehat{\mathcal{J}}_b] = \sum_j [\widehat{\mathcal{J}}_a, \widehat{R}_{jb}]\widehat{J}_j = \sum_{ij} \widehat{R}_{ia}[\widehat{J}_i, \widehat{R}_{jb}]\widehat{J}_j$$

$$= i\hbar \sum_{ijk} \epsilon_{ijk}\widehat{R}_{ia}\widehat{R}_{kb}\widehat{J}_j$$

となる. 行列式の理論により, 任意の 3×3 の行列 M は行列式が 0 でなければ

$$\sum_{ijk} \epsilon_{ikj}M_{ia}M_{kb} = \det M \sum_c \epsilon_{abc}M_{cj}^{-1}$$

であるから, 可換な演算子のユニモジュラーな直交行列 $\widehat{R}$ は

$$\sum_{ijk} \epsilon_{ijk}\widehat{R}_{ia}\widehat{R}_{kb} = -\sum_c \epsilon_{abc}\widehat{R}_{jc}$$

を満足する. 負の符号は ϵ_{ijk} と ϵ_{ikj} の比から生じる. そうすると

$$[\widehat{\mathcal{J}}_a, \widehat{\mathcal{J}}_b] = -i\hbar \sum_c \epsilon_{abc}\widehat{\mathcal{J}}_c \qquad (4.9.26)$$

すなわち, 演算子 $-\widehat{\mathcal{J}}_a$ は普通の角運動量と同じ交換関係を満足する. また, $\widehat{R}_{ia}$ は式 (4.9.2) を満足するから, 定義 (4.9.22) によって

$$\sum_i \widehat{J}_i^2 = \sum_a \widehat{\mathcal{J}}_a^2 \qquad (4.9.27)$$

となる. 4.2 節での議論により次のような状態 Ψ_J^{MK} が存在する. それは $\sum_i \widehat{J}_i^2$ と $\sum_a \widehat{\mathcal{J}}_a^2$ の両方の固有状態で, 同

じ固有値 $\hbar^2 J(J+1)$ をもち，さらに $\hat{J}_3$ と $\hat{J}_z$ の両方の固有状態でもあり，その固有値はそれぞれ $\hbar M$ と $\hbar K$ である．M と K は独立で 1 間隔ずつ $-J$ から $+J$ までの値をとり得る．（J は整数である．なぜなら定義 (4.9.20) において，私たちは回転子がスピン 0 の粒子でできており，その全軌道角運動量が $\mathbf{J}$ だと暗に仮定しているからである．）

　一般には状態 Ψ_J^{MK} はハミルトニアン (4.9.23) の固有状態ではない．これについては，慣性モーメント I_{ab} の固有値のうちの二つが等しい**対称回転子**の場合には，事情はもっと簡単である．この場合，回転する物体に固定した基底ベクトルを適当に選ぶことにより，このテンソルの形を

$$I = \begin{pmatrix} I_x & 0 & 0 \\ 0 & I_x & 0 \\ 0 & 0 & I_z \end{pmatrix} \tag{4.9.28}$$

と選ぶことができ，ハミルトニアン (4.9.23) は

$$\begin{aligned} \hat{H} &= \frac{1}{2I_x}(\hat{\mathcal{J}}_x^2 + \hat{\mathcal{J}}_y^2) + \frac{1}{2I_z}\hat{\mathcal{J}}_z^2 \\ &= \frac{1}{2I_x}\sum_a \hat{\mathcal{J}}_a^2 + \left(\frac{1}{2I_z} - \frac{1}{2I_x}\right)\hat{\mathcal{J}}_z^2 \end{aligned} \tag{4.9.29}$$

となるから，状態 Ψ_J^{MK} は対称回転子のハミルトニアンの固有状態であり，その固有値は

$$E(JMK) = \frac{\hbar^2 J(J+1)}{2I_x} + \left(\frac{1}{2I_z} - \frac{1}{2I_x}\right)\hbar^2 K^2$$

$$(4.9.30)$$

である. これらのエネルギーが M に依存せず, 各々のエネルギーの縮退度が $2J+1$ 重であるのは回転不変性の結果である.

I_{ab} のすべての固有値が等しくないという一般の場合には, エネルギーの固有値についての似た式はないが, 任意の与えられた J に対して純粋に代数的な手段でエネルギーの固有値を計算することはいつでもできる. I_{ab} が対角線的な基底を用いると, ハミルトニアン演算子は

$$\widehat{H} = \frac{1}{2I_x}\widehat{\mathcal{J}}_x^2 + \frac{1}{2I_y}\widehat{\mathcal{J}}_y^2 + \frac{1}{2I_z}\widehat{\mathcal{J}}_z^2$$

$$= A(\widehat{\mathcal{J}}_x^2 + \widehat{\mathcal{J}}_y^2 + \widehat{\mathcal{J}}_z^2) + B\widehat{\mathcal{J}}_z^2 + C(\widehat{\mathcal{J}}_x^2 - \widehat{\mathcal{J}}_y^2) \quad (4.9.31)$$

である. ここで

$$\begin{cases} A = \dfrac{1}{4I_x} + \dfrac{1}{4I_y}, \\[2mm] B = \dfrac{1}{2I_z} - \dfrac{1}{4I_x} - \dfrac{1}{4I_y}, \\[2mm] C = \dfrac{1}{4I_x} - \dfrac{1}{4I_y} \end{cases} \quad (4.9.32)$$

である. また

$$\widehat{\mathcal{J}}_x^2 - \widehat{\mathcal{J}}_y^2 = \frac{1}{2}(\widehat{\mathcal{J}}_x + i\widehat{\mathcal{J}}_y)^2 + \frac{1}{2}(\widehat{\mathcal{J}}_x - i\widehat{\mathcal{J}}_y)^2$$

であることに注意しよう. したがって一般にはエネルギー

の固有状態は J と M を固定した上で，お互いに ± 2 ずつ違うさまざまな K の Ψ_J^{MK} が混じった状態である．例えば $J=1$ の場合には，行と列が $K=+1$, $K=0$, $K=-1$ に対応するような基底で[10]，ハミルトニアン（4.9.31）は

$$\widehat{H} = \hbar^2 \begin{pmatrix} 2A+B & 0 & C \\ 0 & 2A & 0 \\ C & 0 & 2A+B \end{pmatrix}$$

となるから，$J=1$ のエネルギー固有値 E と対応する固有状態 Ψ は

$$E = \begin{cases} 2A+B+C, & \Psi \propto \Psi_1^{M,+1} + \Psi_1^{M,-1}, \\ 2A, & \Psi \propto \Psi_1^{M,0} \\ 2A+B-C, & \Psi \propto \Psi_1^{M,+1} - \Psi_1^{M,-1} \end{cases}$$

となる．

剛体の回転子のエネルギー固有値を計算するためには波動関数を知る必要はないが，電磁的な遷移振幅の計算のような他の目的のためには波動関数が必要になる．ここで，Φ_R^K を基底ベクトルとしたときの状態 $\Psi_J^{M,K}$ の波動関数を（これらの状態がエネルギーの固有状態であるか否かにかかわりなく）計算しよう．Φ_R^K は回転の演算子 $\widehat{R}$ と回転不変量 $\widehat{\mathcal{J}}_z$ の両方の固有状態とする．すなわち

$$\widehat{R}_{ia}\Phi_R^K = R_{ia}\Phi_R^K, \quad \widehat{\mathcal{J}}_z\Phi_R^K = K\Phi_R^K \tag{4.9.33}$$

である．ここで 4.1 節で述べた定式に戻り，c 数の回転

---

[10] $\Psi_1^{M,+1}$, $\Psi_1^{M,0}$, $\Psi_1^{M,-1}$ を基底とする．

R' のそれぞれに対して結合則（4.1.3）を満たすユニタリー演算子 $U(R')$ を導入すると便利である．演算子 $U(R')$ は，任意の 3 元ベクトルに式（4.1.4）のように作用する．特に，

$$U^{-1}(R')\widehat{R}_{ia}U(R') = \sum_j R'_{ij}\widehat{R}_{ja} \qquad (4.9.34)$$

であるから $U(R')\Phi_R^K$ は $\widehat{R}_{ia}$ の固有状態であり，その固有値は $(R'R)_{ia}$ となる．特に $\widehat{R}_{ia}$ の固有状態でその固有値が δ_{ia} のものを Φ_1^K だとすれば，一般的な固有状態[11]は

$$\Phi_R^K = U(R)\Phi_1^K \qquad (4.9.35)$$

と書けるから，この基底では状態 $\Psi_j^{M,K}$ の波動関数は

---

[11]「一般的な固有状態」をきちんと言えば，「$\widehat{R}_{ia}$ の固有状態で，固有値が δ_{ij} とは限らない一般の場合」（すなわち（4.9.33）の左側の式を満たす Φ_R^K）という意味である．これが（4.9.35）の右辺のように書けることは次のようにして示せる．

（4.9.34）の両辺に左から $U(R)$ をかけて R' を R とすれば，

$$\widehat{R}_{ia}U(R) = U(R)\sum_j R_{ij}\widehat{R}_{ja}$$

であるから

$$\widehat{R}_{ia}U(R)\Phi_1^K = U(R)\sum_j R_{ij}\widehat{R}_{ja}\Phi_1^K.$$

Φ_1^K は $\widehat{R}_{ja}$ の固有状態で固有値は δ_{ja} とした．上の右辺は

$$U(R)\sum_j R_{ij}\delta_{ja}\Phi_1^K = R_{ia}U(R)\Phi_1^K.$$

したがって $\widehat{R}_{ia}U(R)\Phi_1^K = R_{ia}U(R)\Phi_1^K$．これは $U(R)\Phi_1^K$ が（4.9.33）の Φ_R^K になっていることを示している．

$$(\Phi_R^K, \Psi_J^{M,K}) = (\Phi_1^K, U(R^{-1})\Psi_J^{M,K})$$
$$= \sum_{M'} D_{M'M}^J(R^{-1})(\Phi_1^K, \Psi_J^{M',K}) \quad (4.9.36)$$

となる. ここで $D_{M'M}^J(R)$ は

$$U(R)\Psi_J^{M,K} = \sum_{M'} D_{M'M}^J(R)\Psi_J^{M',K} \quad (4.9.37)$$

で定義されるユニタリー行列[1]で, $D(R_1)D(R_2) = D(R_1R_2)$ の意味で3次元回転群の表現になっている.

式 (4.9.36) の中の, R に依存しない係数 $(\Phi_1^K, \Psi_J^{M',K})$ についてもう少し説明する必要がある. このためにまず, 次のことに注意しよう.

$$K(\Phi_1^K, \Psi_J^{M',K}) = (\Phi_1^K, \widehat{\mathcal{J}}_3 \Psi_J^{M',K})$$
$$= \left(\Phi_1^K, \sum_i \widehat{R}_{i3}\widehat{J}_i \Psi_J^{M',K}\right).$$

左にある状態 Φ_1^K に作用すると, エルミート演算子 $\widehat{R}_{i3}$ は δ_{i3} の因子を与えるから

$$K(\Phi_1^K, \Psi_J^{M',K}) = (\Phi_1^K, \widehat{J}_3 \Psi_J^{M',K})$$
$$= M'(\Phi_1^K, \Psi_J^{M',K})$$

である. したがってこの行列要素は $M' = K$ でなければ 0 となる. すなわち

$$(\Phi_1^K, \Psi_J^{M',K}) = c_K^J \delta_{M'K} \quad (4.9.38)$$

である. このことを式 (4.9.36) の中で使うと波動関数が得られる[2].

$$(\Phi_R^K, \Psi_J^{M,K}) = c_K^J D_{KM}^J(R^{-1}). \quad (4.9.39)$$

定数 c_K^J は（任意の位相因子を別として）波動関数が正しく規格化されているという要求から求められる.

ここで, I_{ab} の一つが 0 という特別な場合を取り上げる. 式 (4.9.5) で定義される行列 N_{ab} の固有値を N_x, N_y, N_z とすると, 慣性モーメント・テンソル I_{ab} は $N_y + N_z$, $N_z + N_x$, $N_x + N_y$ である. すべての N_a は負でないから, I_{ab} がすべて 0 であるという極端な場合を除いて 0 となれるのはせいぜい一つだけである. その場合, 二つの N_a が 0 とならねばならない. 座標軸を適当に選んで $N_x = N_y = 0$ とすると, I_{ab} の固有値は $I_x = I_y = N_z$ および $I_z = 0$ である. これは x, y 方向には拡がらずに z 方向に伸びた線状の回転子に他ならない. 2 原子分子のような例がある. 対称的な回転子という特別な場合については先に述べた. その場合のエネルギーは (4.9.30) である. $I_z = 0$ でエネルギーが無限大になるのを避けるために（または I_z が非常に小さいとエネルギーが非常に大きくなるのを避けるために）, $K = 0$ の状態だけを考える必要がある. そのときは (4.9.30) のエネルギーは

$$E(JM0) = \frac{\hbar^2 J(J+1)}{2I_x} \qquad (4.9.40)$$

であり, 対応する波動関数 (4.9.39) は

$$(\Phi_R^0, \Psi_\ell^{m,0}) = c_0^\ell D_{0m}^\ell(R^{-1}) \qquad (4.9.41)$$

である.（$K = 0$ は整数なので J と M も整数でなければならないから, それらを ℓ と m と書いた.）この場合, 関数 $D_{0m}^\ell(R^{-1})$ は単に普通の球面調和関数

$$D^{\ell}_{0m}(R^{-1}) = i^{-\ell} \sqrt{\frac{4\pi}{2\ell+1}} Y^m_{\ell}(\widehat{\mathbf{n}}) \qquad (4.9.42)$$

である. ここで $\widehat{\mathbf{n}}$ は回転 R^{-1} の 3 軸方向である. Y^m_{ℓ} は正しく規格化された波動関数なので, ここでは $c^{\ell}_0 = \sqrt{(2\ell+1)/4\pi}$ であり, 回転の波動関数は単に $i^{-\ell}Y^m_{\ell}(\widehat{\mathbf{n}})$ である. ここで $\widehat{\mathbf{n}}$ は回転子の z 軸の実験室系での方向である.

　二つの原子核が同一である 2 原子分子の ℓ の値には重要な制限がある. 個々の原子核のスピンが s' でそれらを合成して全スピンが s になるとすると, 式 (4.3.34) により (j' と j'' を s', j を s と書き換えて), 二つの原子核のスピンを交換するとスピン波動関数は $(-1)^{s-2s'}$ 倍になる. さらにまた, 式 (4.9.42) と式 (2.2.17) からこの交換によって波動関数の軌道部分は $(-1)^{\ell}$ 倍になる. しかし原子核は $2s'$ が偶数か奇数かによってボソンかフェルミオンになる. したがって二つの原子核を交換すると波動関数全体が $(-1)^{2s'}$ 倍にならなければならない. そうすると

$$(-1)^{s-2s'} \times (-1)^{\ell} = (-1)^{2s'}$$

でなければならないから, $(-1)^{\ell} = (-1)^s$ である. この結果 ℓ は全原子核スピンが偶数か奇数かによって, 偶数か奇数かに限られる. この二つの場合は, 分子は各々接頭辞パラとオルトで区別される. 例えばパラ水素では全原子核スピンは $s=0$ であり, ℓ は偶数である. 一方オルト水素では $s=1$ で ℓ は奇数である. 重水素の場合は $s'=1$ なの

で, 重水の分子は, 全原子核スピンは $s=0$ または $s=2$ で ℓ は偶数のパラ重水か, 全原子核スピンは $s=1$ で ℓ は奇数のオルト重水のどちらかである.

基底状態は常に**パラ状態**であるが, 室温では回転の準位の間のエネルギーの差は一般に $k_{\mathrm{B}}T$ 以下であり, $2s+1$ 個のそれぞれに異なった**オルト**と**パラ**のスピン状態が同程度に存在する. 例えば室温の水素ガスではパラ水素原子一つに約3個のオルト水素原子が存在する.

最後に, 分子の回転のエネルギー $E_{\text{回転}}$ の大きさの目安を考えよう. 式（4.9.18）から明らかなように, 一般にそれは $\hbar^2/m_{\mathrm{N}}a^2$ くらいである. ここで m_{N} は典型的な原子核の質量であり, a は典型的な分子の大きさである. 少なくとも簡単な分子では, a は原子の大きさと同程度であって $a \approx \hbar^2/m_e e^2$ であり,

$$E_{\text{回転}} \approx \frac{\hbar^2}{m_{\mathrm{N}}}\left(\frac{m_e e^2}{\hbar^2}\right)^2 = \frac{m_e^2 e^4}{m_{\mathrm{N}}\hbar^2}$$

である. これは以前に注意したように, 典型的な電子のエネルギー $m_e e^4/\hbar^2$ より m_e/m_{N} だけ小さい. 例えば, $m_{\mathrm{N}}=10m_{\mathrm{p}}$ とすると $E_{\text{回転}}$ は 10^{-3} eV 程度となる. シアノジェン分子 CN の回転エネルギー（星間空間でのその励起が3K宇宙輻射の最初のヒントとなった）は式（4.9.40）で正確に与えられる. それは $\hbar^2/2I_x = 2.35 \times 10^{-4}$ eV で上の荒っぽい評価とかなりよく合っている.

原　注

(1) これらの行列の形は，もちろん回転をパラメーター化するための変数の選び方に依存する．通常の場合，回転はオイラーの角でパラメーター化されるので，行列 $D_{M'M}^{J}(R)$ は多くの著者によって与えられている．その中には A. R. Edmonds, *Angular Momentum in Quantum Mechanics* (Princeton University Press, Princeton, 1957) の第4章，M. E. Rose, *Elementary Theory of Angular Momentum* (John Wiley & Sons, New York, 1957) の第4章，L. D. Landau and E. M. Lifshitz, *Quantum Mechanics — Non-Relativistic Theory*, 3rd edn. (Pergamon Press, Oxford, 1977) 〔L. D. ランダウ, E. M. リフシッツ (佐々木健・好村滋洋訳) 『量子力学：非相対論的理論 (全2巻)』東京図書, 1967-70〕の第58節，Wu-Ki Tung, *Group Theory in Physics* (World Scientific, Singapore, 1985) の7.3節および8.1節，が含まれる．以下ではこれらの行列の具体的な式は必要としない．

(2) この答は L. D. Landau and E. M. Lifshitz, *Quantum Mechanics — Non-Relativistic Theory*, 3rd edn. (Pergamon Press, Oxford, 1977) 〔前注参照〕第103節のような典型的な教科書の取り扱いで得られる．普通は D_{KM}^{J} の引数は R であって R^{-1} ではない．このことは，(恐らくは回転する系と回転する座標系の違いを勘定に入れるために) 彼らの波動関数は基底 $\Phi_{R^{-1}}^{K}$ でなされていて基底 Φ_{R}^{K} ではなされていないことを示している．大抵の著者と同様に，ランダウとリフシッツは自分たちの波動関数のための基底を指定していない．もちろん波動関数は好きなように定義できる．

問　題

1. 軌道角運動量 $\ell = 2$ の状態の電子を考えよう．全角運動量が $j = 5/2$，その第3成分が $m = 5/2$ および $m = 3/2$ であ

る状態を，S_3 と L_3 の決まった状態の線形結合として表す方
法を示せ．さらに，$j = 3/2$ および $m = 3/2$ の状態ベクトル
を求めよ．（すべての状態は正しく規格化されなければならな
い．）その結果をまとめて，$(j, m) = (5/2, 5/2)$, $(5/2, 3/2)$, お
よび $(3/2, 3/2)$ のクレプシュ–ゴルダン係数 $C_{\frac{1}{2}\frac{1}{2}}(jm; m_s m_\ell)$
の数値を与えよ．

2. 次の意味でベクトル演算子である $\mathbf{A}$ と $\mathbf{B}$ を考える．

$$[J_i, A_j] = i\hbar \sum_k \epsilon_{ijk} A_k, \quad [J_i, B_j] = i\hbar \sum_k \epsilon_{ijk} B_k.$$

外積 $\mathbf{A} \times \mathbf{B}$ が同じ意味でベクトルであることを示せ．

3. スピン j の演算子 $\mathcal{O}_m^m$ が 0 でない期待値をもつために，
状態がもつべき全角運動量 $\mathbf{J}^2$ の最小値は何か．

4. 第3方向の磁場 $\mathbf{B}$ の中に置かれた，質量が M でスピン
$\mathbf{S}$ の自由粒子のハミルトニアンは

$$H = \frac{\mathbf{p}^2}{2M} - g|\mathbf{B}|S_3$$

である．ここで g は（粒子の磁気能率に比例する）定数である．
$\mathbf{S}$ の三つの成分すべての期待値の時間依存性を支配する方程式
を与えよ．

5. スピン 3/2 の粒子が核子とパイオンに崩壊する．この崩壊
でパリティは保存すると仮定する．終状態の角分布を使って崩壊
した粒子のパリティを決める方法を示せ．スピンは測定しない．

6. アイソスピン 1 で電荷 0 の粒子 X が K と $\overline{\mathrm{K}}$ に崩壊する．
この崩壊でアイソスピンが保存すると仮定しよう．過程 $\mathrm{X}^0 \to$
$\mathrm{K}^+ + \overline{\mathrm{K}}^-$ と過程 $\mathrm{X}^0 \to \mathrm{K}^0 + \overline{\mathrm{K}}^0$ の率の比を求めよ．

7. 電子のスピンが 3/2 であって 1/2 ではないと仮定する．
また原子番号が増えるにつれて，n と ℓ の値の決まった 1 粒子
状態が現実の世界と同じ順序で満たされていくとする．さて，1
から 21 までの範囲のどの元素が，希ガス，アルカリ金属，ハロ

ゲン，アルカリ土類などと同じ化学的性質をもつだろうか．

8. 角運動量の演算子 **J** とガリレイ変換の演算子 **K** の交換関係を求めよ．

9. 原子核がスピン（すなわち内部角運動量）3/2 をもつ原子の中で軌道角運動量が 0 の状態にある電子を考えよう．（電子と原子核の）全角運動量の z 成分 $m=1$ の原子状態を，可能な全角運動量の値のそれぞれの場合に，原子核と電子のスピンの z 成分の決まった状態の線形結合として表せ．

第5章 エネルギー固有値の近似計算

　量子力学の講義は，本書第2章のように自由粒子，クーロン・ポテンシャルや調和振動子のポテンシャル中の粒子といった長い伝統をもった例から始めるのが普通である．エネルギーの決まった状態についてのシュレーディンガー方程式で厳密に解けるのはこれくらいしかないからである．現実の世界の問題はずっと複雑なので，近似法に頼らなければならない．複雑な問題の厳密解を求めることができたとしても，解自身が必然的に複雑で，解の物理的な結果を理解するために近似が必要という場合もある．

5.1　1次の摂動論

　複雑な問題の近似解を求めるために最も広く役に立つのは摂動論である．この方法では厳密に解ける単純な問題から始め，次にそれに対する補正をハミルトニアンへの小さな摂動として取り扱う．

　摂動を受ける前のハミルトニアン H_0 を考える．例えば2.3節で取り扱った水素原子の場合，そのエネルギーの値 E_a と，対応する直交規格化状態ベクトル Ψ_a を求めることができる．

$$H_0 \Psi_a = E_a \Psi_a, \qquad (5.1.1)$$

$$(\Psi_a, \Psi_b) = \delta_{ab}. \qquad (5.1.2)$$

ハミルトニアンに，何らかの小さなパラメーター ϵ に比例する小さな項 δH を加えたと想像しよう．（例えば水素原子の場合は H_0 は，運動エネルギーの演算子と $1/r$ に比例するポテンシャルとの和であり，$\delta H = \epsilon U(\mathbf{x})$ としてよいであろう．$U(\mathbf{x})$ は任意の ϵ に依存しない位置 $\mathbf{x}$ の関数である．陽子の大きさが有限であるためにポテンシャルが $1/r$ からずれることを表すのも一例であろう．）そうするとエネルギーは $E_a + \delta E_a$ となり，それに応じて状態ベクトルは $\Psi_a + \delta \Psi_a$ となる．δE_a および $\delta \Psi_a$ は ϵ のべき級数として与えられ，

$$\begin{cases} \delta E_a = \delta_1 E_a + \delta_2 E_a + \cdots \\ \delta \Psi_a = \delta_1 \Psi_a + \delta_2 \Psi_a + \cdots \end{cases} \qquad (5.1.3)$$

と書けるだろう．$\delta_N E_a$ と $\delta_N \Psi_a$ は ϵ^N に比例する．シュレーディンガー方程式は

$$(H_0 + \delta H)(\Psi_a + \delta \Psi_a) = (E_a + \delta E_a)(\Psi_a + \delta \Psi_a)$$

$$(5.1.4)$$

となる．ϵ の 1 次の項を集めるためには，式 (5.1.4) の中の $\delta H \delta \Psi_a$ と $\delta E_a \delta \Psi_a$ を落とすことができる．この分のべき級数は ϵ^2 の次数の項から始まるからである．すると

$$\delta H \Psi_a + H_0 \delta_1 \Psi_a = \delta_1 E_a \Psi_a + E_a \delta_1 \Psi_a \qquad (5.1.5)$$

となる．

$\delta_1 E_a$ を求めるためには式 (5.1.5) と Ψ_a のスカラー

積をとる. H_0 はエルミートなので

$$(\Psi_a, H_0\delta_1\Psi_a) = E_a(\Psi_a, \delta_1\Psi_a)$$

である. したがってスカラー積のうちこれらの項は打ち消し合う. 残るのは

$$\delta_1 E_a = (\Psi_a, \delta H\Psi_a) \tag{5.1.6}$$

である. これが摂動論の最初の主要な結果である. **1次の近似では, 束縛状態のエネルギーのずれは, 摂動 δH の非摂動状態での期待値である.**

しかしこの議論は δH が非常に小さくても, 常に成り立つとは限らない. 何がいけないかを見るために, 摂動によって起こる状態ベクトルの変化を計算しよう. 今度は式 (5.1.5) と一般の非摂動のエネルギーの固有状態 Ψ_b とのスカラー積をとる. また H_0 がエルミートだという事実を使うと,

$$(\Psi_b, \delta H\Psi_a) = \delta_1 E_a\delta_{ab} + (E_a - E_b)(\Psi_b, \delta_1\Psi_a) \tag{5.1.7}$$

となる. $a=b$ のとき, これは式 (5.1.6) と同じである. 新しい情報は

$$a \neq b\text{ のとき } (\Psi_b, \delta H\Psi_a) = (E_a - E_b)(\Psi_b, \delta_1\Psi_a) \tag{5.1.8}$$

である.

縮退している[1]場合には問題が生じる. 二つの異なる状態が $\Psi_b \neq \Psi_a$ であって, しかも $E_b = E_a$ であるとしよう. すると式 (5.1.8) は $(\Psi_b, \delta H\Psi_a) = 0$ でなければ矛

---

[1] 縮退 (degenerate) はいくつかのエネルギー準位が同じエネルギーをもっていることである. ここでは $E_a = E_b$.

盾を生じるが，$(\Psi_b, \delta H\Psi_a) \neq 0$ のこともある．しかし縮退のある非摂動状態を慎重に選べば，常にこの問題点を避けることができる．いくつかの状態 Ψ_{a1}, Ψ_{a2} などがあって，そのエネルギーがすべて同じ E_a であるとしよう．すると，量 $(\Psi_{ar}, \delta H\Psi_{as})$ はエルミート行列となるので，行列の代数的な定理により，この行列が作用するベクトル空間はこの行列の直交規格化固有ベクトル u_{rn} で張られていて

$$\sum_r (\Psi_{as}, \delta H\Psi_{ar})u_{rn} = \Delta_n u_{sn} \qquad (5.1.9)$$

が成り立つようにできる（3.3節の注2を見よ）．こうして H_0 の固有状態でエネルギー E_a の等しい固有状態を定義することができる．

$$\Phi_{an} \equiv \sum_r u_{rn}\Psi_{ar} \qquad (5.1.10)$$

である．直交規格化の条件 $\sum_s u_{sm}^* u_{sn} = \delta_{nm}$ を使うと

$$
\begin{aligned}
(\Phi_{am}, \delta H\Phi_{an}) &= \sum_{rs} u_{sm}^* u_{rn}(\Psi_{as}, \delta H\Psi_{ar}) \\
&= \sum_s u_{sm}^* u_{sn}\Delta_n \\
&= \delta_{nm}\Delta_n \qquad (5.1.11)
\end{aligned}
$$

が成り立っている．状態 Φ_{an} を基底にすると，摂動 δH の非対角要素はすべて0である．したがって Ψ でなく Φ から出発すれば，式 (5.1.8) に関する矛盾は避けられ

る.

　Ψ_{ar} の一つが非摂動状態であることにこだわって，ある $s \neq r$ の状態について $(\Psi_{as}, \delta H \Psi_{ar})$ が 0 でなかったら，摂動論はうまくいかない. すなわち摂動が小さくても状態ベクトルが大きく変化する. 例えば H_0 が回転について不変で，そこに摂動 $\delta H = \boldsymbol{\epsilon} \cdot \mathbf{v}$ を加えたとする. $\mathbf{v}$ は何らかのベクトル演算子である. 前章で見たように，H_0 が回転について対称であれば $2j+1$ 個の非摂動状態がエネルギーも等しく，角運動量 $\mathbf{J}^2$ の固有値も同じ $\hbar^2 j(j+1)$ である. この非摂動状態が J_3 の固有状態であり $\boldsymbol{\epsilon}$ が第 3 軸を向いていなかったら，どんなに $\boldsymbol{\epsilon}$ が小さくても，状態ベクトルについて大きな補正があるだろう. 摂動は状態を $\mathbf{J} \cdot \boldsymbol{\epsilon}$ の固有状態にしてしまう. しかし，もし非摂動状態を $\mathbf{J} \cdot \boldsymbol{\epsilon}$ の固有状態として始めれば，δH は $\mathbf{J} \cdot \boldsymbol{\epsilon}$ と可換だから，状態ベクトルの変化は $\boldsymbol{\epsilon}$ のオーダーとなるだろう.

　$a \neq b$ で $E_a = E_b$ であるすべての状態について $(\Psi_a, \delta H \Psi_b)$ が 0 だという条件は，Ψ_a を一意的に決める. 対応する 1 次のエネルギーの摂動 $\delta_1 E_a = (\Psi_a, \delta H \Psi_a)$ がすべて異なる場合である. しかし，非摂動状態のいくつかがすべて同じ大きさの 0 次のエネルギーをもち，かつ同じ 1 次のエネルギーをもったら，これらの状態の任意の線形結合が同じ性質をもつから，非摂動状態となることができる.（何らかの対称性が存在し，所与の非摂動エネルギーをもつ状態間での δH の行列要素がすべてゼロになる場

合が，典型例である．）この残された非摂動状態の自由度
は，2次の摂動によってエネルギー固有状態が大きく変化
しないという条件を課せば除かれることを，5.4節で検証
する．

　次に，状態ベクトルについての摂動を計算しよう．まず
縮退のない場合を考える．すなわち，計算に使うエネルギ
ーと波動関数が，非摂動系でお互いに値も違い波動関数
も違うという場合である．そのとき式 (5.1.8) から直ち
に，

$$a \neq b のとき (\Psi_b, \delta_1 \Psi_a) = \frac{(\Psi_b, \delta H \Psi_a)}{E_a - E_b} \qquad (5.1.12)$$

となる．$\delta_1 \Psi_a$ の Ψ_a に沿った成分を求めるために，$\Psi_a +$
$\delta \Psi_a$ が正しく規格化されていることを要求する．これか
ら

$$1 = (\Psi_a + \delta \Psi_a, \Psi_a + \delta \Psi_a)$$
$$= 1 + (\Psi_a, \delta_1 \Psi_a) + (\delta_1 \Psi_a, \Psi_a) + O(\epsilon^2)$$

となるので，オーダー ϵ では

$$0 = \mathrm{Re}(\Psi_a, \delta_1 \Psi_a) \qquad (5.1.13)$$

である．$(\Psi_a, \delta_1 \Psi_a)$ の虚部は何でもよい．これは単に
波動関数全体の位相因子を表す．すなわち状態ベクト
ル Ψ_a に位相因子 $\exp(i\delta\varphi_a)$ をかけると（$\delta\varphi_a$ はオーダ
ー ϵ の任意の定数），$\delta_1 \Psi_a$ が $i\delta\varphi_a \Psi_a$ だけ変化し，その
結果 $(\Psi_a, \delta_1 \Psi_a)$ が $i\delta\varphi_a$ だけずれる．そこで $(\Psi_a, \delta_1 \Psi_a)$
を実数と選ぶことができる．この場合，規格化の条件
(5.1.13) は

$$0 = (\Psi_a, \delta_1 \Psi_a) \qquad (5.1.14)$$

となる. すべての H_0 の値が決まり, また式 (5.1.12) があるので, 状態ベクトルの完全性から

$$\delta_1 \Psi_a = \sum_b (\Psi_b, \delta_1 \Psi_a) \Psi_b$$

$$= \sum_{b \neq a} \Psi_b \frac{(\Psi_b, \delta H \Psi_a)}{E_a - E_b} \qquad (5.1.15)$$

となる[2].

　次に縮退のある場合を考えよう. これはいささか複雑である. この場合は, 求める状態は非摂動エネルギーが何らかの他の状態と等しい. そうすると式 (5.1.8) は, $\delta_1 \Psi_a$ の $E_b = E_a$ である状態ベクトル Ψ_b に沿った成分については何も言ってくれない. 式 (5.1.12) は $E_a \neq E_b$ の場合だけ適用される. したがって式 (5.1.15) の代わりに

$$\delta_1 \Psi_a = \sum_{c : E_c \neq E_a} \Psi_c \frac{(\Psi_c, \delta H \Psi_a)}{E_a - E_c} + \sum_{b : E_b = E_a} \Psi_b (\Psi_b, \delta_1 \Psi_a)$$

$$(5.1.16)$$

だけがわかっている. 規格化についてはどうだろうか? 摂動を受けた縮退した状態について, それらが直交規格化されているという条件を課すことができる.

　$E_a = E_b$ のとき

$$(\Psi_b + \delta_1 \Psi_b + O(\epsilon^2), \Psi_a + \delta_1 \Psi_a + O(\epsilon^2)) = \delta_{ab}$$

である. ϵ の 0 次の項は両辺で等しいから, 左辺の ϵ の 1

---

[2] 式 (5.1.12) と式 (5.1.14) をあわせてこの式になる.

次の項は 0 とならねばならない.

$E_a = E_b$ のとき $(\Psi_b, \delta_1 \Psi_a) + (\delta_1 \Psi_b, \Psi_a) = 0$　(5.1.17)

つまり, 行列 $(\Psi_b, \delta_1 \Psi_a)$ のエルミートな部分は 0 とならねばならない. したがって $E_a = E_b$ の場合,

$$(\Psi_b, \delta_1 \Psi_a) = A_{ba} \qquad (5.1.18)$$

とおくと A_{ba} は反エルミートすなわち $A_{ba} = -A_{ab}^*$ である. 1 次のシュレーディンガー方程式 (5.1.5) も直交規格化の条件 (5.1.16) も, これ以上 A_{ab} について何も語ってくれない.

　縮退した場合に A_{ab} が決まらないことがわかったことは, 縮退していない場合の状態 $\Psi_a + \delta_1 \Psi_a$ の中で位相因子 $\exp(i\varphi_a)$ が決まらなかったことに似ているように思えるだろう. しかしそこには大きな違いがある. 縮退していない場合の位相因子は好きなように選べるので, 特に (5.1.14) という便利な結果を与えるように選べる. それとは対照的に, 後に 5.4 節に見るように, 縮退している場合には A_{ab} の選択の自由度を保留して, 2 次の摂動が 1 次の状態ベクトルの大幅な変更をもたらさないようにしなければならない. つまり, 1 次で摂動を受けた状態に滑らかに移行するために, 縮退した非摂動状態ベクトル Ψ_a の特定の選択を行って, $b \neq a$ で $E_b = E_a$ のときに $(\Psi_b, \delta_1 H \Psi_a) = 0$ にしたのだが, 同様に 5.4 節では, 2 次で摂動を受けた状態に滑らかに移行するために, A_{ab}, したがって 1 次の摂動を受けた状態ベクトルの特定の選択を行う必要があるだろう.

　ハミルトニアンへの小さな摂動が非摂動の固有状態のと
り方に影響することはいささか驚くべきことかも知れない
が，古典物理学でも似たような現象が存在する．2 次元ま
たはそれ以上の次元で $V(\mathbf{x})$ の下で運動し，十分な摩擦が
あってポテンシャルの極小に停止する粒子を考えよう．ポ
テンシャルは非摂動の項 $V_0(\mathbf{x})$ と摂動 $\epsilon U(\mathbf{x})$ の和だとし
よう．$V_0(\mathbf{x})$ の極小が孤立した点 $\mathbf{x}_n$ だとすると，全体の
ポテンシャルの極小点は $\mathbf{x}_n + \delta\mathbf{x}_n$ にあると期待される．
$\delta\mathbf{x}_n$ は ϵ のオーダーである．これらが摂動を受けたポテン
シャルの極小であるという条件は

$$0 = \frac{\partial[V_0(\mathbf{x}) + \epsilon U(\mathbf{x})]}{\partial x_i}\Big|_{\mathbf{x}=\mathbf{x}_n+\delta\mathbf{x}_n}$$

である．すなわち，ϵ の 1 次まででは

$$0 = \frac{\partial V_0(\mathbf{x})}{\partial x_i}\Big|_{\mathbf{x}=\mathbf{x}_n} + \epsilon \frac{\partial U(\mathbf{x})}{\partial x_i}\Big|_{\mathbf{x}=\mathbf{x}_n}$$
$$+ \sum_j \frac{\partial^2 V_0(\mathbf{x})}{\partial x_i \partial x_j}\Big|_{\mathbf{x}=\mathbf{x}_n} (\delta\mathbf{x}_n)_j$$

である．$\mathbf{x}_n$ は非摂動ポテンシャルの極小だから第 1 項は
0 である．これから $\delta\mathbf{x}$ についての条件は

$$\sum_j \frac{\partial^2 V_0(\mathbf{x})}{\partial x_i \partial x_j}\Big|_{\mathbf{x}=\mathbf{x}_n} (\delta\mathbf{x}_n)_j = -\epsilon \frac{\partial U(\mathbf{x})}{\partial x_i}\Big|_{\mathbf{x}=\mathbf{x}_n}$$

となる．$\mathcal{M}_{ij} \equiv [\partial^2 V_0/\partial x_i \partial x_j]_{\mathbf{x}=\mathbf{x}_n}$ が特異な行列でなけ
ればこれで問題が解決し，

$$(\delta\mathbf{x}_n)_i = -\epsilon \sum_j \mathcal{M}_{ij}^{-1} \frac{\partial U(\mathbf{x})}{\partial x_j}\Big|_{\mathbf{x}=\mathbf{x}_n}$$

となる. しかし $\sum_i v_i \mathcal{M}_{ij} = 0$ となるベクトル v_i があれ
ば, $\mathbf{x}_n$ のまわりの展開は $\sum_i v_i [\partial U/\partial x_i]_{\mathbf{x}=\mathbf{x}_n} = 0$ でなけ
れば破綻する. この問題が典型的に発生するのは, 非摂動
のポテンシャルの極小が孤立点でなく曲線 $\mathbf{x} = \mathbf{x}(s)$ 上に
ある場合である. したがってあらゆる s に対して

$$0 = \frac{\partial V_0(\mathbf{x})}{\partial x_i}\Big|_{\mathbf{x}=\mathbf{x}(s)}.$$

s について微分すると

$$0 = \sum_j \frac{\partial^2 V_0(\mathbf{x})}{\partial x_i \partial x_j}\Big|_{\mathbf{x}=\mathbf{x}(s)} \frac{dx_j(s)}{ds}.$$

以前と同じ推論をたどると, ずれ $\delta\mathbf{x}(s)$ は極小の位置で
方程式

$$\sum_j \frac{\partial^2 V_0(\mathbf{x})}{\partial x_i \partial x_j}\Big|_{\mathbf{x}=\mathbf{x}(s)} \delta x_j(s) = -\epsilon \frac{\partial U(\mathbf{x})}{\partial x_i}\Big|_{\mathbf{x}=\mathbf{x}(s)}$$

を満足しなければならない. $\partial^2 V_0(\mathbf{x})/\partial x_i \partial x_j$ は i と j に
ついて対称的なので, この式の左辺に $dx_i(s)/ds$ をかけ
て i について和をとると 0 になる. したがってこの方程式
は

$$0 = \sum_i \frac{dx_i(s)}{ds} \frac{\partial U(\mathbf{x})}{\partial x_i}\Big|_{\mathbf{x}=\mathbf{x}(s)} = \frac{dU(\mathbf{x}(s))}{ds}$$

でなければ解をもたない. つまり, 摂動 $\epsilon U(\mathbf{x})$ が粒子の
平衡点を少ししか動かさないためには, 粒子は非摂動のポ
テンシャルが極小である曲線 $\mathbf{x} = \mathbf{x}(s)$ 上にあるばかりで
なく, この曲線上で**摂動**の値が極小でなければならない.

5.2 ゼーマン効果

外部磁場のあるときの原子のエネルギーのずれは**ゼ
ーマン効果**と呼ばれ，1次の摂動論の重要な例である．
これは1890年代に分光学者のピーター・ゼーマン[1]
(1865-1943) によって，第4章の初めに述べたナトリウ
ムのD線（ナトリウム蒸気ランプからの光にオレンジ色
を与えるのと同じスペクトル線）が磁場の中で二つに分か
れる効果として観測されたが，正しく計算されたのは量子
力学が出現してからである．

　ナトリウムのようなアルカリ金属の原子のスペクトル
に対する磁場の効果を考えよう．閉じた殻の外の1個の
電子だけに着目すればよい．その電子は他の電子と原子
核による中心力の有効ポテンシャルを感じる．古典的な
電磁気学によれば，電子はその軌道角運動量 $\mathbf{L}$ と外部磁
場 $\mathbf{B}$ の相互作用により $(e/2m_ec)\mathbf{B}\cdot\mathbf{L}$ に等しい余分なエ
ネルギーを得る．したがって量子力学においてもハミル
トニアンの中に $(e/2m_ec)\mathbf{B}\cdot\mathbf{L}$ の形の項が含まれている．
$\mathbf{L}$ は角運動量演算子である．また磁場とスピン角運動量
$\mathbf{S}$ の相互作用によりハミルトニアンに $(eg_e/2m_ec)\mathbf{B}\cdot\mathbf{S}$
の形の項も加わると想像できる．因子 g_e は定数の因子で
磁気回転比と言われる．$g_e=1$ である理由はない．実際,
微細構造定数 $e^2/\hbar c \simeq 1/137$ の最低次では量子電磁力学
は $g_e=2$ を与える．（この結果はディラックが自身の相
対論的波動方程式ではじめて導いた．）一方，光子の放出

と吸収のような過程に基づく補正はこの予言された値を $g_e = 2.002322\cdots$ にずらす. これは実験とよく合っている. したがってハミルトニアンに対する摂動は

$$\delta H = \frac{e}{2m_e c}\mathbf{B}\cdot[\mathbf{L}+g_e\mathbf{S}] \tag{5.2.1}$$

であるとする.

　原子の状態のエネルギーのずれを計算するためには, 同じ非摂動エネルギー $E_{n\ell j}$ をもった状態ベクトルの間の摂動 δH の行列 $(\Psi_{n\ell j}^{m'}, \delta H\Psi_{n\ell j}^{m})$ が必要である. ここで

$$H_0\Psi_{n\ell j}^{m} = E_{n\ell j}\Psi_{n\ell j}^{m}. \tag{5.2.2}$$

この H_0 は磁場のないときの電子の1粒子有効ハミルトニアンである. さて, このハミルトニアンには何が含まれていなければならないだろうか. 一般論として, 当面の問題の摂動によって生じるずれに比べて小さい項は無視できる. 典型的な磁場の強さの場合, H_0 の中に原子核と他の電子によって生まれた静電的な有効ポテンシャルだけでなく, 電子のスピンおよび軌道角運動量との相互作用（スペクトル線の微細構造を生む）, 与えられた n と ℓ に対する j の依存性を含めなければならないと考えられる. 通常は, 電子と原子核のスピンの間のより小さな相互作用（超微細構造と呼ばれるスペクトル線の分裂を起こす）は無視できる.

　これらの期待値を計算するにあたって, 式 (4.4.14) によれば任意の3元ベクトルの演算子 $\mathbf{V}$ について, 行列要素 $(\Psi_{n\ell j}^{m'}\mathbf{V}\Psi_{n\ell j}^{m})$ は $\mathbf{V}$ を $\mathbf{J}$ に置き換えたのと同じ向き

で m と m' への依存の仕方が同じだということを思い出そう. 特に, これはベクトル $\mathbf{L} + g_e\mathbf{S}$ についても正しいから

$$(\Psi_{n\ell j}^{m'}, [\mathbf{L} + g_e\mathbf{S}]\Psi_{n\ell j}^{m}) = g_{nj\ell}(\Psi_{n\ell j}^{m'}\mathbf{J}\Psi_{n\ell j}^{m}) \qquad (5.2.3)$$

である. $g_{nj\ell}$ は m と m' に依存しない定数でランデの g 因子と呼ばれている. 4.4 節で述べたように, この結果は量子力学の教科書に全角運動量 $\mathbf{J}$ のまわりのベクトル $\mathbf{S}$ と $\mathbf{L}$ の急速な歳差運動によると書かれることが多いが, この古典力学と量子力学の混同はおかしなことでまったく不必要である. 式 (5.2.3) は単に角運動量演算子とベクトル演算子の交換関係の結果である.

ランデの g 因子を計算するためには, $\mathbf{J}$ は $\mathbf{J}^2$ と可換であるから, 状態ベクトル $\mathbf{J}\Psi_{n\ell j}^{m}$ はそれ自身単なる同じ状態ベクトル $\Psi_{n\ell j}^{m''}$ の線形結合であることに注意しよう. m'' の値はさまざまである.

$$\sum_i (\Psi_{n\ell j}^{m'}, [L_i + g_e S_i]J_i\Psi_{n\ell j}^{m})$$
$$= g_{nj\ell}\sum_i (\Psi_{n\ell j}^{m'}, J_i J_i\Psi_{n\ell j}^{m}) \qquad (5.2.4)$$

である. 両辺の行列要素は容易に計算できる. 右辺では

$$\sum_i J_i J_i\Psi_{n\ell j}^{m} = \hbar^2 j(j+1)\Psi_{n\ell j}^{m}$$

を使い, 左辺では $\mathbf{S} = \mathbf{J} - \mathbf{L}$ を使うと,

$$\sum_i L_i J_i \Psi^m_{n\ell j} = \frac{1}{2}\left[-\mathbf{S}^2 + \mathbf{L}^2 + \mathbf{J}^2\right]\Psi^m_{n\ell j}$$

$$= \frac{\hbar^2}{2}\left[-\frac{3}{4} + \ell(\ell+1) + j(j+1)\right]\Psi^m_{n\ell j}.$$

さらに $\mathbf{L} = \mathbf{J} - \mathbf{S}$ を使って

$$\sum_i S_i J_i \Psi^m_{n\ell j} = \frac{1}{2}\left[-\mathbf{L}^2 + \mathbf{S}^2 + \mathbf{J}^2\right]\Psi^m_{n\ell j}$$

$$= \frac{\hbar^2}{2}\left[-\ell(\ell+1) + \frac{3}{4} + j(j+1)\right]\Psi^m_{n\ell j}.$$

（任意の3ベクトル演算子 $\mathbf{V}$ について，$[J_i, V_j] = i\hbar\sum_k \epsilon_{ijk}V_k$ は $i=j$ のときには 0 だから $\mathbf{V}\cdot\mathbf{J} = \mathbf{J}\cdot\mathbf{V}$ であることに注意しよう.）すると式 (5.2.4) は

$$\frac{1}{2}\left[-\frac{3}{4} + \ell(\ell+1) + j(j+1)\right]$$

$$+ g_{\mathrm{e}}\frac{1}{2}\left[-\ell(\ell+1) + \frac{3}{4} + j(j+1)\right] = j(j+1)g_{nj\ell}$$

となるから，$g_{nj\ell}$ は n と独立であり，

$$g_{j\ell} = 1 + (g_{\mathrm{e}} - 1)\left(\frac{j(j+1) - \ell(\ell+1) + 3/4}{2j(j+1)}\right) \quad (5.2.5)$$

となる.

さてエネルギーの摂動の問題に戻ろう．式 (5.2.1) および (5.2.3) より，必要な行列要素は

$$(\Psi^{m'}_{n\ell j}, \delta H \Psi^m_{n\ell j}) = \frac{e g_{j\ell}}{2m_{\mathrm{e}}c}(\Psi^{m'}_{n\ell j}, \mathbf{B}\cdot\mathbf{J}\Psi^m_{n\ell j}) \quad (5.2.6)$$

である．$\mathbf{B}$ が一般の方向である場合には，これは，等し
い非摂動エネルギーをもつ異なる状態間の摂動の行列要素
が 0 でなければならないという，前節で求められた 1 次
の摂動論を使うための条件を満足しない．この問題は非摂
動状態ベクトルを J_3 の代わりに $\mathbf{B}\cdot\mathbf{J}$ の固有状態にすれ
ば避けられる．しかし，$\Psi_{n\ell j}^m$ ではない新しい状態ベクト
ルを導入しなくてもこの問題を避けることができる．単に
$\mathbf{B}$ の方向が第3軸であるような座標系を使えばよいので
ある．そのような座標系では，行列要素 (5.2.6) は

$$(\Psi_{n\ell j}^{m'}, \delta H \Psi_{n\ell j}^m) = \left(\frac{e\hbar g_{j\ell}B}{2m_e c}\right)m\delta_{m'm} \qquad (5.2.7)$$

となる．こうしてエネルギーのずれを 1 次の摂動論で

$$\delta E_{njlm} = \left(\frac{e\hbar g_{j\ell}B}{2m_e c}\right)m \qquad (5.2.8)$$

と計算することができた．

　例えば，ゼーマンの研究したナトリウムの D 線の中に
は磁場のないときに二つのスペクトル線がある．一つは
D_1 線で外の「価電子」の $3p_{1/2} \to 3s_{1/2}$ の遷移で起こり，
もう一つは D_2 線で $3p_{3/2} \to 3s_{1/2}$ の遷移で起こる．（外の
電子の感じるポテンシャルは単に $1/r$ に比例するわけで
はないので，ℓ の異なる値の状態の間の縮退は残ってい
ないことを思い出そう．またスピン - 軌道結合によって
$j = \ell \pm 1/2$ のエネルギー依存性があって下付きの添え
字で表される．他にも ℓ および主量子数 n に対応した記
号がある．この場合 $n = 3$ である．）関連する状態につい

て，式 (5.2.5) によってランデの g 因子は（$g_e = 2$ の近似で）

$$g_{\frac{3}{2} 1} = \frac{4}{3}, \quad g_{\frac{1}{2} 1} = \frac{2}{3}, \quad g_{\frac{1}{2} 0} = 2 \qquad (5.2.9)$$

となる．D_1 線と D_2 線は光子のエネルギーがずれて分裂する．

$$\Delta E_1 (m \to m') = E_B \left(\frac{2}{3} m - 2m' \right), \qquad (5.2.10)$$

$$\Delta E_2 (m \to m') = E_B \left(\frac{4}{3} m - 2m' \right). \qquad (5.2.11)$$

$E_B \equiv e\hbar B / 2m_e c$ である．D_1 と D_2 はパリティが逆で j は 0 または 1 だけ異なる状態間の遷移であるから，電気双極子遷移である．4.4 節で示したように，m の変化は 0 または ± 1 である．したがって D_1 線は 4 つの成分に分裂し，光子のエネルギーのずれの量は

$$\Delta E_1 (\pm 1/2 \to \pm 1/2) = \mp 2E_B / 3, \qquad (5.2.12)$$

$$\Delta E_1 (\pm 1/2 \to \mp 1/2) = \pm 4E_B / 3 \qquad (5.2.13)$$

である．一方，D_2 線は 6 つの成分に分裂し，光子のエネルギーのずれの量は

$$\Delta E_2 (\pm 3/2 \to \pm 1/2) = \pm E_B, \qquad (5.2.14)$$

$$\Delta E_2 (\pm 1/2 \to \pm 1/2) = \mp E_B / 3, \qquad (5.2.15)$$

$$\Delta E_2 (\pm 1/2 \to \mp 1/2) = \pm 5E_B / 3 \qquad (5.2.16)$$

である．

古典論で期待されるように $g_e = 1$ とすると，式 (5.2.5) から，ランデ因子はすべてのエネルギー準位について

$g_{j\ell} = 1$ となり，したがって式 (5.2.8) はエネルギー準位によらず，磁気量子数 m だけにしか依存しないエネルギーのずれの公式を与える．

$$\delta E_{nj\ell m} = \left(\frac{e\hbar B}{2m_e c}\right)m.$$

D_1 線，D_2 線とも三つの成分（$\Delta m = 0, +1, -1$）に分裂する．光子のエネルギーは磁気量子数の変化に依存する量だけずれる．すなわち

$$\Delta E_1(\Delta m = \pm 1) = \Delta E_2(\Delta m = \pm 1) = \pm E_B,$$
$$\Delta E_1(\Delta m = 0) = \Delta E_2(\Delta m = 0) = 0$$

である．振動数のずれ $E_B/h = eB/4\pi m_e c$ は古典論に基づいてヘンドリク・アントーン・ローレンツ[2]（1853-1928）によって導かれ，**正常ゼーマン効果**と呼ばれる．ローレンツの公式と初期のゼーマンのデータを比較すると，原子の中で輻射の放出に関わる荷電粒子は何であろうと，電荷と質量の比 e/m が電気分解に関わる水素イオンの電荷と質量の比より約 1000 倍は大きいことを示していた．これはトムソンによる電子の発見よりも前で，原子の中の電荷が原子よりもはるかに軽い粒子で担われていることが最初に示されていた．正しい分裂のしかたは式 (5.2.12)〜(5.2.16) で与えられた．これは**異常ゼーマン効果**と呼ばれる．なぜなら，それは $g_e = 1$ の場合には期待できないことだからである．

ここで導かれた異常ゼーマン効果は，磁場が十分小さくて，n と ℓ が同じで j が異なる状態間の微細構造よりも式

(5.2.8) のエネルギーのずれがずっと小さい場合にのみ正しい. 逆の極限で, 式 (5.2.8) のエネルギーのずれが微細構造に比べてはるかに大きい場合は (まだ n または ℓ の異なる状態間のエネルギー差よりはずっと小さい), 基本的に縮退し摂動を受けてない, もっと大きな組がある. すなわち状態ベクトル $\Psi_{n\ell m_\ell m_s}$ である. L_3 の固有値は $\hbar m_\ell$ で S_3 の固有値は $\hbar m_s$ である. 磁場の方向を第3方向とすると, 摂動の行列要素は

$$(\Psi_{n\ell m'_\ell m'_s}, \delta H \Psi_{n\ell m_\ell m_s})$$
$$= \left(\frac{e\hbar B}{2m_e c}\right)[m_\ell + g_e m_s]\delta_{m'_\ell m_\ell}\delta_{m'_s m_s} \qquad (5.2.17)$$

となる. 非摂動エネルギーは等しい (すなわち n と ℓ が同じ) が, 状態の異なるベクトル間の行列要素は 0 となる. したがって1次の摂動論をエネルギーのずれに使うことができて,

$$\delta E_{n\ell m_\ell m_s} = \left(\frac{e\hbar B}{2m_e c}\right)[m_\ell + g_e m_s] \qquad (5.2.18)$$

となる. 式 (5.2.8) で与えられるエネルギーから式 (5.2.18) で与えられるエネルギーへの移行はパッシェン-バック効果と呼ばれる.

原　注

(1) P. Zeeman, *Nature* **55**, 347 (1897).
(2) H. A. Lorentz, *Phil. Mag.* **43**, 232 (1897); *Ann. Physik* **43**, 278 (1897).

5.3　1次のシュタルク効果

　外部電場があるときの原子のエネルギー準位のずれの話に進もう. これは1914年に発見され, **シュタルク効果**[1]と呼ばれる. ここではもっぱら水素原子の中のシュタルク効果について考える. そこでは n と j を与えた状態のエネルギーが ℓ に依存しないことが決定的な役割を果たす. これから見るように, 水素原子のシュタルク効果は縮退のある1次摂動論の問題として, ゼーマン効果よりもいささか手のこんだやり方で解かねばならない例となっている. 水素原子以外 (および水素原子の特定の状態) ではシュタルク効果は2次の摂動論で計算する必要があるが, それは次節の主題である.

　電子と外部的な静電ポテンシャル $\varphi(\mathbf{x})$ との相互作用は $-e\varphi(\mathbf{x})$ のエネルギーを加える. 原子は, $\varphi(\mathbf{x})$ が変動する領域に比べて非常に小さいので, $\varphi(\mathbf{x})$ をそのテイラー展開の最初の2項で代用することができる. 原子核の位置 $\mathbf{x}=0$ での (任意である) $\varphi(\mathbf{x})$ の値を0と決めると, $\varphi(\mathbf{x})=-\mathbf{E}\cdot\mathbf{x}$ となる. $\mathbf{E}\equiv-\nabla\varphi(0)$ は原子核の位置での電場であり, ハミルトニアンの変化は

$$\delta H = e\mathbf{E}\cdot\mathbf{X} \qquad (5.3.1)$$

である. 後に混同しないように, 位置演算子を $\mathbf{X}$ と表記する.

　非摂動ハミルトニアン H_0 は電場のないときの水素原子のハミルトニアンであって, 微細構造の分裂を含むが, ラ

ム・シフトと超微細構造は無視する．縮退した非摂動状態
ベクトルは，n と j を固定したすべての $\Psi_{n\ell j}^m$ である．こ
れらの状態ベクトルの間の摂動の行列要素

$$(\Psi_{n\ell' j}^{m'}, \delta H \Psi_{n\ell j}^m) = e\mathbf{E} \cdot (\Psi_{n\ell' j}^{m'}, \mathbf{X}\Psi_{n\ell j}^m) \qquad (5.3.2)$$

を計算する必要がある．ゼーマン効果の場合と同様，
$m' \neq m$ のときに行列要素が 0 でなくなるのを避けるた
めに第 3 軸を電場の方向と選ぶと

$$(\Psi_{n\ell' j}^{m'}, \delta H \Psi_{n\ell j}^m) = eE\delta_{m'm}(\Psi_{n\ell' j}^{m'}, X_3 \Psi_{n\ell j}^m) \qquad (5.3.3)$$

となる．

これはまだ 1 次の摂動論として適当でない．なぜなら，
行列要素 (5.3.3) は $\ell' \neq \ell$ のとき 0 とならないからであ
る．実際 $\mathbf{X}$ は空間反転で奇〔空間反転すると -1 倍にな
る〕であり，空間反転すると $\Psi_{n\ell j}^m$ と $\Psi_{n\ell' j}^{m'}$ に各々 $(-1)^{\ell'}$
と $(-1)^{\ell}$ の因子がかかるために，行列要素 (5.3.3) は
$(-1)^{\ell'}(-1)^{\ell} = -1$ でなければ 0 となる．したがって 0 と
ならない唯一の行列要素は $\ell' \neq \ell$ の場合だけである．

例えば，水素原子の $n = 1$ かつ $j = 1/2$ または $n = 2$
かつ $j = 3/2$ のエネルギー準位では，1 次のシュタルク
効果は何もない．なぜならこれらのエネルギー準位に
は各々 $\ell = 0$ あるいは $\ell = 1$ しかないからである．一方，
水素原子の $n = 2$ かつ $j = 1/2$ のエネルギー準位では，
$m = \pm 1/2$ の各々に対して $2s_{1/2}$ と $2p_{1/2}$ の状態がある．
したがって $n = 2$ かつ $j = 1/2$ について 0 でない行列要素
$(\Psi_{2\,1\,1/2}^{\pm 1/2}, X_3 \Psi_{2\,0\,1/2}^{\pm 1/2})$ と $(\Psi_{2\,0\,1/2}^{\pm 1/2}, X_3 \Psi_{2\,1\,1/2}^{\pm 1/2})$ がある．（ここ
で通常通り，状態ベクトルは $\Psi_{n\ell j}^m$ と表示し，スピンはも

ちろん $s = 1/2$ である．）演算子 X_3 は軌道角運動量の添
え字には作用するが，スピン角運動量の添え字には作用し
ない．したがって状態ベクトルの間のその行列要素を計算
するにはクレブシュ－ゴルダン係数を使って，この状態ベ
クトルを，$S_3 = \hbar m_s$ かつ $L_3 = \hbar m_\ell$ である状態ベクトル
$\Psi_{n\ell}^{m_\ell m_s}$ で表す必要がある．すなわち

$$\Psi_{n\ell j}^{m} = \sum_{m_\ell m_s} C_{\ell \frac{1}{2}}(jm; m_\ell m_s) \Psi_{n\ell}^{m_\ell m_s}. \tag{5.3.4}$$

X_3 はスピンに関係しないから，L_3 と S_3 の固有値の確定
した状態ベクトル間の X_3 の行列要素は

$$(\Psi_{n\ell}^{m_\ell m_s}, X_3 \Psi_{n'\ell'}^{m_\ell' m_s'})$$
$$= \delta_{m_s m_s'} \int d^3x R_{n\ell}(r) Y_\ell^{m_\ell *}(\theta, \phi) r \cos\theta$$
$$\times R_{n'\ell'}(r) Y_{\ell'}^{m_\ell'}(\theta, \phi) \tag{5.3.5}$$

となる（動径波動関数 $R_{n\ell}(r)$ は実数であることを思い出
そう）．演算子 X_3 は L_3 および S_3 と可換であり，s 波の
状態ベクトル $\Psi_{201/2}^{\pm 1/2}$ は $m_\ell = 0$ だけだから，この状態ベ
クトルと p 波の状態ベクトル $\Psi_{211/2}^{\pm 1/2}$ の間の x_3 の積分は
双方の波動関数の $m_\ell = 0$ の成分だけからしか寄与を受け
ない．したがって 0 でない行列要素は

$$\left(\Psi_{211/2}^{\pm 1/2}, X_3 \Psi_{201/2}^{\pm 1/2}\right) = \left(\Psi_{201/2}^{\pm 1/2}, X_3 \Psi_{211/2}^{\pm 1/2}\right)$$
$$= C_{1\frac{1}{2}}\left(\frac{1}{2} \pm \frac{1}{2}; 0 \pm \frac{1}{2}\right) C_{0\frac{1}{2}}\left(\frac{1}{2} \pm \frac{1}{2}; 0 \pm \frac{1}{2}\right) \mathcal{I}$$
$$\tag{5.3.6}$$

である. 但し,

$$\mathcal{I} \equiv \int d^3x \, r \cos\theta R_{21}(r) Y_1^0(\theta) R_{20}(r) Y_0^0(\theta) \quad (5.3.7)$$

である. 式 (5.3.6) の中のクレブシュ - ゴルダン係数は

$$\begin{cases} C_{1\frac{1}{2}}\left(\dfrac{1}{2} \pm \dfrac{1}{2}; 0 \pm \dfrac{1}{2}\right) = \mp\dfrac{1}{\sqrt{3}} \\[2mm] C_{0\frac{1}{2}}\left(\dfrac{1}{2} \pm \dfrac{1}{2}; 0 \pm \dfrac{1}{2}\right) = 1 \end{cases} \quad (5.3.8)$$

である. したがって 0 でない行列要素 (5.3.3) は

$$\left(\Psi_{211/2}^{\pm 1/2}, \delta H \Psi_{201/2}^{\pm 1/2}\right) = \left(\Psi_{201/2}^{\pm 1/2}, \delta H \Psi_{211/2}^{\pm 1/2}\right)$$
$$= \mp\frac{eE\mathcal{I}}{\sqrt{3}} \quad (5.3.9)$$

である[2].

　縮退した状態ベクトル $\Psi_{211/2}^{\pm 1/2}$ と $\Psi_{201/2}^{\pm 1/2}$ の間に δH の 0 でない行列要素があるので, これらの状態は摂動のエネルギーを計算するのにふさわしい状態ベクトルではない. その代わりに, 直交規格化した状態ベクトル

$$\begin{cases} \Psi_A^m \equiv \dfrac{1}{\sqrt{2}}\left[\Psi_{211/2}^m + \Psi_{201/2}^m\right] \\[2mm] \Psi_B^m \equiv \dfrac{1}{\sqrt{2}}\left[\Psi_{211/2}^m - \Psi_{201/2}^m\right] \end{cases} \quad (5.3.10)$$

を考えなければならない. これらの状態ベクトルの間の δH の 0 でない行列要素は

$$(\Psi_A^{\pm 1/2}, \delta H \Psi_A^{\pm 1/2}) = -(\Psi_B^{\pm 1/2}, \delta H \Psi_B^{\pm 1/2})$$

$$= \mp \frac{eE\mathcal{I}}{\sqrt{3}} \tag{5.3.11}$$

であり，一方

$$(\Psi_A^{\pm 1/2}, \delta H \Psi_B^{\pm 1/2}) = (\Psi_B^{\pm 1/2}, \delta H \Psi_A^{\pm 1/2})$$

$$= 0 \tag{5.3.12}$$

である．したがってこれらの状態のエネルギーのずれは 1 次の摂動論で

$$\delta E_A^{\pm 1/2} = \mp \frac{eE\mathcal{I}}{\sqrt{3}}, \quad \delta E_B^{\pm 1/2} = \pm \frac{eE\mathcal{I}}{\sqrt{3}} \tag{5.3.13}$$

となる．

　積分 $\mathcal{I}$ の計算が残っている．式（2.1.28）および（2.3.7）から動径波動関数は

$$R_{n\ell}(r) \propto r^\ell \exp(-r/na) F_{n\ell}(r/na)$$

となる．ここで a は式（2.3.19）の水素のボーア半径で $a = \hbar^2/m_e e^2$ である，また式（2.3.17）から

$$F_{21}(\rho) \propto 1, \quad F_{20}(\rho) \propto 1 - \rho$$

となる．これらの状態ベクトルを正しく規格化すると

$$\begin{cases}
R_{20}(r) Y_0^0 \\
\quad = \dfrac{1}{\sqrt{4\pi}} (2a)^{-3/2} \left(2 - \dfrac{r}{a} \right) \exp(-r/2a) \\
R_{21}(r) Y_1^0(\theta) \\
\quad = \dfrac{\cos\theta}{\sqrt{4\pi}} (2a)^{-3/2} \left(\dfrac{r}{a} \right) \exp(-r/2a)
\end{cases} \tag{5.3.14}$$

となる. すると式 (5.3.7) は

$$\begin{aligned}
\mathcal{I} &= 2\pi \int_0^\infty r^2 dr \int_0^\pi \sin\theta d\theta \frac{1}{4\pi}(2a)^{-3}r\cos^2\theta \\
&\quad \times \left(\frac{r}{a}\right)\left(2-\frac{r}{a}\right)\exp(-r/a) \\
&= -3a
\end{aligned} \tag{5.3.15}$$

を与える.

　この計算では暗に, 電場は非常に弱くてシュタルク効果
のエネルギーのずれは微細構造の分裂よりずっと小さい
(ラム・シフトや超微細構造よりは大きい) と仮定してい
た. 逆の極限でシュタルク効果のエネルギーのずれが微細
構造の分裂よりもずっと大きい場合には, n を与えられた
ときのすべての $\Psi_{n\ell}^{m_\ell m_s}$ が縮退する. X_3 はスピンの添え
字には作用しないから, ここではスピンは無関係である.
$n=2$ について 0 でない行列要素は

$$\left(\Psi_{21}^{0\,m_s}, \delta H \Psi_{20}^{0\,m_s}\right) = \left(\Psi_{20}^{0\,m_s}, \delta H \Psi_{21}^{0\,m_s}\right) = eE\mathcal{I} \tag{5.3.16}$$

である. すると 1 次の摂動論に関連して使うのに適当な
状態ベクトルは

$$\left\{ \begin{aligned}
\Psi_A^{m_s} &= \frac{1}{\sqrt{2}}\left[\Psi_{21}^{0\,m_s} + \Psi_{20}^{0\,m_s}\right] \\
\Psi_B^{m_s} &= \frac{1}{\sqrt{2}}\left[\Psi_{21}^{0\,m_s} - \Psi_{20}^{0\,m_s}\right]
\end{aligned} \right. \tag{5.3.17}$$

であり, エネルギーのずれは

$$\delta E_A^{m_s} = eE\mathcal{I}, \quad \delta E_B^{m_s} = -eE\mathcal{I} \tag{5.3.18}$$

である．これはパッシェン–バック効果に似ており，通常
の量子力学の教科書に引用されている結果である．

　これらの計算は，非常に弱い電場でさえも十分に $2s$ 状
態と $2p$ を混ぜることを示している．（シュタルク効果の
エネルギーのずれが $2s_{1/2}$ 状態と $2p_{1/2}$ 状態のラム・シフ
トと比べて大きいことだけが必要である．）これには次の
ような劇的な効果がある．$2s$ 状態は電場がなければ準安
定なのだが，$2p$ 状態が混じることを通じて急激に1光子
を放出して $1s$ 状態に変わる．

原　注

(1) J. Stark, *Verh. deutsch. phys. Ges.* **16**, 327 (1914).
(2) δH の行列要素が $j = 1/2$ の状態ベクトルと符号の因子 ± を
　通じて $m = \pm 1/2$ の値に依存するという事実は，もっと直接的
　にウィグナー–エッカルトの定理の結果だと理解できる．ここで
　δH は X_3 に比例し，X_3 は $\mu = 0$ の場合のベクトル **X** の球面成
　分 x^μ である．したがって式（4.4.9）により

$$\left(\Psi_{211/2}^m, \delta H \Psi_{201/2}^m\right) \propto C_{1\,\frac{1}{2}}\left(\frac{1}{2}\,m; 0\,m\right)$$

　であり，表4.1によればこのクレプシュ–ゴルダン係数の値は
　$-2m/\sqrt{3}$ である．

5.4　2次の摂動論

　さて，摂動 δH によるエネルギーの変化を，摂動ハミ
ルトニアンの中の何らかの小さなパラメーター ϵ の2次ま
での近似で考えよう．もちろん，2次の摂動が殊に興味が
あるのは1次の摂動が0となるときで，電場の中の原子

のシュタルク効果によるエネルギーのずれは，水素原子およびほとんどすべての他の原子の $1s_{1/2}$, $2p_{3/2}$ などの状態がそうである．しかしここでは1次の摂動も2次の摂動もある場合を検討する．

　ハミルトニアンの中でそれ自身 ϵ の2次である項 $\delta_2 H$ の可能性を含めることは（余計な困難はほとんどないが）興味がある．そこで $H = H_0 + \delta_1 H + \delta_2 H$ とする．$\delta_N H$ は ϵ^N のオーダーである．シュレーディンガー方程式 (5.1.4) に戻り，両辺の ϵ の2次の項を等しいとすると

$$H_0 \delta_2 \Psi_a + \delta_1 H \delta_1 \Psi_a + \delta_2 H \Psi_a$$
$$= E_a \delta_2 \Psi_a + \delta_1 E_a \delta_1 \Psi_a + \delta_2 E_a \Psi_a \quad (5.4.1)$$

となる．

　ここでもまず縮退のない場合を考えよう．ここで取り扱う状態は，どれも摂動を受けてないときのエネルギーが互いに等しくない．5.1節で求めたように，この場合エネルギーと状態の1次の摂動は

$$\delta_1 E_a = (\Psi_a, \delta_1 H \Psi_a) \quad (5.4.2)$$

$$\delta_1 \Psi_a = \sum_{b \neq a} \frac{(\Psi_b, \delta_1 H \Psi_a)}{E_a - E_b} \Psi_b \quad (5.4.3)$$

である．2次のエネルギーのずれを求めるためには，式 (5.4.1) と Ψ_a のスカラー積をとる．H_0 はエルミートなので (5.4.1) の左辺と Ψ_a のスカラー積の中の項 $(\Psi_a, H_0 \delta_2 \Psi_a)$ は，右辺と Ψ_a のスカラー積の中の項 $E_a(\Psi_a, \delta_2 \Psi_a)$ に等しい．したがって残るのは

$$(\Psi_a, \delta_1 H \delta_1 \Psi_a) + (\Psi_a, \delta_2 H \Psi_a)$$
$$= \delta_2 E_a + \delta_1 E_a (\Psi_a, \delta_1 \Psi_a) \quad (5.4.4)$$

である. $\delta_1 E_a$ に比例する項は落とす. なぜなら5.1節で説明したように, 摂動を受けた状態ベクトルの位相と規格化を $(\Psi_a, \delta_1 \Psi_a) = 0$ となるよう選べるからである. 式 (5.4.4) の中で (5.4.3) を使うと

$$\delta_2 E_a = \sum_{b \neq a} \frac{|(\Psi_b, \delta_1 H \Psi_a)|^2}{E_a - E_b} + (\Psi_a, \delta_2 H \Psi_a) \quad (5.4.5)$$

となる. 水素原子の電子による仮想光子の放出, 再吸収によるラム・シフトのように, 何らかの仮想的粒子の放出と再吸収によってエネルギーのずれが生じると言われる場合がある. これは $\delta_2 E_a$ (あるいはより高次の補正) が, その仮想粒子を含む状態 Ψ_b から重要な寄与を受けるということを意味する.

　(5.4.5) からただちに得られる結果は, Ψ_a が系の最も低いエネルギーの状態だとすると, ($\delta_2 H$ のない限り) そのエネルギーの2次のエネルギーのずれは常にマイナスであることである. なぜなら他のあらゆる状態について $E_b > E_a$ だからである.

　式 (5.4.5) を使う例として, 2状態だけの系を考えよう. 摂動を受けないエネルギーは $E_a \neq E_b$ とする. 式 (5.4.2) と (5.4.5) により, $\delta_2 H$ はないとして, これらのエネルギーについて2次の摂動まで

$$\delta E_a = (\Psi_a, \delta H\Psi_a) + \frac{|(\Psi_b, \delta H\Psi_a)|^2}{E_a - E_b}$$

$$\delta E_b = (\Psi_b, \delta H\Psi_b) - \frac{|(\Psi_b, \delta H\Psi_a)|^2}{E_a - E_b}$$

となる．したがって2次の補正が高い方のエネルギーを増やす量と，低い方のエネルギーを減らす量は等しい．

状態ベクトルの2次のずれを計算することもできる．式 (5.4.1) と Ψ_b のスカラー積をとり，式 (5.4.3) を使うと，$b \neq a$ のとき

$$(\Psi_b, \delta_2 \Psi_a) = \frac{1}{E_a - E_b} \Bigg[\sum_{c \neq a} \frac{(\Psi_b, \delta_1 H\Psi_c)(\Psi_c, \delta_1 H\Psi_a)}{E_a - E_c}$$

$$+ (\Psi_b, \delta_2 H\Psi_a) - \frac{\delta_1 E_a (\Psi_b, \delta_1 H\Psi_a)}{E_a - E_b} \Bigg] \quad (5.4.6)$$

となる．$\delta_2\Psi_a$ の Ψ_a に沿った成分は，$\Psi_a + \delta_1\Psi_a + \delta_2\Psi_a + \cdots$ のノルムを1とすることから求められる．この条件の ϵ の2次の項は

$$2\mathrm{Re}(\Psi_a, \delta_2\Psi_a) = -(\delta_1\Psi_a, \delta_1\Psi_a)$$

$$= - \sum_{b \neq a} \left| \frac{(\Psi_b, \delta_1 H\Psi_a)}{E_a - E_b} \right|^2 \quad (5.4.7)$$

となる．$\Psi_a + \delta_1\Psi_a + \delta_2\Psi_a$ の位相を選んで行列要素 $(\Psi_a, \delta_2\Psi_a)$ を実数にすることができる．そうすれば式 (5.4.7) によってこの行列要素が決まり，縮退のないときの状態ベクトルの2次のずれは

$$\delta_2 \Psi_a = \sum_{b \neq a} \frac{\Psi_b}{E_a - E_b} \left[\sum_{c \neq a} \frac{(\Psi_b, \delta_1 H \Psi_c)(\Psi_c, \delta_1 H \Psi_a)}{E_a - E_c} \right.$$

$$\left. + (\Psi_b, \delta_2 H \Psi_a) - \frac{\delta_1 E_a (\Psi_b, \delta_1 H \Psi_a)}{E_a - E_b} \right]$$

$$- \frac{1}{2} \Psi_a \sum_{b \neq a} \left| \frac{(\Psi_b, \delta_1 H \Psi_a)}{E_a - E_b} \right|^2 \quad (5.4.8)$$

となる.

　次に，もっと複雑な，縮退のある場合を考えよう．関与するいくつかの状態の摂動を受ける前のエネルギーが等しい場合である．第一に，2次のエネルギーのずれの計算は縮退のない場合とかなり似たようなやり方でできることに注意しよう．式（5.4.1）と Ψ_a とのスカラー積をとると，再び（5.4.4）が得られる．5.1節で見出された直交規格化の条件から，$E_b = E_a$ の状態では行列 $(\Psi_b, \delta_1 \Psi_a)$ は反エルミートに選ばれねばならないので $(\Psi_a, \delta_1 \Psi_a)$ は虚数となり，したがってまた $\Psi_a + \delta_1 \Psi_a$ の位相を適切に選ぶことによって0とできる．$\delta_1 \Psi_a$ について，式（5.1.16）を式（5.4.4）の左辺の第1項の $(\Psi_a, \delta_1 H \delta_1 \Psi_a)$ に使うことができる．非摂動状態は $E_b = E_a, b \neq a$ について $(\Psi_a, \delta_1 H \Psi_b)$ が0となるよう選んであるので，式（5.1.16）の第2項は式（5.4.4）の第1項には効かない．また，$\Psi_a + \delta_1 \Psi_a$ の位相は $(\Psi_a, \delta_1 \Psi_a)$ が0となるよう選んであり，式（5.4.4）の右辺第2項はゼロとなる．したがって結論として

$$\delta_2 E_a = \sum_{c:E_c \neq E_a} \frac{|(\Psi_a, \delta_1 H \Psi_c)|^2}{E_a - E_c} + (\Psi_a, \delta_2 H \Psi_a)$$

$$(5.4.9)$$

となる. これは縮退のない場合と同じ結果であり, 違うの
は中間状態 Ψ_c が $c \neq a$ であるだけでなく $E_c \neq E_a$ でもあ
ることである.

次に, 状態ベクトルの 1 次のずれ $\delta_1 \Psi_a$ の計算に戻ろ
う. 5.1 節では $E_c \neq E_a$ の任意の非摂動状態 Ψ_c に沿った
$\delta_1 \Psi_a$ の成分を計算できたが, その $E_b = E_a$ の非摂動状態
Ψ_b の成分は, 直交規格化の条件から $(\Psi_b, \delta_1 \Psi_a)$ が反エ
ルミート行列となることしか結論できなかった. 今やもっ
と先に進んで, 2 次の効果が状態ベクトルの変化をほんの
少ししか起こさないという条件を課そう. 式 (5.4.1) と
$E_b = E_a, b \neq a$ である任意の状態 Ψ_b とのスカラー積をと
ると

$$(\Psi_b, \delta_2 H \Psi_a) + (\Psi_b, \delta_1 H \delta_1 \Psi_a) = \delta_1 E_a (\Psi_b, \delta_1 \Psi_a)$$

となる. 左辺の第 2 項で $\delta_1 H$ と $\delta_1 \Psi_a$ の間に中間状態
Ψ_c の完全な組を挿入する. 1 次の摂動論の結果 $E_b = E_a$ なら $(\Psi_b, \delta_1 H \Psi_a) = \delta_{ab} \delta_1 E_a$, および $E_c \neq E_a$ なら
$(\Psi_c, \delta_1 \Psi_a)$ は式 (5.1.16) で与えられることを使うと,
$E_b = E_a$, $b \neq a$ である今の場合,

$$(\Psi_b, \delta_2 H \Psi_a) + \delta_1 E_b (\Psi_b, \delta_1 \Psi_a)$$
$$+ \sum_{c:E_c \neq E_a} \frac{(\Psi_b, \delta_1 H \Psi_c)(\Psi_c, \delta_1 H \Psi_a)}{E_a - E_c}$$
$$= \delta_1 E_a (\Psi_b, \delta_1 \Psi_a) \quad (5.4.10)$$

となる.

　この結果は 0 次の縮退が 1 次で取り除かれる場合——すなわち，$b \neq a$ だが $E_b = E_a$ で $\delta_1 E_a \neq \delta_1 E_b$ となる場合——の $\delta_1 \Psi_a$ の完全な解が得られる．$E_b = E_a$ だが $b \neq a$ である場合の $(\Psi_b, \delta_1 \Psi_a)$ は式（5.4.10）から，

$$(\Psi_b, \delta_1 \Psi_a) = \frac{1}{\delta_1 E_a - \delta_1 E_b} \Bigg[(\Psi_b, \delta_2 H \Psi_a)$$

$$+ \sum_{c: E_c \neq E_a} \frac{(\Psi_b, \delta_1 H \Psi_c)(\Psi_c, \delta_1 H \Psi_a)}{E_a - E_c} \Bigg]. \quad (5.4.11)$$

調べてみると，右辺は反エルミート行列である．（角括弧の中はエルミートだが，その前のエネルギー分母が反対称計量であることがわかる.）したがってこの条件は，5.1 節でシュレーディンガー方程式と直交規格化の条件を使ったあとに残された，$E_b = E_a$ についての $(\Psi_b, \delta_1 \Psi_a)$ の自由度によって許される[3]．これでもまだ $(\Psi_a, \delta_1 \Psi_a)$ は決まらないが，既に注意したように $\Psi_a + \delta_1 \Psi_a$ の位相を適切にとってこの行列要素を 0 にできる．こうして縮退のある場合の状態ベクトルの 1 次のずれの完全な表現が得られた．

$$\delta_1 \Psi_a = \sum_{c: E_c \neq E_a} \frac{(\Psi_c, \delta_1 H \Psi_a)}{E_a - E_c} \Psi_c$$

$$+ \sum_{b \neq a. E_b = E_a} \frac{\Psi_b}{\delta_1 E_a - \delta_1 E_b} \Bigg[(\Psi_b, \delta_2 H \Psi_a)$$

---

[3] 式（5.1.18）の下の数行を参照されたい.

$$+ \sum_{c:E_c \neq E_a} \frac{(\Psi_b, \delta_1 H \Psi_c)(\Psi_c, \delta_1 H \Psi_a)}{E_a - E_c} \Bigg] \qquad (5.4.12)$$

これが適用されるのは0次の縮退が1次で除かれる場合だけである．もし $E_b = E_a$ の場合，任意の $\delta_1 E_b$ が $\delta_1 E_a$ と等しかったら式 (5.4.10) は $(\Psi_b, \delta_1 \Psi_a)$ について何事も語らない．もし $b \neq a$ で $E_b = E_a$ および $\delta_1 E_b = \delta_1 E_a$ であれば，成り立つのは

$$[\delta_2^{有効} H]_{ba} \equiv (\Psi_b, \delta_2 H \Psi_a)$$

$$+ \sum_{c:E_c \neq E_a} \frac{(\Psi_b, \delta_1 H \Psi_c)(\Psi_c, \delta_1 H \Psi_a)}{E_a - E_c} = 0 \qquad (5.4.13)$$

である．ここで $[\delta_2^{有効} H]_{ba}$ を定義した．

5.1節では0次と1次のエネルギーの等しい状態が複数あれば，これらの状態ベクトルの任意の直交規格化された線形結合を非摂動状態ととれることを注意した．$\delta_2^{有効} H$ はエルミート行列なので，第5.1節で $\delta_1 H$ に適用したのと同じ推論でこれらの線形結合を対角化し，$E_b = E_a$ かつ $\delta_1 E_b = \delta_1 E_a$ だが $b \neq a$ という場合に，新しい基底で $[\delta_2^{有効} H]_{ba} = 0$ となるようにできる．2次の摂動エネルギー $\delta_2 E_a = [\delta_2^{有効} H]_{aa}$ のいずれかが互いに等しくならない限り，これで完全に非摂動状態が決まってしまう．等しいものがあった場合に非摂動状態を固定するには，縮退を除いた上でより高次の摂動を考えなければならない．

一般に (5.4.5) あるいは (5.4.9) の和を求めるのは容易でない．ある場合には和は発散する．行列要素

$|(\Psi_b, \delta_1 H \Psi_a)|$ が高エネルギーの状態 Ψ_b で十分急激に
減少せず和が収束しないことを**紫外発散**と呼び，エネルギ
ーが E_b から E_a に近づくにしたがって状態が離散的でな
く連続的に存在しているために発散することを**赤外発散**と
呼ぶ．これらの無限大の取り扱いは 1930 年代の理論物理
学者の重大な関心事であった．

$\delta_2 E_a$ をより容易に計算できる場合が二つある．第一の
場合は，与えられた Ψ_a について $b \neq a$ であるすべての状
態 Ψ_b のエネルギーが E_b だとして，$(\Psi_b, \delta_1 H \Psi_a)$ が値を
もつ範囲が $E_b \simeq E_a + \Delta_a$ という値で山になっている場合
である．$\Delta_a \neq 0$ である．直交規格化された状態 Ψ_b の完
全性により

$$\sum_{b \neq a} |(\Psi_b, \delta_1 H \Psi_a)|^2$$

$$= \left(\Psi_a, \delta_1 H \sum_b \Psi_b (\Psi_b, \delta_1 H \Psi_a)\right) - |(\Psi_a, \delta_1 H \Psi_a)|^2$$

$$= \left(\Psi_a, (\delta_1 H)^2 \Psi_a\right) - (\delta_1 E_a)^2 \qquad (5.4.14)$$

と書けるので，縮退がないとき $\delta_2 E_a$ は**クロージュア近似**

$$\delta_2 E_a \simeq \frac{1}{-\Delta_a} \sum_{b \neq a} |(\Psi_b, \delta_1 H \Psi_a)|^2 + (\Psi_a, \delta_2 H \Psi_a)$$

$$= -\frac{\left[(\Psi_a, (\delta_1 H)^2 \Psi_a) - (\delta_1 E_a)^2\right]}{\Delta_a} + (\Psi_a, \delta_2 H \Psi_a)$$

$$(5.4.15)$$

が成り立つ．もう一つは状態 Ψ_b の小さな組があって，そ
れに対してだけ $(\Psi_b, \delta H \Psi_a)$ が目に見える値をもち，E_b

は E_a に非常に近いが同じではないという場合である．この場合，式（5.4.5）または式（5.4.9）の和の演算はしばしばこれらの状態に制限される．例えば，水素の $2p_{3/2}$ 状態の2次のシュタルク効果によるずれは，ほとんど縮退している $2s_{1/2}$ を組み入れるだけで式（5.4.5）の中で計算できる．

5.5 変 分 法

摂動論では解けない問題もある．ハミルトニアンが固有値と固有状態の既知のハミルトニアンに近くない場合である．古典的な場合は化学で出合う．数個の原子核のある分子では，電子のエネルギーと状態ベクトルを展開できる小さなパラメーターがない．そのような場合でも，**変分法**という方法を使えば，少なくとも基底状態のエネルギーの良い評価が得られることがよくある．この方法は，**真の基底状態のエネルギーは任意の状態のハミルトニアンの期待値以下である**という一般的な定理を基礎としている．

証明には，任意の状態ベクトル Ψ を一連の直交規格化ベクトル Ψ_n で展開した表現（3.1.16）を思い出そう．

$$\Psi = \sum_n \Psi_n(\Psi_n, \Psi), \quad (\Psi_n, \Psi_m) = \delta_{nm} \qquad (5.5.1)$$

Ψ_n はハミルトニアンの正確な固有状態ととることができる．

$$H\Psi_n = E_n\Psi_n \qquad (5.5.2)$$

これから状態 Ψ のときのハミルトニアンの期待値が

$$\langle H \rangle_{\Psi} \equiv \frac{(\Psi, H\Psi)}{(\Psi, \Psi)} = \frac{\sum_n E_n |(\Psi_n, \Psi)|^2}{\sum_n |(\Psi_n, \Psi)|^2} \qquad (5.5.3)$$

となる．$E_{基底状態}$ を真の基底状態のエネルギーと定義すると，あらゆる n に対して $E_n \geqq E_{基底状態}$ であるから

$$\langle H \rangle_{\Psi} \geqq E_{基底状態}. \qquad (5.5.4)$$

証明終わり．

　この結果が成り立っていることを，以前に求めた摂動論の近似の中で検算することができる．δH が小さい場合，1次の近似で，非摂動状態ベクトル $\Psi_n^{(0)}$ の非摂動エネルギー $E_n^{(0)}$ は全ハミルトニアンの期待値で与えられる．

$$\begin{aligned} E_n^{(0)} + \delta E_n &= E_n^{(0)} + (\Psi_n^{(0)}, \delta H \Psi_n^{(0)}) \\ &= (\Psi_n^{(0)}, (H + \delta H)\Psi_n^{(0)}). \end{aligned}$$

(非摂動状態ベクトルは $m \neq n$ で $E_m^{(0)} = E_n^{(0)}$ であっても $(\Psi_n^{(0)}, \delta H \Psi_m^{(0)}) = 0$ と選んであるとする．) そのうえ，既に見たように2次の摂動論のエネルギーはこの期待値よりも小さい[4]．すなわちこれは $\Psi_n^{(0)}$ をどのように選んでも基底状態の正しい上限である．

　変分原理のよい点が一つある．すなわち，試行状態ベクトルの選択には任意性があるが，二つの試行状態ベクトルのどちらが良いかは客観的にわかることである．すなわち，真の基底状態のエネルギーは任意の試行状態ベクトル

---

〔4〕この期待値は真のエネルギーの1次の摂動近似であるだけではなく，2次の摂動での基底状態の上限を与えている．式 (5.4.5) の下の数行を参照されたい．

についてのハミルトニアンの期待値よりも小さいのだから，期待値のより小さい試行状態ベクトルがより良い試行状態ベクトルなのである.

質量 M の1粒子からなる系について，3次元で一般的なポテンシャル $V(\mathbf{X})$ の中で運動している場合，ハミルトニアンは

$$H = \frac{\mathbf{P}^2}{2M} + V(\mathbf{X}) \qquad (5.5.5)$$

である. したがって，$\mathbf{P}$ はエルミートであるから，

$$\langle H \rangle_\Psi = \frac{\sum_i (P_i\Psi, P_i\Psi)/2M + (\Psi, V\Psi)}{(\Psi, \Psi)} \qquad (5.5.6)$$

$$= \langle T \rangle_\Psi + \langle V \rangle_\Psi. \qquad (5.5.7)$$

ここで

$$\begin{cases} \langle T \rangle_\Psi = \dfrac{\displaystyle\int d^3x (\hbar^2/2M) \sum_i |\partial\phi(\mathbf{x})/\partial x_i|^2}{\displaystyle\int d^3x |\phi(\mathbf{x})|^2}, \\[4mm] \langle V \rangle_\Psi = \dfrac{\displaystyle\int d^3x V(\mathbf{x}) |\phi(\mathbf{x})|^2}{\displaystyle\int d^3x |\phi(\mathbf{x})|^2} \end{cases} \qquad (5.5.8)$$

である.

$\phi(\mathbf{x})$ は座標の波動関数 $(\Phi_\mathbf{x}, \Psi)$ である. 運動エネルギーの平均 $\langle T \rangle_\Psi$ は $\phi(\mathbf{x})$ が平たいほど最小化される. 一方，クーロン・ポテンシャルのような引力のポテンシャル

については，ポテンシャルの平均 $\langle V \rangle_\Psi$ は原点に集中しているほど最小化される．したがって，$\phi(\mathbf{x})$ を最小化する波動関数はいわば妥協の産物であって，いくらか原点に集中しており，いくらか遠距離に広がっている．

　基底状態以外のいくつかの状態のエネルギーは，何らかの拘束条件のついた Ψ についての $\langle H \rangle_\Psi$ の期待値の最小値で与えられる．（$\mathbf{L}^2$ のような）何らかのエルミート演算子 A があってハミルトニアンと可換だとすると，もし試料状態ベクトル Ψ が A の固有状態なら，その状態ベクトルについてのハミルトニアンの期待値は，同じ A の固有値をもつ H の固有状態すべての上限を与える．したがって，例えば式（5.5.7）の中の試料関数 $\phi(\mathbf{x})$ が $R(r)Y_\ell^m(\widehat{x})$ の形だととれば，この期待値は角運動量 ℓ のあらゆる状態のエネルギーの上限を与える．

　ある意味では，変分原理はエネルギーのすべての固有状態に適用される．励起状態については期待値 $\langle H \rangle_\Psi$ は明らかに最小ではないが，状態 Ψ の任意の無限小変分について**定常的**である．状態ベクトル Ψ に無限小の変分 $\delta\Psi$ を与えたときの期待値の変分は

$$\delta\langle H \rangle_\Psi = 2\frac{\mathrm{Re}(\delta\Psi, H\Psi)}{(\Psi, \Psi)} - 2\frac{(\Psi, H\Psi)\mathrm{Re}(\delta\Psi, \Psi)}{(\Psi, \Psi)^2}$$

$$= \frac{2\mathrm{Re}(\delta\Psi, (H - \langle H \rangle_\Psi)\Psi)}{(\Psi, \Psi)} \qquad (5.5.9)$$

であり，これは Ψ が H の固有状態なら $H\Psi = (\langle H \rangle_\Psi)\Psi$ なので 0 となる．

　変分原理を使う際には，基底状態の場合も励起状態の場合も一般に試料状態ベクトル $\Psi(\lambda)$ を複数の自由な複素パラメーター λ_i つきの関数として定義し，$\langle H \rangle_{\Psi(\lambda)}$ が λ_i について定常的となるパラメーターの値を探す．これらのパラメーターの小さな変分 $\delta\lambda_i$ を行ったときの試料状態ベクトルの変分は $\delta\Psi(\lambda) = \sum_i (\partial\Psi(\lambda)/\partial\lambda_i)\delta\lambda_i$ であるので，H の期待値の対応する変分は

$$\delta\langle H \rangle_\Psi = \frac{2\mathrm{Re}\sum_i \delta\lambda_i (\partial\Psi(\lambda)/\partial\lambda_i, (H - \langle H \rangle_\Psi)\Psi)}{(\Psi, \Psi)}$$

(5.5.10)

で与えられる．これはすべての複素数 $\delta\lambda_i$ について 0 とならなければならないから，すべての i について

$$(\partial\Psi/\partial\lambda_i, (H - \langle H \rangle_\Psi)\Psi) = 0 \qquad (5.5.11)$$

でなければならない．したがって状態ベクトル $(H - \langle H \rangle_\Psi)\Psi$ はすべての状態ベクトル $\partial\Psi/\partial\lambda_i$ と直交するので，十分な独立なパラメーター λ_i があれば $H\Psi - \langle H \rangle_\Psi\Psi$ は小さく，Ψ は完全なハミルトニアンの固有値 $\langle H \rangle_\Psi$ の固有ベクトルに極めて近いと言える．導入するパラメーター λ_i の数が多いほど，状態ベクトル $H\Psi$ は $\langle H \rangle_\Psi\Psi$ に近そうである．

　クーロン・ポテンシャルについては，最小の $\langle H \rangle_\Psi$ で式（5.5.8）の中の運動エネルギーの項とポテンシャル・エネルギー項の間の**ビリアル定理**という単純な関係が知

られている．それは，長さのスケールというただ一つのパ
ラメーターを導入し，次元解析によってこのパラメーター
に対する期待値の依存性を求めることによって証明さ
れる．試料波動関数 $\phi(\mathbf{x})$ を規格化して $\int d^3x|\phi(\mathbf{x})|^2 = 1$ とすれば，ϕ は [長さ]$^{-3/2}$ の次元をもつから，$\phi(\mathbf{x}) = a^{-3/2}f(\mathbf{x}/a)$ の形をしていなければならない．ここで
$f(\mathbf{z})$ は無次元の引数の無次元の関数であり，a は長さ
の次元をもち波動関数を変動させると自由に変動させられ
る．式 (5.5.8) で積分変数を $\mathbf{x}$ から $\mathbf{x}/a$ に変えること
により，a を変動させると $\langle T \rangle_\Psi$ は a^{-2} のように変動し，
一方，クーロン・ポテンシャルについての $\langle V \rangle_\Psi$ は a^{-1}
のように変動することは容易に理解できる．二つの和から
真のエネルギー固有状態を作り，a で微分すると 0 でなけ
ればならないから

$$-2\langle T \rangle_\Psi - \langle V \rangle_\Psi = 0 \qquad (5.5.12)$$

となり，$\langle H \rangle_\Psi = -\langle T \rangle_\Psi$ である．（以下のことは強調して
おくべきだろう．この関係は $\langle H \rangle_\Psi$ の定常点が見出され
た後に適用されねばならない．さもなければ $\langle T \rangle_\Psi$ を最大
化することによって $\langle H \rangle_\Psi$ を最小化できることになるが，
それが正しくないことは明らかである．）このことは励起
状態にも基底状態にも当てはまり，力がクーロン力だけで
あれば似たような結果は多電子原子や分子にさえも成り立
つ．

5.6 ボルン-オッペンハイマー近似

ハミルトニアンの一部が小さなパラメーターのために抑えられている場合がある. 5.1〜5.2節ではエネルギーと固有値をこのパラメーターで展開して1次, 2次と順番に求めていった. それが摂動論である. しかし, 摂動論が使えない場合がある. 分子の物理学にそういう理論の良い例がある. そこでは, 原子核の運動エネルギーは原子核の質量が大きいために抑えられている. つまり, 原子核の質量の逆数という「小さなパラメーター」があるにもかかわらず, 摂動論は使えない. 通常の摂動論の代わりに, ここではボルンおよび J. ロバート・オッペンハイマー (1904-67) が 1927 年に導入した近似を使う[1].

分子のハミルトニアンは次のように書ける[2].

$$H = T_{\text{電子}}(p) + T_{\text{原子核}}(P) + V(x, X). \qquad (5.6.1)$$

ここで $T_{\text{電子}}$ と $T_{\text{原子核}}$ は電子 (ラベルは n) と原子核 (ラベルは N) の運動エネルギーである.

$$T_{\text{電子}}(p) = \sum_n \frac{\mathbf{p}_n^2}{2m_e}, \quad T_{\text{原子核}}(P) = \sum_N \frac{\mathbf{P}_N^2}{2m_N}. \qquad (5.6.2)$$

V はポテンシャル・エネルギーである.

$$V(x, X) = \frac{1}{2} \sum_{n \neq m} \frac{e^2}{|\mathbf{x}_n - \mathbf{x}_m|}$$
$$+ \frac{1}{2} \sum_{N \neq M} \frac{Z_N Z_M e^2}{|\mathbf{X}_N - \mathbf{X}_M|} - \sum_{nN} \frac{Z_N e^2}{|\mathbf{x}_n - \mathbf{X}_N|}. \qquad (5.6.3)$$

ここで $Z_N e$ は原子核 N の電荷である. もちろん, $[x_{ni}, p_{mj}] = i\hbar \delta_{nm} \delta_{ij}$, $[X_{Ni}, P_{Mj}] = i\hbar \delta_{NM} \delta_{ij}$ であり,

座標と運動量同士の，その他の交換関係はすべて0である．大文字は原子核，小文字は電子の力学変数を表す．太文字は通常通り3元ベクトルを表す．また太字でない（およびベクトルの添え字がない）とき，x, p と X, P は各々電子と原子核の力学変数の集合全体を表す．式 (5.6.1)〜(5.6.3) の中でスピン変数を無視したが，必要なら電子と原子核のスピンの3成分を x, p と X, P で表される変数の中に含むことができる．

　シュレーディンガー方程式

$$\left[T_{電子}(p) + T_{原子核}(P) + V(x, X)\right]\Psi = E\Psi \qquad (5.6.4)$$

の解を求める．原子核の質量 M_N が大きいために，ボルン－オッペンハイマー近似は原子核の運動エネルギーの項が小さいと考える．そこで，まず $T_{原子核}$ を無視した換算ハミルトニアンの固有値問題を考える．原子核の座標 X_{Ni} は換算ハミルトニアンと可換であるから，換算ハミルトニアンと X の同時の固有ベクトルを求めることができる．

$$\left[T_{電子}(p) + V(x, X)\right]\Phi_{a, X} = \mathcal{E}_a(X)\Phi_{a, X}. \qquad (5.6.5)$$

ここで，下付きの添え字 X は原子核の座標の演算子の固有値（式 (5.6.4) では X と書かれた）を表す．式 (5.6.5) では原子核の座標 $\mathbf{X}_N$ は c 数のパラメーターであり，換算ハミルトニアン $T_{電子} + V$ およびその固有値と固有関数は $\mathbf{X}_N$ に依存する．換算ハミルトニアンはエルミートなので，これらの状態を直交規格化されているように選ぶことができる．

$$(\Phi_{b,X'}, \Phi_{a,X}) = \delta_{ab} \prod_{Ni} \delta(X'_{Ni} - X_{Ni}). \tag{5.6.6}$$

状態 $\Phi_{a,X}$ を，電子と原子核の座標の確定した状態 $\Phi_{x,X}$ の重ね合わせとして書くことができる．

$$\Phi_{a,X} = \int dx\, \psi_a(x;X)\Phi_{x,X}. \tag{5.6.7}$$

$\Phi_{x,X}$ は通常通り連続的な規格化がされている．

$$(\Phi_{x',X'}, \Phi_{x,X}) = \prod_{ni} \delta(x_{ni} - x'_{ni}) \prod_{Nj} \delta(X_{Nj} - X'_{Nj}).$$
$$\tag{5.6.8}$$

規格化の条件（5.6.6）は各々の X について

$$\int dx\, \psi_a^*(x;X)\psi_b(x;X) = \delta_{ab} \tag{5.6.9}$$

であることを意味する．式（5.6.7）を式（5.6.5）に代入すると

$$\left[T_{電子}(-i\hbar\partial/\partial x) + V(x,X)\right]\psi_a(x;X)$$
$$= \mathcal{E}_a(X)\psi_a(x;X). \tag{5.6.10}$$

これは，2乗可積分な x の関数から成り立つ換算ヒルベルト空間での普通のシュレーディンガー方程式と見なされる．

　残念ながら，$T_{原子核}$ を摂動と見なし，$\Phi_{a,X}$ を非摂動のエネルギー固有状態として単に1次の摂動論を使うことはできない．なぜなら，探しているのがハミルトニアン全体の離散的な固有値だからである．離散的な固有値を見つけるためには，Ψ が規格化されていて (Ψ,Ψ) が有限で

なければならないが，式 (5.6.6) によると $(\Phi_{a,X}, \Phi_{a,X})$
は無限大である．連続的に規格化された状態ベクトルを離
散的に規格化された状態に変換するような摂動論のべき級
数展開は見つけられない．

　$\Phi_{a,X}$ は実際に完全な組を構成するから，全体のシュレ
ーディンガー方程式 (5.6.4) の真の解 Ψ は

$$\Psi = \sum_a \int dX \, f_a(X) \Phi_{a,X} \qquad (5.6.11)$$

のように書かれる．ここで規格化の条件 $(\Psi, \Psi) = 1$ は

$$\sum_a \int dX \, |f_a(X)|^2 = 1 \qquad (5.6.12)$$

となる．条件 (5.6.11) をシュレーディンガー方程式
(5.6.4) に代入し，換算シュレーディンガー方程式
(5.6.5) を使うと

$$0 = \sum_a \int dX \, f_a(x) \left[T_{原子核}(P) + \mathcal{E}_a(X) - E \right] \Phi_{a,X}$$
$$(5.6.13)$$

となる．

　ここまでは正確である．しかし演算子 $T_{原子核}$ が単に
$\Phi_{a,X}$ の中の X の引数だけに作用するのではないので
複雑である．すなわち，基底状態 $\Phi_{x,X}$ に作用すると原子
核の運動量の個々の成分は[3]

$$P_{Ni} \Phi_{x,X} = -i\hbar \frac{\partial}{\partial X_{Ni}} \Phi_{x,X} \qquad (5.6.14)$$

となり，式 (5.6.7) を使い，部分積分すると

$$\int dX \, f_a(X) P_{Ni} \Phi_{a,X}$$

$$= -i\hbar \int dx \int dX \Big[\psi_a(x;X) \frac{\partial}{\partial X_{Ni}} f_a(x)$$

$$+ f_a(X) \frac{\partial}{\partial X_{Ni}} \psi_a(x;X) \Big] \Phi_{x,X} \quad (5.6.15)$$

となる.

ボルン‐オッペンハイマー近似とは式 (5.6.15) の中で $\psi_a(x;X)$ の X についての微分を落とすことである. したがってもう一度式 (5.6.7) を使って

$$\int dX \, f_a(X) T_{原子核}(P) \Phi_{a,X}$$

$$\simeq \int dX \, \Phi_{a,X} \sum_N \Big(\frac{-\hbar^2}{2M_N} \Big) \nabla_N^2 f_a(X). \quad (5.6.16)$$

この近似を行い, 結果として得られた解がこの近似と矛盾しないかどうか調べよう. 近似 (5.6.16) によってシュレーディンガー方程式 (5.6.13) は

$$0 = \sum_a \int dX \, \Phi_{a,X} \Big[\sum_N \Big(\frac{-\hbar^2}{2M_N} \Big) \nabla_N^2$$

$$+ \mathcal{E}_a(X) - E \Big] f_a(X) \quad (5.6.17)$$

となる. 換算ハミルトニアンの固有ベクトル $\Phi_{a,X}$ は独立であるから, 総和の各々の項が 0 とならねばならない. したがってあらゆる a について

$$\left[\sum_N \left(\frac{-\hbar^2}{2M_N}\right)\nabla_N^2 + \mathcal{E}_a(X)\right] f_a(X) = E f_a(X). \quad (5.6.18)$$

すなわち，$f_a(X)$ はシュレーディンガー方程式を満足するが，(5.6.18) の中に電子の力学変数はもはや現れない．原子核の座標 X を固定したときの電子の状態のエネルギー $\mathcal{E}_a(X)$ は原子核へのポテンシャルとして作用する．このために電子について計算すべきことは，固有ベクトル $\Phi_{a,X}$ ではなくてエネルギー $\mathcal{E}_a(X)$ である．これでもまだ容易ではないが，座標を固定した上で，最低のエネルギー $\mathcal{E}_a(X)$ を換算ハミルトニアン $T_{電子}+V$ に変分原理を適用して求めることができる（通常は求められる）．

電子の配置が異なるとお互いに別々となるので，各々の添え字 a について他の f_b がすべて 0 であるとして解がある．以後，添え字 a は落としてただ単一の電子のエネルギー $\mathcal{E}(X)$ が $\mathcal{E}_a(X)$ の最低のエネルギーであるとする．

多電子分子の場合の関数 $\mathcal{E}(X)$ はかなり複雑である．それは，異なる状態または準安定な分子配置に対応していくつかの極小をもっていると予想される．式 (5.6.18) の解として，これらの極小のまわりに集中し，この配置での分子のさまざまな振動モードに対応した波動関数 $f(X)$ をもった解があるであろう．$\mathbf{X}_N = 0$ を極小の一つの座標とすると，そのような波動関数の各々について式 (5.6.18) は次のように近似されるであろう[4].

$$\left[\sum_N \Big(\frac{-\hbar^2}{2M_N} \Big) \nabla_N^2 + \frac{1}{2} \sum_{NN'ij} K_{Ni,N'j} X_{Ni} X_{N'j} \right] f(X)$$

$$= E f(X). \quad (5.6.19)$$

ここで

$$K_{Ni,N'j} \equiv \left[\frac{\partial^2 \mathcal{E}(X)}{\partial X_{Ni} \partial X_{N'j}} \right]_{X=0}. \quad (5.6.20)$$

ちなみに, このプログラムはヘルマン - ファインマンの定理[5]と呼ばれる結果を使うとより容易に導ける. これによると

$$\frac{\partial \mathcal{E}(X)}{\partial X_{Ni}} = \int dx |\psi(x;X)|^2 \frac{\partial V(x,X)}{\partial X_{Ni}}. \quad (5.6.21)$$

すなわち, $\mathcal{E}(X)$ の極小を求めるためには $\mathcal{E}(X)$ の1次微分を計算する必要があるのだが, 電子の波動関数 $\psi(x;X)$ の原子核の座標 X についての微分を計算する必要はない. これを証明するためには, 式 (5.6.10) から (下付きの添え字 a を落として)

$$\mathcal{E}(X)$$
$$= \int dx\, \psi^*(x;X)[T_{電子}(-i\hbar\partial/\partial x) + V(x,X)]\psi(x;X)$$

であることに注意しよう. したがって

$$\frac{\partial \mathcal{E}(X)}{\partial X_{Ni}} = \int dx \left[\frac{\partial}{\partial X_{Ni}} \psi(x;X) \right]^*$$
$$\times [T_{電子}(-i\hbar\partial/\partial x) + V(x,X)]\psi(x;X)$$

$$+ \int dx \, \psi^*(x; X) [T_{電子}(-i\hbar\partial/\partial x) + V(x, X)]$$

$$\times \left[\frac{\partial}{\partial X_{Ni}} \psi(x; X) \right]$$

$$+ \int dx \, |\psi(x; X)|^2 \frac{\partial V(x, X)}{\partial X_{Ni}}$$

$$= \mathcal{E}(X) \left\{ \int dx \left[\frac{\partial}{\partial X_{Ni}} \psi(x; X) \right]^* \psi(x; X) \right.$$

$$\left. + \int dx \, \psi^*(x; X) \left[\frac{\partial}{\partial X_{Ni}} \psi(x; X) \right] \right\}$$

$$+ \int dx \, |\psi(x; X)|^2 \frac{\partial V(x, X)}{\partial X_{Ni}}.$$

しかし規格化条件（5.6.9）はあらゆる X について満足
されているので

$$\int \left[\frac{\partial}{\partial X_{Ni}} \psi(x; X) \right]^* \psi(x; X)$$

$$+ \int dx \, \psi^*(x; X) \left[\frac{\partial}{\partial X_{Ni}} \psi(x; X) \right]^* = 0.$$

これから求める結果（5.6.21）が得られる.

　　ここで，ボルン－オッペンハイマー近似の妥当性を確か
めよう．この近似では式（5.6.15）の中で $\psi_a(x; X)$ の
X についての微分を無視した．固有値の方程式（5.6.5）
は電子の変数だけを含む．そうすると，この方程式の中
で次元をもつパラメーターは m_e, e および $\hbar$ だけである.
したがって $\psi_a(x; X)$ が目に見える変化をするように X
を変動させなければならない距離の目安は，ボーア半径

$$a \approx \hbar^2 / m_e e^2$$

である. $m_e, e, \hbar$ から形成される長さの次元をもつ量は
これだけだからである. 他方, 分子の振動の波動関数
$f(\mathbf{x})$ のためのシュレーディンガー方程式 (5.6.19) は,
パラメーター $\hbar^2/M$ (M はこの分子の中の典型的な原
子核の質量) と K しか含まない. 式 (5.6.20) によると
K の単位は $\dfrac{\text{エネルギー}}{(\text{長さ})^2}$ であり, K は電子のエネルギー
から生まれるから, 原子の束縛エネルギー——おおよそ
$e^4 m_e/\hbar^2$——を a^2 で割った値のオーダーでしかあり得な
い. したがって

$$K \approx \frac{e^4 m_e}{\hbar^2 a^2} = \frac{e^8 m_e^3}{\hbar^6}.$$

$\hbar^2/M$ と K から形成されて長さの次元をもつ唯一の量は

$$b = \left(\frac{\hbar^2}{MK}\right)^{1/4} \approx \frac{\hbar^2}{e^2 M^{1/4} m_e^{3/4}}$$

である. これが $f_a(X)$ が目に見えて変化するために変動
させなければならない X の値である. 式 (5.6.15) の角
括弧の中の第1項と第2項の比はしたがって

$$\frac{\text{第2項}}{\text{第1項}} \approx \frac{1/a}{1/b} \approx \left(\frac{m_e}{M}\right)^{1/4}$$

である. この値は水素では 0.15, ウランでは 0.04 とい
うように変動する. ボルン‐オッペンハイマー近似に対す
る補正はこの量の1乗ないしそれ以上のオーダーで抑え
られる. これは1次の摂動論が失敗することをはっきり

示している．第一近似に対する補正はここでは $1/M_N$ で
はなく，$1/M_N^{1/4}$ に比例する．

　他にもおそらくもっと物理的な，ボルン–オッペンハイ
マー近似を理解する方法がある．分子内の電子の励起状態
のエネルギーは原子内の場合と同様で $e^4 m_e/\hbar^2$ のオー
ダーである．対照的に，分子の励起された振動状態のエネル
ギーは

$$\sqrt{K\hbar^2/M} \approx \frac{e^4 m_e^{3/2}}{\hbar^2 M^{1/2}}$$

のオーダーである．したがって，振動の励起エネルギーは
電子的な励起エネルギーよりも $\sqrt{m_e/M}$ のオーダーほど
小さい．（これは分子のスペクトルが一般に赤外であるの
に対し，原子のスペクトルは可視または紫外であることの
理由である．）ボルン–オッペンハイマー近似が有効なの
は，分子内の原子核の運動が電子を高次の状態に励起する
ほどの十分大きなエネルギーを起こさないからである．

　これをさらに推し進めることができる．4.9節では
分子全体の回転状態の励起エネルギー[6]が $\hbar^2/Ma^2 =$
$m_e^2 e^4/M\hbar^2$ のオーダーであり，振動のエネルギーよりも
さらに余計に $\sqrt{m_e/M}$ 倍だけ小さいことを見た．こうし
てエネルギーの階層性

電子のエネルギー：　　　　$e^4 m_e/\hbar^2$

振動エネルギー：　　　　　$(m_e/M)^{1/2} \times e^4 m_e/\hbar^2$

回転エネルギー：　　　　　$(m_e/M) \times e^4 m_e/\hbar^2$

が得られる．現代の素粒子物理の言葉では，ボルン–

オッペンハイマー近似では電子の状態は「積分されて（integrate out）」，原子核の運動の「有効ハミルトニアン」を与える．同様に，4.9節では第一近似までは回転スペクトルを計算するに当たって分子の電子的および振動的状態を考える必要のないことがわかった．

　同様に，原子分子の物理学の初めから理論家は有効ハミルトニアンを採用して，その中では原子核の内的励起を暗に無視していることが多かった．ボルン‐オッペンハイマー近似はこの種の解析をはっきり行った最初の例に過ぎない．しかし彼らにとっては，無視されたのは内部の原子核の励起というよりは電子のエネルギーであった．現代では通常（必ずではないが），原子核の内部構造は有効ハミルトニアンを使って研究する．その中では陽子と中性子は点粒子として取り扱われ，陽子と中性子がクォークの複合粒子であることは無視される．これは陽子や中性子の励起状態を生むのに必要なエネルギーは普通の原子核物理学で遭遇するエネルギーよりはるかに大きいからである．また同様に，素粒子物理学の標準模型を使うときには，重力が強い相互作用となるような非常に高いエネルギーで何が起こるかは知る必要がない．

原　注

(1) M. Born and J.R. Oppenheimer, *Ann. Phys.* **84**, 457 (1927).
(2) この節ではいつものやり方，すなわち大文字は演算子を表し小文字は固有値を表すという習慣を放棄する．その代わり，（ここでは）

大文字，小文字を座標と運動量に使うとき，各々原子核と電子を表す．座標と運動量のための記号が演算子を表すかその固有値を表すかを明らかにすることは文脈にまかせる．

(3) 式（3.5.11）によれば，運動量演算子 P は基底ベクトル Φ_X に作用すると $-i\hbar\partial/\partial X$ になることを思い出そう．したがって

$$P \int dX\, \psi(X)\Phi_X = \int dx\, [-i\hbar\partial\psi(X)/\partial X]\Phi_X.$$

(4) ここでの目的には不要であるが，これは X_{Ni} の線形結合として定義される新しい座標を導入することによって，独立な調和振動子の組についてのシュレーディンガー方程式と書き換えることができる．すると波動関数 f は，各々の新しい座標について1個ずつの調和振動子の波動関数の積である．また E は対応する調和振動子のエネルギーの和である．

(5) H. Hellmann, *Einführung in die Quantenchemie* (Franz Deuticke, Leipzig & Vienna, 1937); R. P. Feynman. *Phys. Rev.* **56**, 540 (1939).

(6) これらのエネルギーのオーダーは，角運動量の2乗を慣性モーメントで割った値である．角運動量のオーダーは $\hbar$ であり，慣性モーメントのオーダーは Ma^2 である．したがってこれらの回転エネルギーのオーダーは $\hbar^2/Ma^2 = m_e^2 e^4/M\hbar^2$ である．

5.7 WKB 近似

　粒子の運動量が十分大きい場合には，粒子の波動関数は空間的に急激に変動し，その変動はポテンシャルの変動よりも激しいであろう．ポテンシャルが一定の場合にはシュレーディンガー方程式は容易に正確に解けるから，ポテンシャルが波動関数よりも非常にゆっくり変動する場合には近似的に解けるであろう．これがグレゴール・ウェンツェル（1898-1978）[1]，ヘンドリク・クラーメル

(1894-1952)[2], レオン・ブリルアン (1889-1969)[3] が
独立に導入した近似の基礎であり, WKB 近似と呼ばれ
る.

$$\frac{d^2 u(x)}{dx^2} + k^2(x) u(x) = 0 \qquad (5.7.1)$$

の形のシュレーディンガー方程式を考えよう.

$$k(x) \equiv \sqrt{\frac{2\mu}{\hbar^2} \big(E - U(x) \big)} \qquad (5.7.2)$$

である. これは 1 次元内の質量 μ の粒子のシュレーディ
ンガー方程式であり, $u(x)$ はエネルギー E の状態の波
動関数, $U(x)$ はポテンシャルである. またこれは質量 μ
(または 2 粒子の換算質量 μ) の 1 粒子の空間 3 次元での
シュレーディンガー方程式と見なすこともでき, その場合
x は動径座標で, $u(x)$ はエネルギー E の波動関数 $\phi(x)$
と x との積であり

$$U(x) \equiv V(x) + \frac{\hbar^2}{2\mu} \frac{\ell(\ell+1)}{x^2}$$

である. $V(x)$ は中心力のポテンシャルである. 当面 $U(x)$
$\leqq E$ と仮定するが, 後に $U(x) \geqq E$ の場合を取り扱う.

$k(x)$ が 一定 で あっ た ら, 方程式 (5.7.1) は $u(x)$
$\propto \exp(\pm ikx)$ の解をもつであろう. したがって $k(x)$ が
ゆっくり変動する場合には, 解が

$$u(x) \propto A(x) \exp\left[\pm i \int k(x)\, dx \right] \qquad (5.7.3)$$

と書けると期待できる. $A(x)$ はゆっくり変動する振幅で

ある．これが式（5.7.1）を正確に満足するための（必要
十分）条件は

$$A'' \pm 2ikA' \pm ik'A = 0 \tag{5.7.4}$$

である．もちろん，この式は（5.7.1）と同様容易には解
けないが，$A(x)$ が十分ゆっくり変動するなら A'' の項を
落とすことによって近似解を求めることができるであろ
う．そのような解を見出し，次にそれが良い近似であるた
めの条件をチェックしよう．

　A'' を無視すると，式（5.7.4）は正確に解けて $A(x) \propto$
$k^{-1/2}(x)$ となる．したがって式（5.7.1）には一対の近似
解がある．

$$u(x) \propto \frac{1}{\sqrt{k(x)}} \exp\left[\pm i \int k(x)\,dx \right]. \tag{5.7.5}$$

　これらの解は，式（5.7.4）の中の A'' が本当に $k'A$ よ
りもずっと小さければ有効である．C を定数として $A =$
$Ck^{-1/2}$ とおくと

$$A'' = C\left[-\frac{k''}{2k^{3/2}} + \frac{3k'^2}{4k^{5/2}} \right]$$

となる．したがって $|k''/k^{3/2}| \ll |k'/\sqrt{k}|$ および $|k'^2/k^{5/2}|$
$\ll |k'/\sqrt{k}|$ すなわち，

$$\left| \frac{k''}{k'} \right| \ll k, \quad \left| \frac{k'}{k} \right| \ll k \tag{5.7.6}$$

であれば $|A''| \ll |k'A|$ である．要するに，距離 $1/k$ の間
の k' と k の変化の相対的な割合がそれぞれ1よりずっと
小さいということである．

　古典的に禁じられている領域 $U > E$ では，シュレーディンガー方程式は

$$\frac{d^2 u(x)}{dx^2} - \kappa^2(x) u(x) = 0 \qquad (5.7.7)$$

の形になる．ここで

$$\kappa(x) \equiv \sqrt{\frac{2\mu}{\hbar^2} \big(U(x) - E\big)} \qquad (5.7.8)$$

である．$U < E$ の場合とまったく同様にして，

$$u(x) \propto \frac{1}{\sqrt{\kappa(x)}} \exp\left[\pm \int \kappa(x)\, dx \right] \qquad (5.7.9)$$

という解を求めることができる．これが良い近似であるための条件は

$$\left| \frac{\kappa''}{\kappa'} \right| \ll \kappa, \quad \left| \frac{\kappa'}{\kappa} \right| \ll \kappa \qquad (5.7.10)$$

である．

　この時点で，議論を 1 次元の問題と 3 次元の問題に分けねばならない．

1 次元の場合

　1 次元の典型的な問題では，有限な範囲 $a_E < x < b_E$ では $U < E$ であり，その外の範囲では $U > E$ であって，波動関数は $x \to \pm\infty$ で指数関数的に減衰する．条件 (5.7.6) および (5.7.10) は，$U = E$ である「転回点 (ターニング・ポイント)」a_E と b_E の近くでは明らかに満足されていない．もし条件 (5.7.10) が b_E よりも十分大きいすべての x について

満足されていたら，そのときは規格化された解をもつために，この領域で

$$u(x) \propto \frac{1}{\sqrt{\kappa(x)}} \exp\left[-\int \kappa(x)\,dx\right] \qquad (5.7.11)$$

でなければならない．他方，$a_E < x < b_E$ の x および転回点から十分離れた領域では解は二つの解 (5.7.5) の何らかの線形結合である．この解を求めるためには，b_E よりも十分小さい x についてのどんな線形結合が，b_E よりも十分大きい x の解 (5.7.11) に滑らかにつながるかを問わねばならない（a_E よりも小さい場合の解については後で触れる）．

　E が何らかの特別な値をとらない限り，x が b_E に近いとき，$U(x) - E \propto x - b_E$ と考えてよいであろう．したがって少しだけ b_E より大きい x について

$$\kappa(x) \simeq \beta_E \sqrt{x - b_E} \qquad (5.7.12)$$

となる．ここで $\beta_E \equiv \sqrt{2\mu U'(b_E)}/\hbar$ である．より特定すれば，式 (5.7.12) は $b_E \leqq x \ll b_E + \delta_E$ では良い近似である．ここで $\delta_E \equiv 2U'(b_E)/|U''(b_E)|$ である．この x の範囲では，x を変数

$$\phi \equiv \int_{b_E}^{x} \kappa(x')\,dx' = \frac{2\beta_E}{3}(x - b_E)^{3/2} \qquad (5.7.13)$$

で置き換えるのが便利である．こうすると波動方程式 (5.7.7) は

$$\frac{d^2 u}{d\phi^2} + \frac{1}{3\phi}\frac{du}{d\phi} - u = 0 \qquad (5.7.14)$$

の形になる. これには二つの独立な解

$$u \propto \phi^{1/3} I_{\pm 1/3}(\phi) \qquad (5.7.15)$$

がある. ここで $I_\nu(\phi)$ は ν 次の, 引数を虚数倍した「変形されたベッセル関数」

$$I_\nu(\phi) = e^{-i\pi\nu/2} J_\nu(e^{i\pi/2}\phi)$$

である[4]. $J_\nu(z)$ は普通の ν 次のベッセル関数である.

さて, 式 (5.7.12) が良い近似である限り,

$$\frac{\kappa'}{\kappa^2} = \frac{1}{3\phi}, \quad \frac{\kappa''}{\kappa\kappa'} = -\frac{1}{3\phi}$$

となる. したがって WKB 近似のための条件 (5.7.10) は $\phi \gg 1$ であれば満足される. (5.7.12) の近似と WKB 近似が共に満足される, 何らかの重なり合う領域 x があるであろう. そのための条件は $\phi(b_E + \delta_E) \gg 1$, 言い換えれば,

$$\frac{2\beta_E}{3}\left(\frac{2U'(b_E)}{|U''(b_E)|}\right)^{3/2} = \kappa_E L_E \gg 1 \qquad (5.7.16)$$

である. ここで $\kappa_E \equiv \sqrt{2\mu|E|}/\hbar$ であり, L_E はポテンシャルの変動の規模を特徴づける長さ

$$L_E \equiv \frac{2^{5/2} U'^2(b_E)}{3|U''(b_E)|^{3/2}|U(b_E)|^{1/2}} \qquad (5.7.17)$$

である. 今後, $\kappa_E L_E \gg 1$ と仮定し, WKB 近似と (5.7.12) の近似が共に満足されている領域が存在すると仮定する. 既にみたように, この領域では $\phi \gg 1$ でなければならない. その場合, 関数 (5.7.15) の漸近形

$$\phi^{1/3} I_{\pm 1/3}(\phi)$$
$$\to (2\pi)^{-1/2} \phi^{-1/6} \big[\exp(\phi)(1 + O(1/\phi))$$
$$+ \exp(-\phi - i\pi/2 \mp i\pi/3)(1 + O(1/\phi)) \big] \quad (5.7.18)$$

を使うことができる. 式 (5.7.12) が満足されていれば, $\phi^{-1/6} \propto \kappa^{-1/2}$ であることに注意しよう. したがって解 (5.7.18) は実際に WKB 近似の解の形 (5.7.9) に合う. ここで明らかなのは, (5.7.14) の解と減衰する WKB の解 (5.7.11) が両方とも解として正しい領域で滑らかに接続するためには, 転回点の近くでの解を線形結合

$$u \propto \phi^{1/3} \big[I_{+1/3}(\phi) - I_{-1/3}(\phi) \big] \quad (5.7.19)$$

ととらねばならないことである.

同様に, 転回点の別の側では x は $b_E - \delta_E \ll x \le b_E$ の範囲にあり,

$$k(x) \simeq \beta_E \sqrt{b_E - x} \quad (5.7.20)$$

と書ける. また変数

$$\widetilde{\phi} \equiv \int_x^{b_E} k(x')\, dx' = \frac{2\beta_E}{3}(b_E - x)^{3/2} \quad (5.7.21)$$

を導入すると便利である. そうするとシュレーディンガー方程式 (5.7.1) は

$$\frac{d^2 u}{d\widetilde{\phi}^2} + \frac{1}{3\widetilde{\phi}} \frac{du}{d\widetilde{\phi}} + u = 0 \quad (5.7.22)$$

となる. これは二つの独立な解

$$u \propto \widetilde{\phi}^{1/3} J_{\pm 1/3}(\widetilde{\phi}) \quad (5.7.23)$$

をもつ. ここでまた $J_\nu(z)$ は普通の, ν 次のベッセル関

数である．これらの関数のどんな線形結合が線形結合
(5.7.19) と滑らかに接合するかを見るために，双方が
$x \to b_E$ となるときにどのように振舞うかを考える必要が
ある．

　$\phi \to 0$ のとき，解 $\phi^{1/3} I_{\pm 1/3}(\phi)$ の極限の振舞いは

$$\phi^{1/3} I_{+1/3}(\phi) \to \frac{\phi^{2/3}}{2^{1/3}\Gamma(4/3)}$$

$$= \frac{(2\beta_E/3)^{2/3}}{2^{1/3}\Gamma(4/3)}(x - b_E), \qquad (5.7.24)$$

$$\phi^{1/3} I_{-1/3}(\phi) \to \frac{2^{1/3}}{\Gamma(2/3)}. \qquad (5.7.25)$$

他方，$\widetilde{\phi} \to 0$ について，解 $\widetilde{\phi}^{1/3} J_{\pm 1/3}(\widetilde{\phi})$ は

$$\widetilde{\phi}^{1/3} J_{+1/3}(\widetilde{\phi}) \to \frac{\widetilde{\phi}^{2/3}}{2^{1/3}\Gamma(4/3)}$$

$$= \frac{(2\beta_E/3)^{2/3}}{2^{1/3}\Gamma(4/3)}(b_E - x), \qquad (5.7.26)$$

$$\widetilde{\phi}^{1/3} J_{-1/3}(\widetilde{\phi}) \to \frac{2^{1/3}}{\Gamma(2/3)} \qquad (5.7.27)$$

と振舞う．$\phi^{1/3} I_{+1/3}(\phi)$ は滑らかに $-\widetilde{\phi}^{1/3} J_{+1/3}(\widetilde{\phi})$ と合
い，一方 $\phi^{1/3} I_{-1/3}(\phi)$ は滑らかに $+\widetilde{\phi}^{1/3} J_{-1/3}(\widetilde{\phi})$ と合う
ことが見てとれる．したがって解 (5.7.19) は滑らかに

$$u \propto \widetilde{\phi}^{1/3} \left[J_{+1/3}(\widetilde{\phi}) + J_{-1/3}(\widetilde{\phi}) \right] \qquad (5.7.28)$$

と合う．式 (5.7.16) が満足されている限り，何らかの
x が存在して，それについては双方の $\widetilde{\phi}$ は $\widetilde{\phi} \gg 1$ であ
り，したがって不等式 (5.7.6) が満足される．また近

似（5.7.20）も満足される．その場合 $\widetilde{\phi} \gg 1$ についての（5.7.28）の漸近的極限を使うことができる．すなわち，

$$\widetilde{\phi}^{1/3}\big[J_{+1/3}(\widetilde{\phi}) + J_{-1/3}(\widetilde{\phi})\big]$$

$$\to \sqrt{\frac{2}{\pi}}\,\widetilde{\phi}^{-1/6}\Big[\cos\Big(\widetilde{\phi} - \frac{\pi}{6} - \frac{\pi}{4}\Big) + \cos\Big(\widetilde{\phi} + \frac{\pi}{6} - \frac{\pi}{4}\Big)\Big]^{[5]}$$

したがって[6]

$$u \propto \widetilde{\phi}^{-1/6}\cos\Big(\widetilde{\phi} - \frac{\pi}{4}\Big)$$

$$\propto k^{-1/2}(x)\cos\Big(\int_x^{b_E} k(x')\,dx' - \frac{\pi}{4}\Big).$$

転回点の間で条件（5.7.6）が満足されていれば波動関数

---

〔5〕一般の場合のベッセル関数とその漸近形

$$J_\nu(z) \sim \sqrt{\frac{2}{\pi z}}\cos\Big(z - \frac{2\nu + 1}{4}\pi\Big)$$

については原注 4 の Watson の第 6 章，第 7 章に示してある．同じ内容が寺澤寬一『自然科学者のための数学概論』（岩波書店，1954）p. 490 にもある．

1/3 次のベッセル関数はエアリー関数と関係がある．転回点の近くではポテンシャルが線形だと近似しているのだから当然であろう．エアリー関数の漸近形はランダウ‐リフシッツ（佐々木健・好村滋洋訳）『量子力学：非相対論的理論 2』（東京図書，1970），猪木慶治・川合光『量子力学 II』（講談社，1994），坂井典佑『量子力学 II』（培風館，2000）にある．微分方程式の解を複素平面上の積分で表示した上で鞍点法という近似方法を用いる．$\nu = 1/3$ のベッセル関数の漸近形はこれで理解できる．一般論も実は似たようなことをやっている．但し ν が整数であっても成立することの証明への配慮が必要である．

〔6〕$\cos A + \cos B = 2\cos\dfrac{A+B}{2}\cos\dfrac{A-B}{2}$ を使うので，$\pi/6$ の影響は現れない．

は二つの独立な解 (5.7.5) の一定の線形結合でなければ
ならない. したがって結論としてそのような x について

$$u \propto k^{-1/2}(x) \cos\left(\int_x^{b_E} k(x')\, dx' - \frac{\pi}{4}\right) \qquad (5.7.29)$$

である.

　同じ議論がもう一つの転回点 $x = a_E$ についても成り立
つ. 違いは, ここでは $U(x)$ が増加するのは x が増加では
なく**減少する**場合であることである. したがって同じ論拠
で, 転回点の間で条件 (5.7.6) が満足されていれば波動
関数の形は

$$u \propto k^{-1/2}(x) \cos\left(\int_{a_E}^x k(x')\, dx' - \frac{\pi}{4}\right) \qquad (5.7.30)$$

の形をしていなければならないと結論できる. 式
(5.7.29) と式 (5.7.30) の両方が正しいためには, す
べてのそのような x について

$$\cos\left(\int_x^{b_E} k(x')\, dx' - \frac{\pi}{4}\right) \propto \cos\left(\int_{a_E}^x k(x')\, dx' - \frac{\pi}{4}\right)$$

が成り立たねばならない. そのうえ, 双方のコサイン関数
は $+1$ と -1 の間を振動するから, 比例係数は $+1$ か -1
でなければならない. これから, コサイン関数の引数につ
いては二つの可能性しか残らないことがわかる. すなわ
ち,

$$\int_x^{b_E} k(x')dx' - \frac{\pi}{4} = \int_{a_E}^x k(x')dx' - \frac{\pi}{4} + n\pi$$

または

$$\int_x^{b_E} k(x')dx' - \frac{\pi}{4} = -\left[\int_{a_E}^x k(x')dx' - \frac{\pi}{4}\right] + n\pi.$$

ここで n は整数であるが，正であるとは限らない．上記の二つの選択肢のうち，第一は除外される．なぜなら左辺は x と共に減衰するが，右辺は x と共に増大するからである．したがって第二の選択肢だけが残り，それは

$$\int_{a_E}^{b_E} k(x')\,dx' = \left(n + \frac{1}{2}\right)\pi \qquad (5.7.31)$$

と書ける．左辺は正であるから，n は 0 または正定値である．

　方程式（5.7.31）はボーアの量子条件の一般化としてゾンマーフェルトによって後に導入された条件（1.2.12）とほとんど同じである．振動のサイクルのすべてを通じると，粒子は b_E から a_E まで進み，さらに戻るから，WKB 近似はゾンマーフェルトの量子条件の積分を

$$\oint p\,dq = 2\hbar \int_{a_E}^{b_E} k(x')\,dx'$$

$$= 2\pi\hbar\left(n + \frac{1}{2}\right) = h\left(n + \frac{1}{2}\right)$$

と与える．したがって式（5.7.31）とゾンマーフェルトの量子条件との違いは，n の項に 1/2 が加わったことだけである．ここでの証明の仕方からは，式（5.7.31）が成り立つのは n の大きいときだけだとも考えられる．そのときは 1/2 は影響がないからである．しかし驚くべきことに，実際には多くのポテンシャルについて，すべて

の n について式（5.7.31）が成り立つ．特に調和振動子の場合，$U(x) = \mu\omega^2 x^2/2$ であり，$E = \mu\omega b_E^2/2$ で $a_E = -b_E$ であるから，式（5.7.31）の中の積分は

$$\int_{a_E}^{b_E} k\,dx = \frac{\mu\omega b_E^2}{\hbar} \int_{-1}^{+1} \sqrt{1 - y^2}\,dy$$

$$= \frac{\mu\omega b_E^2}{\hbar}\frac{\pi}{2} = \frac{E\pi}{\hbar\omega},$$

また式（5.7.31）から $E = \hbar\omega(n + 1/2)$ となる．これは調和振動子のポテンシャルの厳密に正しい結果である．

3 次元で球対称の場合

3 次元の場合には，動径座標 r（ここから座標として x ではなく r を使う）はもちろん $r > 0$ に制限される．したがって $r \to -\infty$ についての境界条件は一切ない．その代わり 2.1 節で見たように，$r \to 0$ のとき $1/r^2$ よりも速く増大しない任意のポテンシャルについて，換算波動関数 $u(r) \equiv r\phi(r)$ は境界条件「$r \to 0$ のとき $u(r) \propto r^{\ell+1}$」に従う．一般的には外側の転回点 $r = b_E$ を $U(b_E) = E$ で決め，波動関数は $r \gg b_E$ について指数関数的に減少するとする．したがって r の b_E より小さい範囲の波動関数は（5.7.29）の形

$$u(r) \propto k^{-1/2}(r) \cos\left(\int_r^{b_E} k(r')\,dr' - \frac{\pi}{4}\right) \qquad (5.7.32)$$

をしている．$\ell \neq 0$ の場合，常に内側の転回点 $r = a_E < b_E$ があってそこでは $U(a_E) = E$ である．すると波動関

数 (5.7.32) は $r < a_E$ について $r^{-\ell}$ ではなく，$r^{\ell+1}$ に比例する解と滑らかに合うという条件に従う．これは複雑になる可能性がある．特に $\ell \neq 0$ のときは $\kappa \propto 1/r$ なので，WKB 近似は $r \to 0$ について使えないからである．$\ell = 0$ の場合は簡単である．そのときは中心力の障壁がないので，内部の転回点はない．内部の転回点がなければ，もっともらしい滑らかなポテンシャルについて解 (5.7.32) は $r = 0$ までずっと正当であり続ける．この場合 $r \to 0$ で $u(r) \propto r$ という条件から，式 (5.7.32) のコサイン関数の引数が $r = 0$ について $(n\pi - \pi/2)$ でなければならない（n は整数）．そうすると束縛状態の条件は

$$\int_0^{b_E} k(r')\,dr' = \left(n - \frac{1}{4}\right)\pi \qquad (5.7.33)$$

となる．$n \geqq 1$ である．例えばクーロン・ポテンシャルの $\ell = 0$ 状態について $U(r) = -Ze^2/r$ であるから，

$$k(r) = \sqrt{\frac{2m_e}{\hbar^2}(E + Ze^2/r)}$$

である．$E < 0$ については転回点が $b_E = -Ze^2/E$ にあり，

$$\int_0^{b_E} k(r)\,dr = \sqrt{\frac{-2m_e E}{\hbar^2}} \int_0^{b_E} dr \sqrt{\frac{b_E}{r} - 1}$$

$$= \frac{\pi}{2}\sqrt{-\frac{2m_e}{\hbar^2 E}}\,Ze^2$$

である．すると条件 (5.7.33) から

$$E = -\frac{Z^2 e^4 m_e}{2\hbar^2 (n-1/4)^2}.$$

これはn番目のエネルギー準位についてのボーアの公式
（1.2.11）と同じである．（第2章で示したように量子力
学の正しい結果であるnがここでは$n-1/4$になってい
る.）したがってWKB近似は期待通り，高エネルギーの
準位で$n \gg 1/4$の場合に非常によく合う．なぜなら，こ
れらのエネルギー準位では波動関数は多数回振動するから
である．中間のnでもWKBの量子条件（5.7.33）はクー
ロン・ポテンシャルについてかなりよく合うが，ゾンマ
ーフェルトの量子条件（1.2.12）ほどではない.

原　注
(1) G. Wentzel, *Z. Physik* **38**, 518 (1926).

(2) H. A. Kramers, *Z. Physik* **38**, 828 (1926).

(3) L. Brillouin. *Comptes Rendus Acad. Sci.* **183**, 24
(1926).

(4) 例えば G. N. Watson, *A Treatise on the Bessel Func-
tions*, 2nd edn. (Cambridge University Press, Cambridge,
1944)の第3.7節を参照.

5.8　対称性の破れ

　ハミルトニアンも固有状態も対称性をもっているにもか
かわらず，自然界で実際に実現される物理的状態はシュレ
ーディンガー方程式のほぼ正確な解であって，対称性は破
れているといったことが起こる場合がある．化学や分子物

理学で非常に重要な非相対論的量子力学の分野でも，この
例を見出すことができる．

　例えば，質量 m の粒子が1次元でポテンシャル $V(x)$
の中で運動しており，ポテンシャルは $V(-x) = V(x)$ と
いう対称性をもっているとしよう．$\psi(x)$ がシュレーディ
ンガー方程式の与えられたエネルギーの解だとすると，
$\psi(-x)$ も同じエネルギーの解であり，縮退がなければ
$\psi(-x) = \alpha\psi(x)$ でなければならない．α は何らかの定数
である．$\psi(x) = \alpha\psi(-x) = \alpha^2\psi(x)$ だから α は $+1$ また
は -1 であり，エネルギーの固有関数は x について偶関
数か奇関数かのどちらかである．偶関数の最低エネルギー
の状態と奇関数の最低エネルギーの状態は，一般にはエネ
ルギーがまったく違う．

　しかしポテンシャルが二つの場所で最小をもち，原点の
まわりの対称性があって，中心 $x = 0$ の高くて厚い壁に隔
てられているとしよう．これは例えばアンモニア NH_3 分
子で，x は三つの水素原子核から形成される平面に垂直な
線に沿った窒素の位置である．また，障壁は窒素と水素の
正の電荷の間の強い斥力によるものである．障壁が無限に
高く厚ければ，二つのエネルギーの縮退した固有状態が
存在し（そのエネルギーを E_0 とする），一つは $\psi_0(x)$ で
$x > 0$ でだけ0でない値をもち，一つは $\psi_0(-x)$ で $x < 0$
でだけ0でない値をもつ．この二つの各々が $x \leftrightarrow -x$ の
対称性を破っている．その二つから，偶関数および奇関数
$(\psi_0(x) \pm \psi_0(-x))/\sqrt{2}$ を作ることができて，それもまた

エネルギー E_0 で縮退している. しかしもし障壁が高くて厚いが有限であれば, これらの偶関数の状態と奇関数の状態は縮退しておらず, 非常に縮退に近いだけである.

エネルギーの分裂の大きさのオーダーを評価するために, 前節で記述した WKB の方法を使うことができる. 障壁の中では偶関数と奇関数の波動関数は

$$\psi_{\pm}(x) \propto \frac{1}{\sqrt{\kappa(x)}}\left[\exp\left(\int_0^x \kappa(x')\,dx'\right)\right.$$
$$\left. \pm \exp\left(\int_0^{-x} \kappa(x')\,dx'\right)\right] \quad (5.8.1)$$

の形をしている. m を粒子の質量, E を粒子のエネルギー, $V(x)$ をポテンシャルとして,

$$\kappa(x) = \sqrt{\frac{2m}{\hbar^2}\bigl(V(x)-E\bigr)} \quad (5.8.2)$$

である. これは障壁が十分高くて滑らかであり, $\kappa(x)$ が $\kappa(x)$ と $\kappa'(x)$ の対数的な変化率よりはるかに大きければ良い近似のはずである.

これらの波動関数の対数微分は

$$\frac{\psi'_{\pm}(x)}{\psi_{\pm}(x)} \simeq -\frac{\kappa'(x)}{2\kappa(x)}$$

$$+\kappa(x)\left[\frac{\exp\left(\int_0^x \kappa(x')dx'\right) \mp \exp\left(\int_0^{-x} \kappa(x')dx'\right)}{\exp\left(\int_0^x \kappa(x')dx'\right) \pm \exp\left(\int_0^{-x} \kappa(x')dx'\right)}\right]$$

$$(5.8.3)$$

である．（WKB 近似が成り立つためには $|\kappa'|/\kappa \ll \kappa$ が必要であるから，式（5.8.3）の中の第 1 項は一般に第 2 項よりずっと小さいが，ともかくそれを落とさないでおく．なぜならそれはここでの議論に影響を及ぼさないからである．）$-a$ から $+a$ まで広がる厚い壁について

$$\int_0^a \kappa\,dx = \int_{-a}^0 \kappa\,dx \gg 1$$

が成り立てば，障壁の端での対数微分は

$$\frac{\psi'_\pm(a)}{\psi_\pm(a)} = -\frac{\psi'_\pm(-a)}{\psi_\pm(-a)}$$

$$\simeq -\frac{\kappa'(a)}{2\kappa(a)} + \kappa(a)\left[1 \mp 2\exp\left(-\int_{-a}^a \kappa(x')\,dx'\right)\right]$$

$$(5.8.4)$$

である．エネルギーはこれらの対数微分が障壁のほんの外側の波動関数の対数微分とつながるという条件から決まる．厚い障壁について，この条件は偶関数の解と奇関数の解でほとんど同じであり，違いは $\exp\left(-\int_{-a}^a \kappa(x')\,dx'\right)$ に比例する項だけであることが式（5.8.4）からわかる．したがって，偶関数の波動関数と奇関数の波動関数のエネルギーは $E_\pm \simeq E_1 \pm \delta E$ となる．ここで，E_1 は無限に厚い障壁の極限で，偶関数と奇関数で一致する値の近似値であり，δE は $\exp\left(-\int_{-a}^a \kappa(x')\,dx'\right)$ の因子の分だけ小さい．

δE は壁が厚いと非常に小さいので，対称性の破れの状

態で，波動関数が障壁の一方の側か，その反対の側かに集中した波動関数はエネルギーの固有状態に近い．しかしこれらの対称性の破れの状態が，真のエネルギーの固有状態（対称性で偶関数または奇関数）でないのに自然界で実現されるのはなぜだろうか？　答えは 3.7 節で議論したデコヒーレンスの現象と関連がある．波動関数は不可避的に外部の擾乱を受ける．それは厚い障壁について，障壁の両側の位相の変化に相関がないのに，波動関数の位相のゆらぎを生み出す．これらのゆらぎは障壁の片側に集中した対称性の破れの波動関数を全体として，または部分的に他の側に集中した解に変えることができない．しかし，それらのゆらぎは急激に偶関数または奇関数の波動関数を，偶関数と奇関数のインコヒーレントな混合に変える．実際の世界で実現される状態はこれらのゆらぎの下で位相まで安定の状態であり，これらの状態が対称性の破れの状態である．

　しかし対称性の破れの状態は，外部的な擾乱には影響されないが，本当には安定ではない．時刻 $t = 0$ で $\phi_0(x)$ の形をしていて，$x > 0$ でのみ 0 でない値をもつ波動関数 $\psi(x, t)$ の時間依存性に注目するのは有益である．この波動関数の初期状態は

$$\psi(x, 0) = \frac{1}{2}[\phi_0(x) + \phi_0(-x)] + \frac{1}{2}[\phi_0(x) - \phi_0(-x)]$$

と書ける．したがってその後の時刻 t では，波動関数は

$$\psi(x,t) \simeq \frac{1}{2}[\psi_0(x) + \psi_0(-x)]\exp(-i(E_1 + \delta E)t/\hbar)$$
$$+ \frac{1}{2}[\psi_0(x) - \psi_0(-x)]\exp(-i(E_1 - \delta E)t/\hbar)$$
$$= \exp(-iE_1t/\hbar)[\psi_0(x)\cos(\delta Et/\hbar)$$
$$-i\psi_0(-x)\sin(\delta Et/\hbar)] \qquad (5.8.5)$$

となる．これからわかることは，対称性の破れの波動
関数 $\psi_0(x)$ を与えられた粒子は，最初は障壁を通して
$x < 0$ の領域に漏れていき，もう一方の波動関数 $\psi_0(-x)$
が $\Gamma = \delta E/\hbar$ の率で増加する．最終的に $x < 0$ の振幅が積
みあがって，やがて $x > 0$ の領域に逆に漏れていく．しか
し障壁が非常に高く厚ければ，対称性の破れの波動関数
$\psi_0(x)$ は指数関数的に長い時間維持される．実際，砂糖や
蛋白質の分子では「カイラル（旋光性）」な配置が存在す
る．すなわち，左巻きまたは右巻きの定まった配置であ
る．この二つはアンモニアよりはずっと厚い障壁で隔てら
れている．そのような分子では，一つの対称性の破れの状
態から別の対称性の破れの状態への遷移には非常に長い時
間がかかるので遷移が観測されることはない．これが自然
界で左巻きや右巻きの砂糖や蛋白質が観測される理由であ
る．

　これらの考察は，対称性の自発的破れの一般的な特徴を
指している．すなわち，対称性の自発的破れは何らかの意
味で非常に大きい系を伴っている．分子に左巻きや右巻き
の別が生じるのは，蛋白質や砂糖のような分子に非常に大

きな障壁があるからにすぎない. 場の量子論でも別の対称
性が自発的に破れるが, それが許されるのは真空状態が無
限大の体積をもっているからである[1].

原　注
(1) この点の議論については, S. Weinberg. *The Quantum
　　Theory of Fields, vol. II (Cambridge University Press.
　　Cambridge, 1996)〔S. ワインバーグ (青山秀明・有末宏明訳)
　　『ワインバーグ 場の量子論 4 巻：場の量子論の現代的諸相』, 吉岡
　　書店) の第 19. 1 節参照.

5.9　ファン・デル・ワールス力

　電気的に中性の原子または分子の間にクーロン力が作用
しないことは当然である. しかし中性の系の間でも, より
弱い電気的な力が作用する. それは距離とともに指数関数
的に減少するのではなく, 距離の逆べきで減少するという
意味で長距離力である. そのような力の最初の兆候は理想
気体の状態方程式への補正として見出され, 分子の間の長
距離力の効果と解釈された. 1873 年, ヨハネス・ディー
デリック・ファン・デル・ワールス (1837-1923) の, ラ
イデン大学への博士論文の中であった. この力は, 永続的
な電気多重極能率のある分子同士では 1 次の摂動論で起
こり得るが, 電気多重極能率のない場合でも, 相互に誘起
された電子双極子能率の 2 次の摂動論から生まれる長距
離力が常に存在する. これを最初に計算したのはフリッ
ツ・ロンドン (1900-54)[1] である.

　二つの系 A と B を考えよう. 各々数個の点粒子から成り立っており, その名前は a, b で電荷は e_a, e_b である. 二つの系は安定で孤立しており, 質量は十分大きく, 二つの系の各々の質量中心は十分離れていて, 二つの系ははっきりと分離されていると仮定する. 二つの系の各々の質量中心の位置の違いを $\mathbf{R}$ と定義し, 分離ベクトルと呼ぶ. 分離は十分大きいと考え, 各々の系の荷電粒子の空間的波動関数の間には基本的に重なりがなく, したがって考察される各々の荷電粒子は系 A と B のどちらかに属している. $\mathbf{x}_a$ は系 A の a 番目の粒子の, その系の質量中心を基準としたときの位置とし, $\mathbf{y}_b$ は系 B の b 番目の粒子の, その系の質量中心を基準としたときの位置とする. 二つの系の静電的な相互作用だけを考慮したハミルトニアンは

$$H = H_0 + H' \tag{5.9.1}$$

である. H_0 は孤立した系 A と B のハミルトニアンの和 $H_A + H_B$ であり,

$$H' = \sum_{a \in A} \sum_{b \in B} \frac{e_a e_b}{|\mathbf{x}_a - \mathbf{y}_b + \mathbf{R}|} \tag{5.9.2}$$

である. 分離 $R \equiv |\mathbf{R}|$ は十分大きくて, 波動関数は $|\mathbf{x}_a|$ $\ll R$ および $|\mathbf{y}_b| \ll R$ でなければ無視できると仮定する. したがって式 (5.9.2) を $|\mathbf{x}_a|/R$ と $|\mathbf{y}_b|/R$ で展開できる. そのために, 分母の部分波展開を $\hat{\mathbf{x}}_a = \mathbf{x}_a/|\mathbf{x}_a|$ と $\hat{\mathbf{y}}_b = \mathbf{y}_b/|\mathbf{y}_b|$ および $\hat{\mathbf{R}} = \mathbf{R}/|\mathbf{R}|$ 方向について行う. $|\mathbf{x}_a - \mathbf{y}_b + \mathbf{R}|$ の, $\mathbf{x}_a, \mathbf{y}_b, \mathbf{R}$ の回転についての不変性を考慮するとこの展開は[2]

$$\frac{1}{|\mathbf{x}_a - \mathbf{y}_b + \mathbf{R}|} = \sum_{\ell\ell'L} f_{\ell\ell'L}(|\mathbf{x}_a|, |\mathbf{y}_b|, R)$$

$$\times \sum_{mm'M} (-1)^{L-M} C_{\ell\ell'}(LM; mm')$$

$$\times Y_\ell^m(\widehat{\mathbf{x}}_a) Y_{\ell'}^{m'}(\widehat{\mathbf{y}}_b) Y_L^{-M}(\widehat{\mathbf{R}}) \quad (5.9.3)$$

となる. Y_ℓ^m などは 2.2 節で述べた球面調和関数であり, $C_{\ell\ell'}(LM; mm')$ は 4.3 節で議論したクレブシュ - ゴルダン係数である. 任意の与えられた ℓ と ℓ' の値の項は $\mathbf{x}_a$ と $\mathbf{y}_b$ のデカルト座標系での成分のべき級数でなければならないから, 関数 $f_{\ell\ell'L}(|\mathbf{x}_a|, |\mathbf{y}_b|, R)$ は少なくとも ℓ 個の $|\mathbf{x}_a|$ の因子と ℓ' 個の $|\mathbf{y}_b|$ の因子を含まねばならない. 実際, これらは $f_{\ell\ell'L}(|\mathbf{x}_a|, |\mathbf{y}_b|, R)$ の中に現れる $|\mathbf{x}_a|$ と $|\mathbf{y}_b|$ のべきである. これを理解するには[3]任意のベクトル $\mathbf{u}$ と $\mathbf{v}$ (但し $|\mathbf{u}| < |\mathbf{v}|$) に対して

$$|\mathbf{u} - \mathbf{v}|^{-1} = \sum_{\ell=0}^\infty \frac{4\pi}{2\ell+1} |\mathbf{u}|^\ell |\mathbf{v}|^{-\ell-1}$$

$$\times \sum_{m=-\ell}^\ell (-1)^{\ell-m} Y_\ell^m(\widehat{\mathbf{u}}) Y_\ell^{-m}(\widehat{\mathbf{v}}) \quad (5.9.4)$$

であることに注意すれば十分である. この公式を $\mathbf{u} = \mathbf{x}_a$ および $\mathbf{v} = -\mathbf{R} + \mathbf{y}_b$ に使うと $f_{\ell\ell'L}(|\mathbf{x}_a|, |\mathbf{y}_b|, R)$ の $|\mathbf{x}_a|$ への全依存性は $|\mathbf{x}_a|^\ell$ であることが示される. 一方, この公式を $\mathbf{u} = \mathbf{y}_b$ および $\mathbf{v} = \mathbf{R} + \mathbf{x}_a$ に使うと $f_{\ell\ell'L}(|\mathbf{x}_a|, |\mathbf{y}_b|, R)$ の $|\mathbf{y}_b|$ への全依存性は $|\mathbf{y}_b|^{\ell'}$ であることが示される. 次元解析により

$$f_{\ell\ell'L}(|\mathbf{x}_a|, |\mathbf{y}_b|, R) = N_{\ell\ell'L} R^{-1-\ell-\ell'} |\mathbf{x}_a|^\ell |\mathbf{y}_b|^{\ell'} \quad (5.9.5)$$

である．ここで $N_{\ell\ell'L}$ は数係数であり，一般に1のオーダーである．この値をただ一つの例でだけ計算してみよう．式 (5.9.3) および式 (5.9.5) を式 (5.9.2) の中で使うと，摂動のハミルトニアンは

$$H' = \sum_{\ell\ell'L} N_{\ell\ell'L} R^{-1-\ell-\ell'}$$
$$\times \sum_{mm'M} (-1)^{L-M} C_{\ell\ell'}(LM; mm')$$
$$\times Y_L^{-M}(\widehat{\mathbf{R}}) E_\ell^{m(A)} E_{\ell'}^{m'(B)} \quad (5.9.6)$$

となる．ここで $E_\ell^{m(A)}$ と $E_{\ell'}^{m'(B)}$ は系 A と B の電気多重極の演算子である．

$$E_\ell^{m(A)} \equiv \sum_{a \in A} e_a |\mathbf{x}_a|^\ell Y_\ell^m(\widehat{x}_a)$$
$$E_{\ell'}^{m'(B)} \equiv \sum_{b \in B} e_b |\mathbf{y}_b|^{\ell'} Y_{\ell'}^{m'}(\widehat{y}_b) \quad (5.9.7)$$

$\ell = 1, 2, 3$ などについての演算子は電気双極子能率，電気四重極子能率，電気八重極子能率などと呼ぶのが普通である．

式 (5.9.6) の中で実際に現れる項については，クレブシュ-ゴルダン係数の存在によって課せられる制限に加えて，次のような制限がある．

(i) $\ell = 0$ または $\ell' = 0$ の項はすべて0である．$\ell = 0$ または $\ell' = 0$ の項は各々 $\sum_{a \in A} e_a$ または $\sum_{b \in B} e_b$ に比例し，したがって双方の系の全電荷は0だと仮定されているからである．

(ii) $L = 0$ の項はすべて 0 である. $L = 0$ のどんな項
も式 (5.9.2) の $\mathbf{R}$ の方向についての平均であるが,
この平均は

$$\frac{1}{4\pi} \sum_{a \in A} \sum_{b \in B} e_a e_b \int d^2\widehat{\mathbf{R}} \frac{1}{|\mathbf{x}_a - \mathbf{y}_b + \mathbf{R}|}$$

$$= \sum_{a \in A} \sum_{b \in B} \frac{e_a e_b}{R} \tag{5.9.8}$$

であり, $\sum_{a \in A} e_a = \sum_{b \in B} e_b = 0$ だからこれは 0 となる.

(iii) 唯一の 0 でない項は $\ell + \ell' + L$ が偶数の場合であ
る. なぜなら式 (5.9.2) は反転の結合 $\mathbf{x}_a \mapsto -\mathbf{x}_a$,
$\mathbf{y}_b \mapsto -\mathbf{y}_b$, $\mathbf{R} \mapsto -\mathbf{R}$ によって明らかに偶であるが,
球面調和関数の空間反転の性質 (2.2.17) によれば,
式 (5.9.3) の中の球面調和関数の積はこの反転の結
合について $(-1)^{\ell+\ell'+L}$ 倍になる. したがって $N_{\ell\ell'L}$
は $\ell + \ell' + L$ が偶数でなければ 0 である.

R が大きいとき, 式 (5.9.6) の最大の項は $\ell + \ell'$ が最
小の場合に相当している. 式 (5.9.6) の中のクレブシ
ュ-ゴルダン係数の存在および上記の三つの注釈を考慮す
ると, 主要な項は次の通りである.

双極子–双極子. これは $\ell = \ell' = 1$ の項であり, した
がって R^{-3} に比例する. $L = 0$ と $L = 1$ は上記の (ii),
(iii) によって排除されるから, これらの項は $L = 2$ でな
ければならない.

双極子–四重極子. これらは $\ell = 1, \ell' = 2$ またはその逆

の項であり，したがって R^{-4} に比例する．これらの項は $L=1$ と $L=3$ がある．

四極子–四極子．これらは $\ell = \ell' = 2$ の項であり，したがって R^{-5} に比例する．これらは $L=2$ と $L=4$ がある．

双極子–八極子．これらは $\ell=1, \ell'=3$ またはその逆の項であり，この場合も R^{-5} に比例する．これらもまた $L=2$ と $L=4$ がある．

双極子–双極子の項をくわしく見てみよう．この項が最も重要だといずれわかるであろう．式 (5.9.2) の中の分母を $\mathbf{x}_a$ と $\mathbf{y}_b$ の1次まで展開する（$\mathbf{x}_a$ または $\mathbf{y}_b$ だけに依存する項は，$\sum_{a\in A} e_a$ と $\sum_{b\in B} e_b$ が共に0と仮定されているから式 (5.9.2) の中で寄与しないので落とす）．すると，

$$[H']_{\text{双極子–双極子}} = -\frac{1}{R^3}[3\widehat{\mathbf{R}}\cdot\mathbf{D}^{(A)}\widehat{\mathbf{R}}\cdot\mathbf{D}^{(B)} - \mathbf{D}^{(A)}\cdot\mathbf{D}^{(B)}]$$

(5.9.9)

となる[7]．ここで

---

[7] 原書では右辺は $\frac{1}{R^3}[3\widehat{\mathbf{R}}\cdot\mathbf{D}^{(A)}\widehat{\mathbf{R}}\cdot\mathbf{D}^{(B)} - \mathbf{D}^{(A)}\cdot\mathbf{D}^{(B)}]$ となっているが，$|\mathbf{x}_a - \mathbf{y}_b + \mathbf{R}|^{-1} = (\mathbf{x}_a - \mathbf{y}_b + \mathbf{R}, \mathbf{x}_a - \mathbf{y}_b + \mathbf{R})^{-1/2}$, $(1+x)^{-1/2} = 1 - \frac{1}{2}x + \frac{3}{8}x^2 + \cdots$ を使って整理すると

$$[H']_{\text{双極子–双極子}} = -\frac{1}{R^3}[3\widehat{\mathbf{R}}\cdot\mathbf{D}^{(A)}\widehat{\mathbf{R}}\cdot\mathbf{D}^{(B)} - \mathbf{D}^{(A)}\cdot\mathbf{D}^{(B)}]$$

となるのが正しい（$\ell=1, \ell'=1$ だから $(x_a)(y_b)$ の項のみを取

$$\mathbf{D}^{(A)} \equiv \sum_{a \in A} e_a \mathbf{x}_a, \quad \mathbf{D}^{(B)} \equiv \sum_{b \in B} e_b \mathbf{y}_b \qquad (5.9.10)$$

である．2.2 節の球面調和関数のリストと 4.3 節のクレブシュ–ゴルダン係数の表を使うと，読者は式（5.9.9）が展開（5.9.6）の中の $\ell = \ell' = 1, L = 2$ の項と同じであることを確かめられるだろう．$N_{112} = -\dfrac{(4\pi)^{3/2}}{3}\sqrt{\dfrac{6}{5}}$ である[8]．

　1 次の摂動論では，系 A と B が各々状態 Ψ_α と Ψ_β であるとき摂動のポテンシャル（5.9.6）はポテンシャル・エネルギーを生み出し，その期待値は

り出す）．このままでは $\dfrac{1}{R^3}$ は -1 倍であるが，2 乗すれば式（5.9.12）では一致する．

[8] 原書では $N_{112} = \dfrac{(4\pi)^{3/2}}{3}$ となっているが，
$$N_{112} = -\frac{(4\pi)^{3/2}}{3}\sqrt{\frac{6}{5}}$$
が正しい．実際，式（5.9.7）による長いが単純な計算を行うと下記のようになる．
$\widehat{R}_3^2 = 1, \widehat{R}_1^2 = \widehat{R}_2^2 = 0$ とすると
$$H'_{112} = -R^{-3}(2D_z^A D_z^B - D_x^A D_x^B - D_y^A D_y^B)$$
となる（$M = 0$ だけが効く）．
$\widehat{R}_1^2 = 1, \widehat{R}_2^2 = \widehat{R}_3^2 = 0$ とすると
$$H'_{112} = -R^{-3}(2D_x^A D_x^B - D_y^A D_y^B - D_z^A D_z^B)$$
となる（$M = 0, 2$ が効く）．
　これらは式（5.9.9）と合っている．$\widehat{R}_2^2 = 1, \widehat{R}_1^2 = \widehat{R}_3^2 = 0$ の場合も同様である．

$$V_1(\mathbf{R}) = \sum_{\ell\ell'L} N_{\ell\ell'L} R^{-1-\ell-\ell'}$$

$$\times \sum_{mm'M} (-1)^{L-M} C_{\ell\ell'}(LM; mm') Y_L^{-M}(\widehat{\mathbf{R}})$$

$$\times \langle E_\ell^{m(A)} \rangle_\alpha \langle E_{\ell'}^{m'(B)} \rangle_\beta \quad (5.9.11)$$

である。多重極の演算子 $E_\ell^{m(A)}$ と $E_{\ell'}^{m'(B)}$ は空間反転で各々 $(-1)^\ell$ 倍と $(-1)^{\ell'}$ 倍になる。したがって、もしいつもの通り状態 Ψ_α と Ψ_β が一定のパリティをもっていれば、$E_\ell^{m(A)}$ と $E_{\ell'}^{m'(B)}$ の期待値は ℓ が奇数または ℓ' が奇数であれば0となる。したがって、普通 R の大きいときの最も重要な項は、1次の摂動論では双極子–双極子の項ではなくて $\ell = \ell' = 2$ の四極子–四極子の項であり、R^{-5} に比例する。しかし4.4節の終わりに注釈したように、$j \neq 0$ の任意の演算子 O_j^m の $j \neq 0$ の期待値はすべての偏極していない系について0となる。したがって系 A と B が偏極していなければ、1次の摂動論では四極子–四極子相互作用も、それどころか式（5.9.11）の中のどの項も、この系の間の相互作用のエネルギーに寄与しない。相互作用のエネルギーを求めるためには、2次の摂動論に行かねばならない。

　電気双極子を含めて、任意の与えられた多極子演算子 $E_\ell^{m(A)}$ と $E_{\ell'}^{m'(B)}$ について、必ず $(\Psi_{\alpha'}, E_\ell^{m(A)}\Psi_\alpha)$ と $(\Psi_{\beta'}, E_{\ell'}^{m'(B)}\Psi_\beta)$ が0でないような何らかの励起状態 $\Psi_{\alpha'}$ と $\Psi_{\beta'}$ がある。例えば、電気双極子は水素原子の基底状態 $1s$ と励起状態 $2p$ との間の行列要素が0でない。これ

はこの励起状態からのライマン α の光子の放出率の測定から計算できる．したがって，2 次の摂動論では R の大きいときのポテンシャルは双極子-双極子の項が圧倒的であると期待できる．それが $R \to \infty$ での減り方が最も少ないのである．式（5.4.5）と（5.9.9）によると，2 次の摂動論では系 A と B が状態 Ψ_α と Ψ_β であるときの相互作用エネルギーへの寄与は

$$V_2(\mathbf{R}) = \frac{1}{R^6} \sum_{\alpha'\beta'} [E_\alpha + E_\beta - E_{\alpha'} - E_{\beta'}]^{-1}$$
$$\times |3\widehat{\mathbf{R}} \cdot (\Psi_{\alpha'}, \mathbf{D}^{(A)}\Psi_\alpha)\widehat{\mathbf{R}} \cdot (\Psi_{\beta'}, \mathbf{D}^{(B)}\Psi_\beta)$$
$$- (\Psi_{\alpha'}, \mathbf{D}^{(A)}\Psi_\alpha) \cdot (\Psi_{\beta'}, \mathbf{D}^{(B)}\Psi_\beta)|^2 \quad (5.9.12)$$

である．

この量は状態 Ψ_α と Ψ_β の角運動量の 3 成分について平均しなければならないにしても，相殺されて 0 となることはない．事実，これらが基底状態であるところでは式（5.9.12）のエネルギー分母は負定値であり，分子は正定値であるから，$V_2(\mathbf{R})$ は負定値である．$|V_2(\mathbf{R})|$ もまた R の増大と共に単調に減少するから，このエネルギーは系 A と B の間の純粋な引力を表している．

原　注

(1) R. Eisenschitz and F. London, *Z. Physik* **60**, 491 (1930); F. London, *Z. Physik* **63**, 245 (1930).
(2) m と m' についての和をとると $\hat{\mathbf{x}}_a$ と $\hat{\mathbf{y}}_b$ の関数が得られるが，それは角運動量 L, M で変換する．さらに M について和をと

ると回転についてスカラーになる．ここで式（4.3.35）を使う．
$1/\sqrt{2L+1}$ の因子は係数 $f_{\ell\ell'L}$ に含めてある．

(3) これは，W. Magnus and F. Oberhettinger, *Formulas and Theorems for the Functions of Mathematical Physics*, transl. J. Wermer（Chelsea Publishing Co. New York, 1949），p. 51 に与えられた公式，およびルジャンドル多項式を球面調和関数の和として表す同書の式（4.3.36）と等価である．

問　題

1. 水素原子の中の電子と陽子の相互作用で電子のポテンシャル・エネルギーの形が
$$\Delta V(r) = V_0 \exp(-r/R)$$
となったとする．ここで R はボーア半径 a よりもずっと小さい．$2s$ および $2p$ 状態のエネルギーのずれを V_0 の1次まで計算せよ．

2. 多電子原子の中の電子によって感じられる静電ポテンシャルが，遮蔽されたクーロン・ポテンシャルで
$$V(r) = -\frac{Ze^2}{r} \exp(-r/R)$$
の形であると仮定されることがある．ここで R は原子の半径の評価である．変分法を使って，このポテンシャルの中の最低エネルギー状態のエネルギーの近似式を与えよ．試験関数は，ρ を自由なパラメーターとして
$$\phi(\mathbf{x}) \propto \exp(-r/\rho)$$
ととること．

3. 非常に弱い静電場 E の中での水素原子の $2p_{3/2}$ 状態のエネルギーのずれを計算せよ．E は十分小さくて，このずれは $2p_{1/2}$ 状態と $2p_{3/2}$ 状態の微細構造の分裂よりもずっと小さいとする．ここで2次の摂動論を使うに当たって，中間状態としてはエネ

ルギー分母が最小の状態だけを考えればよい.

4. 水素原子の中の電子のスピン–軌道結合はハミルトニアン
に

$$\Delta H = \xi(r)\mathbf{L}\cdot\mathbf{S}$$

の形の項を生み出す. ここで $\xi(r)$ は r の何らかの小さな関数
である. 水素原子の $2p_{1/2}$ 状態と $2p_{3/2}$ 状態の微細構造への寄与
ΔV の $\xi(r)$ の 1 次までの公式を与えよ.

5. WKB 近似を使い, 質量 m でポテンシャル $V(r) = -V_0 e^{-r/R}$ の中で束縛されて s 状態にある粒子のエネルギー
を与える公式を導け. V_0 と R はどちらも正である.

本書は「ちくま学芸文庫」のために新たに訳出されたものである。

現代生物学では何が問題になるのか。20世紀生物学に多大な影響を与えた大家が、複雑な生命現象を理解するためのキー・ポイントを易しく解説する。

おなじみ一刀斎の秘伝公開！極限と連続に始まり、指数関数と三角関数を経て、偏微分方程式に至る。見晴らしのきく、読み切り22講義。

1次元線形代数から多次元へ、1変数の微積分から多変数へ。応用面と重要性とを軸に展開するユニークなベクトル解析のココロ。

数楽的センスの大饗宴！読み巧者の数学者と数学ファンの画家が、とめどなく繰り広げる興趣つきぬ数学談義。
（河合雅雄・亀井哲治郎）

理工系大学生必須の線型代数を、その生態の大事なひとつひとつユーモアを交え丁寧に説明する。
（亀井哲治郎）

一刀斎の案内で数の世界を気ままに歩き、勝手に遊ぶ数学エッセイ。「微積分の七不思議」他三篇を増補。「数学の大いなる流れ」
（亀井哲治郎）

「数学のノーベル賞」とも称されるフィールズ賞。その誕生の歴史、および第一回から二〇〇六年までの歴代受賞者の業績を概説。

レヴィ=ストロースと群論？ニーチェやオルテガの遠近法主義、ヘーゲルと解析学、孟子と関数概念……。数学的なアプローチによる比較思想史。

熱の正体は？その物理的特質とは？『磁力と重力の発見』の著者による壮大な科学史。全面改稿。熱力学入門書としての評価も高い。

「自己相似」が織りなす複雑で美しい構造とは。その数理とフラクタル発見までの歴史を豊富な図版とともに紹介。

集合をめぐるパラドックス、ゲーデルの不完全性定理からファジー論理、P＝NP問題などのより現代的な話題まで。大家による入門書。（田中一之）

『集合・位相入門』などの名教科書で知られる著者による、懇切丁寧な入門書。組合せ論・初等数論を中心に、現代数学の一端に触れる。（荒井秀男）

自然現象や経済活動に頻繁に登場する超越数e。この数の出自と発展の歴史を描いた一冊。ニュートン、オイラー、ベルヌーイ等のエピソードも満載。

コンピュータ、量子論、ゲーム理論など数多くの分野で絶大な貢献を果たした巨人の足跡を辿る。「人類最高の知性」に迫る。ノイマン評伝の決定版。

オイラー、モンジュ、フーリエ、コーシーらは数学者であり、同時に工学の課題に方策を授けていた。「ものつくりの科学」の歴史をひもとく。（新井仁之）

偏微分方程式論などへの応用をもつ関数解析。バナッハ空間論からベクトル値関数、半群の話題まで、その基礎理論を過不足なく丁寧に解説。

平面、球面、歪んだ空間、そして……。幾何学的世界像は今なお変化し続ける。『スタートレック』の脚本家が誘う三千年のタイムトラベルへようこそ。

科学の魅力とは何か？　創造とは、そして死とは？　老境を迎えた大物理学者との会話をもとに書かれた、珠玉のノンフィクション。（山本貴光）

数学史上最も偉大で美しい式を無限級数の和やフーリエ変換、ディラック関数などの歴史的側面を説明した後、計算式を用い丁寧に解説した入門書。

事実・推論・証明……。理屈っぽいとケムたがられる話題を、なるほどと納得させながら、ユーモアたっぷりにひもといたゲーデルへの超入門書。

美しい数学とは詩なのです。いまさら数学者にはなれないけれども、実務の水準とは隔たりが！　そんな期待に応えてくれる心やさしいエッセイ風数学再入門。

成績の平均や偏差値はおなじみでも、実務の水準に近いものながら、数学挫折のきっかけに……。基礎からやり直したい人のために伝説の検定教科書を指導書付きで復活。

わかってしまえば日常感覚に近いものながら、数学挫折のきっかけにもといた再入門のための検定教科書第2弾！

高校数学のハイライト、微分・積分！　その入門コース『基礎解析』に続く本格コース。公式暗記の学習からほど遠い、特色ある教科書の文庫化第3弾。
（竹内薫）

7次元球面には相異なる28通りの微分構造が可能に！　フィールズ賞受賞者を輩出したトポロジー最前線を臨場感ゆたかに解説。

ここにも数学があった！　石鹼の泡、くもの巣、雪片曲線、一筆書きパズル、魔方陣、DNAらせん……。イラストも楽しい数学入門150篇。

アインシュタインが絶賛し、物理学者内山龍雄をして、研究を措いてでも訳したかったと言わしめた、相対論三大名著の一冊。
（細谷暁夫）

物のかぞえかた、勝負の確率といった身近な現象の本質を解き明かす地球物理学の大家による数理エッセイ。後半に

一般相対性理論の核心に最短距離で到達すべく、卓抜した数学的な記述で簡明直截に書かれた天才ディラックによる入門書。詳細な解説を付す。〔微分方程式雑記帳〕

哲学のみならず数学においても不朽の功績を遺したデカルト。『方法序説』の本論として発表された『幾何学』、初の文庫化!　(佐々木力)

変えても変わらない不変量とは?　そしてその意味や用途とは?　ガロア理論と結び目の現代数学に現われる、上級の数学センスをさぐる7講義。

「数とは何かそして何であるべきか?」の二論文を収録。現代の視点から数学の基礎付けを試みた充実の数学者解説を付す。新訳。(連続性と無理数)

ビジネスにも有用な数学的思考法とは?　言葉を厳密に使う「量を用いて考える、分析的に考える」といったポイントからとことん丁寧に解説する。

群・環・体など代数の基本概念の構造を、構造主義の歴史をおりまぜつつ、卓抜な比喩とていねいな計算で確かめていく抽象代数学入門。(銀林浩)

現代数学、恐るるに足らず!　学校数学より日常の感覚の中に集合や構造、関数や群、位相の考え方を探る大人のための入門書。(エッセイ　亀井哲治郎)

文字から文字式へ、そして方程式へ。巧みな例示と丁寧な叙述で「方程式とは何か」を説いた最晩年の名著。遠山数学の到達点がここに!　(小林道正)

微積分の考え方は、日常生活のなかから自然に出てくるもの。∫や lim の記号を使わず、具体例に沿って説明した定評ある入門書。（瀬山士郎）

算術は現代でいう数論。数の自明を疑わない明治の読者にその基礎を当時の最新学説で説く。『解析概論』の著者若き日の意欲作。（高瀬正仁）

大数学者が軽妙洒脱に学生たちに数学を語る！年ぶりに復刊された人柄のにじむ幻の同名エッセイ集を含む文庫版オリジナル。（高瀬正仁）60

青年ガウスは目覚めとともに正十七角形の作図法を思いついた。初等幾何が露頭した数論の一端！創造の世界の不思議に迫る原典講読第2弾。（田崎晴明）

詩人数学者と呼ばれ、数学の世界に日本の情緒を見事開花させた不世出の天才・岡潔。その人間形成と研究生活を克明に描く。誕生から研究の絶頂期へ。

ロゲルギストを主宰した研究者の物理的センスとは。力について、示量変数と示強変数、ルジャンドル変換、変分原理などの汎論四〇講。（上條隆志）

科学とはどんなものか。ギリシャの力学から惑星の運動解明まで、理論変革の跡を活写した科学இ입門書。三段階論で知られる著者の入門書。

数感覚の芽生えから実数論・無限論の歴史を活写。万年にわたる人類と数の歴史を活写。アインシュタインも絶賛した数学読み物の古典的名著。

初学者を対象に基礎理論を学ぶとともに、重要な具体例を取り上げ、それぞれの方程式の解法と解について解説する。練習問題を付した定評ある教科書。

現代的な視点から、リー群を初めて大局的に論じた古典的著作。本邦初訳。
（平井武）

現代数学は怖くない！「集合」「関数」「確率」などの基本概念をイメージ豊かに解説。直観で現代数学の全体像を見渡せる入門書。図版多数。
（砂田利一）

研究者になるってどういうこと？ 現役で活躍する数学者が豊富な実体験を紹介。数学との付き合い方から「してはいけないこと」まで。

「ものの集まり」という素朴な概念が生んだ奇妙な世界。部分集合・空集合などの基礎から、そのエピソードをまじえ歴史的にひもとく。

ラプラス流の古典確率論とボレル-コルモゴロフ流の現代確率論。両者の関係性を意識しつつ、確率の基礎概念と数理を多数の例とともに丁寧に解説。

ユークリッドの平面幾何を公理的に再構成するには？ 現代数学の考え方に触れつつ、幾何学が持つ面白さも体感できるよう初学者への配慮溢れる一冊。

初学者には抽象的でとっつきにくい数学、また「集合」「写像とグラフ」「群論」といった基本の概念を手掛かりに概説した入門書。

諸科学や諸技術の根幹を担う数学。この数学とは何ものなのか？ 数学の思想と文化を究明する入門概説。

意思決定の場に直面した時、問題を解決し目標を達成する多くの手段から、最適な方法を選択するための論理的思考。その技法を丁寧に解説する。

「何でも厳密に」などとは考えてはいけない！——世界的数学者が教える「使える」数学とは。文庫版オリジナル書き下ろし。

日米両国で長年教えてきた著者が日本の教育を斬る！ 掛け算の順序問題、悪い証明と間違えやすい公式。巻末に「志村予想」への言及を収録。

世界的数学者の自伝的回想。幼年時代、プリンストンでの研究生活と数多くの数学者との交流と評価。（時枝正）

IT社会の根幹をなす情報理論はここから始まった。発展いちじるしい最先端の分野に、今なお根源的な洞察をもたらす古典的論文が新訳で復刊。

ひとつの学問として、広がり、深まりゆく数学。数・微積分・無限など「概念」の誕生と発展を軸にその歩みを辿る。オリジナル書き下ろし。全3巻。

第2巻では19世紀の数学を展望。数概念の拡張によりされた複素解析のほか、フーリエ解析、非ユークリッド幾何誕生の過程を追う。

19世紀後半、「無限」概念の登場とともに数学は大転換を迎える。カントルとハウスドルフの集合論、そしてユダヤ人数学者の寄与について。全3巻完結。

「多様体」は今や現代数学必須の概念。「位相」「微分」などの基礎概念を丁寧に解説・図説しながら、多様体のもつ深い意味を探ってゆく。

ちくま学芸文庫

ワインバーグ量子力学講義　上

二〇二一年十二月十日　第一刷発行

著　者　　S・ワインバーグ

訳　者　　岡村　浩（おかむら・ひろし）

発行者　　喜入冬子

発行所　　株式会社　筑摩書房
　　　　　東京都台東区蔵前二―五―三　〒一一一―八七五五
　　　　　電話番号　〇三―五六八七―二六〇一（代表）

装幀者　　安野光雅

印刷所　　大日本法令印刷株式会社

製本所　　加藤製本株式会社

© HIROSHI OKAMURA 2021　Printed in Japan

ISBN978-4-480-51081-5　C0142